React+Node.js开发实战

从入门到项目上线

袁林 尹皓 陈宁◎编著

React+Node.js

机械工业出版社
China Machine Press

图书在版编目（CIP）数据

React+ Node.js开发实战：从入门到项目上线/袁林，尹皓，陈宁编著. —北京：机械工业出版社，2021.1（2022.8重印）

ISBN 978-7-111-67414-6

Ⅰ. ①R… Ⅱ. ①袁… ②尹… ③陈… Ⅲ. ①移动终端–应用程序–程序设计 ②JAVA语言–程序设计 Ⅳ. ①TN929.53 ②TP312.8

中国版本图书馆CIP数据核字（2021）第012518号

React+Node.js 开发实战：从入门到项目上线

出版发行：机械工业出版社（北京市西城区百万庄大街 22 号 邮政编码：100037）

责任编辑：迟振春　　　　　　　　　　　　　　责任校对：姚志娟

印　　刷：北京建宏印刷有限公司　　　　　　　版　　次：2022 年 8 月第 1 版第 3 次印刷

开　　本：186mm×240mm　1/16　　　　　　　印　　张：23.5

书　　号：ISBN 978-7-111-67414-6　　　　　　定　　价：99.00 元

客服电话：（010）88361066　88379833　68326294　　　投稿热线：（010）88379604

华章网站：www.hzbook.com　　　　　　　　　　读者信箱：hzjsj@hzbook.com

随着互联网技术的快速发展，涌现出了许多新技术，如前端开发领域的 React（即 React.js）和后端开发领域的 Node.js。这两种技术相结合，既不会给开发人员增加太大的负担，又可以让 Web 开发变得更加简单、高效和可控。因此，在 Web 开发领域，越来越多的开发者和团队都将目光投向了 Web 全栈开发这一新兴领域。

目前，国内已经出版的大多数 Web 开发类图书一般都是将前后端技术分开介绍。将一个项目中用到的开发技术分割开，导致很多图书中没有一个完整贯穿前后端开发的项目案例，这让读者无法融会贯通地理解项目的全貌。基于这个原因，我们编写了本书，意在通过一本书完整地介绍 React+Node.js 全栈开发技术。本书以实战为主旨，通过"开发技术+项目实战"的方式，详细介绍 Web 全栈开发的全貌，可以让读者全面、深入、透彻地理解 React 和 Node.js 开发，提高实际开发水平和项目实战能力。

本书特色

1. 全面涵盖React+Node.js全栈开发技术

本书全面介绍 React+Node.js 全栈开发技术，涵盖开发环境搭建、React 前端技术、Node.js 后端技术、产品原型、接口、E2E 测试、Webpack 打包、Nginx 部署、PM2 部署和服务端渲染等内容，可以帮助读者了解 React+Node.js 全栈开发的全貌。

2. 通过"开发技术+项目实战"的方式讲解

本书通过"开发技术+项目实战"的方式进行讲解，先精讲每个技术点，然后通过项目案例带领读者进行实践，让读者在夯实基础的同时提高实际动手开发项目的能力。

3. 结合大量工具，提高开发效率

本书详细介绍多个常用工具，帮助读者提高开发效率。其中包括：包管理工具，如 NPM、CNPM、NRM、YARN 和 npx；开发调试工具，如 Visual Studio Code、Chrome 和 Postman；脚手架工具和框架，如 create-react-app、Express、Ant Design Pro、Egg.js 和 Next.js；数据库工具，如 LowDB、MySQL、Redis 和 MongoDB 等。

4. 项目案例典型，实用性强

本书详细介绍使用 React+Node.js 开发单页面评论系统及社区项目这两个案例的完整过程，涵盖开发流程、产品原型、技术选型、模块开发和测试部署等相关内容，可以帮助

读者系统学习一个项目从开发到部署上线的全过程。

本书内容

第1篇　React和Node.js基础

本篇涵盖第 1～3 章，主要介绍 React 和 Node.js 开发基础知识，包括开发环境的搭建，常用开发工具（Visual Studio Code、Chrome 和 Postman 等）的使用，React 基础知识（JSX 语法、组件、数据流和生命周期等），以及 Node.js 基础知识（HTTP、Node.js 特性和 Node.js 常用模块等）。

第2篇　打包部署和项目开发实战

本篇涵盖第 4 章和第 5 章，主要介绍 React 和 Node.js 打包部署及项目开发的相关知识，包括 React 模块打包工具 Webpack，React 和 Node.js 部署的反向代理工具 Nginx，Node.js 进程管理工具 PM2，以及单页面评论系统开发实战（研发流程、产品原型、技术选型、项目开发和测试部署等）。

第3篇　React和Node.js进阶

本篇涵盖第 6～8 章，主要介绍 React 和 Node.js 进阶开发的相关知识，包括 React 进阶知识（虚拟 DOM、Diff 算法、Fiber 机制、Immutable.js 库及 Hook 特性等），Node.js 进阶知识（跨域、鉴权、缓存和对象—关系映射等），以及 React+Node.js 社区项目开发实战（产品原型、技术选型、项目开发和项目部署与测试等）。

第4篇　项目优化和服务端渲染

本篇涵盖第 9 章和第 10 章，主要介绍前后端项目开发的常用优化技巧（缓存、压缩、懒加载、按需引入、负载均衡和 CDN），以提升系统的性能、用户体验和可靠性，并介绍 SPA 面临的服务端渲染问题和解决方法，涉及 Next.js 与 SEO 等技术。

读者对象

- Web 前端开发工程师；
- Node.js 服务端开发工程师；
- Web 全栈开发工程师；
- 软件开发项目经理；
- 软件开发产品经理；
- 网页设计与网站开发人员；

- 高等院校相关专业的学生；
- 相关培训机构的学员。

配套资源获取

本书涉及的源代码文件等相关资源需要读者自行下载。请在机械工业出版社华章分社的网站（www.hzbook.com）上搜索到本书，然后单击"资料下载"按钮，即可在本书页面上找到下载链接。

售后支持

本书涉及的内容比较庞杂，加之作者水平和成书时间所限，书中可能还存在一些疏漏和不当之处，敬请读者指正。阅读本书时若有疑问，请发电子邮件到 hzbook2017@163.com 以获得帮助。

致谢

参与本书编写的全体作者在此感谢南京智鹤"大家庭"里的孟召伟、高东林、李豪、沈硕、周攀和 Ying 等小伙伴们。你们不断探索新技术并与我们交流，使得我们有更开阔的视野写作本书。

在此特别感谢妻子韩丽、女儿可可及父母亲。编写本书占用了太多本应陪伴你们的时间，正是因为有你们的支持，才使得我能够将写作坚持到底。——袁林

在此特别感谢妻子马冰涵。你的支持与鼓励是我前行的莫大动力，你对我的照顾和爱让我屡屡战胜写作中遇到的困难。我还要感谢父母亲，成长路上是你们引导我树立了正确、积极的价值观，让我得以完成一件如此有意义的事情。——尹皓

在此感谢在本书写作过程中所有提供过帮助的人。没有你们，我将无法顺利完成写作。同时，谨以此书献给我的家人、朋友及所有我爱的人。——陈宁

最后，要感谢各位读者，本书因你们而有价值。

编　者

第 2 篇　打包部署和项目开发实战

第 3 篇　React 和 Node.js 进阶

第 4 篇　项目优化和服务端渲染

第 1 篇
React 和 Node.js 基础

第 1 章　准备：搭建 React+Node.js
开发环境

工欲善其事，必先利其器。学习任何一门新技术、新语言，都需要从最基础的环境搭建开始。本章将从零开始搭建一个适合初学者的 React +Node.js 开发环境。

本章的主要知识点包括：

- 环境优势：聊一聊选择 React +Node.js 技术的原因；
- 环境搭建：详细介绍 React +Node.js 开发环境的搭建过程；
- 开发工具：介绍在日常开发中使用的 IDE（Visual Studio Code）和调试工具（Chrome、Postman 等）。

📖 **小知识**：IDE（Integrated Development Environment，集成开发环境），是提供程序开发环境的应用程序，通常包括编辑器、编译器、调试器和图形用户界面等功能模块。熟练掌握 IDE 的使用，可以大大提升开发效率。

1.1　为什么选择 React+Node.js

开发技术和框架那么多，为什么选择 React.js 和 Node.js 技术呢？或者说，React.js 和 Node.js 技术有哪些优势呢？

🔔 **说明**：为方便描述，本书后面除标题外的部分都以 Node 来代替 Node.js，以 React 来代替 React.js。

1.1.1　React 的优势

React（https://zh-hans.reactjs.org/）是用于构建用户界面的 JavaScript 库。只需要对 HTML 和 JavaScript 有简单了解就可以使用 React 进行开发，因此，React 作为前端开发工具越来越受到开发者的欢迎。

与其他框架相比，React 具备以下优点：

（1）快速学习曲线：React 是一个非常简单且轻量的库，它只处理视图层。任何有 JavaScript

经验的开发人员都可以理解其基础知识，在阅读完官方教程后，基本上就可以开发 Web 应用程序。

（2）可重复使用的组件：React 提供基于组件的结构，组件相当于积木，开发者可以创建按钮、复选框、列表等小组件，并组合这些组件形成较复杂的组件，然后再继续组合，直到根组件为止，这些组件就构成了开发的应用程序。

（3）基于虚拟 DOM 的快速渲染：当开发复杂用户交互的 Web 应用程序时，需要频繁操作 DOM，而操作 DOM 的代价较高，因为频繁操作 DOM 会导致浏览器的重绘和重排，进而影响性能。

这也正是 React 要解决的核心问题之一，它使用虚拟 DOM 来解决这个问题。任何视图的更改首先反馈到虚拟 DOM，然后通过算法比较虚拟 DOM 的先前和当前状态，得出状态变化和差异，最后将这些更改应用于 DOM。

虚拟 DOM 大大减少了操作 DOM 的次数和修改 DOM 的范围，这也是 React 之所以高性能的主要原因。

1.1.2　Node.js 的优势

Node（https://nodejs.org/zh-cn/）是一个基于 Chrome V8 引擎的 JavaScript 运行时环境。它是一种轻量级、可扩展、跨平台的代码执行方式。

> 小知识：Chrome V8 是一个由 Google 开发的开源 JavaScript 引擎，用于 Google Chrome 及 Chromium 中。Chrome V8 在运行之前会将 JavaScript 代码编译成机器代码而非字节码，以此提升程序性能。更进一步，Chrome V8 使用了如内联缓存（Inline Caching）等方法来提高性能。有了这些功能，JavaScript 程序与 Chrome V8 引擎的运行速度可媲美二进制编译的程序。

选择 Node 进行开发的优点主要包括：
- 使用 JavaScript 语言开发，便于前端开发者快速学习和掌握；
- 易于快速构建实时应用程序（例如，开发聊天室应用），并基于 Express（https://expressjs.com/zh-cn/）、socket.io（https://socket.io/）等技术开发；
- 快速发展的 NPM 扩展包（https://www.npmjs.com/）提供了丰富的工具和模块，极大地提高了开发效率；
- 基于事件驱动的非阻塞 I/O 模型，使其具有很高的并发执行效率。

1.1.3　React+Node.js 组合的优势

基于 React 开发前端，再配合 Node 开发服务端应用，优势如下：
- JavaScript 语言可以同时为客户端和服务端编码，这也让前后端开发变得容易，扫清了开发语言上的障碍；

- 使用 JavaScript 语言及 Node 开发环境和生态，让团队的技术栈能够实现最大化的共享，减少了协作沟通的代价；
- 随着技术学习和迁移难度的降低，企业招聘、培训和用人等综合成本也开始下降。

综上所述，本书选择 React 和 Node 技术进行讲解，以便让更多的读者掌握全栈开发技术，具备完整项目的前后端问题解决能力。

下面正式开启 React 和 Node 的学习与开发之旅。

1.2　搭建 Node.js 环境

本节将搭建 Node 开发环境，搭建完成后通过一个简单示例来展示效果，使读者对 Node 有一个初步的认识。

🔔提示：关于 Node 开发的相关知识，会在第 3 章中详细介绍。

1.2.1　安装 Node.js

Node 的安装有如下几种方式：

- 通过源码编译安装；
- 通过安装包安装；
- 通过系统包管理器安装；
- 通过 Node 版本管理工具安装。

其中，下载源码然后编译安装的方法比较复杂，通常情况下，选择其他方式安装 Node 即可满足开发需求。因此，下面将重点介绍其他 3 种安装方法。

安装 Node 前，需要确定所安装的 Node 版本，笔者推荐安装最新的 LTS 版本。在本书写作时，Node 的最新 LTS 版本是 v12.14.*。

📖小知识：LTS（Long-Term Support，长期支持）是一种软件的产品生命周期政策，特别是对于开源软件，它增加了软件开发过程及软件版本周期的可靠度。

1. 安装包

访问 Node 官网的下载地址（https://nodejs.org/zh-cn/download/），下载指定系统的安装包，如图 1.1 所示。

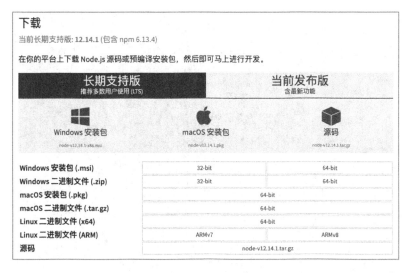

图 1.1　访问 Node 官网下载安装包

下面以 macOS 系统为例（其他系统安装方式类似），介绍通过安装包安装 Node 的过程。

（1）下载 macOS 安装包文件 node-v12.14.1.pkg。

（2）单击安装包开始安装，效果如图 1.2 所示。

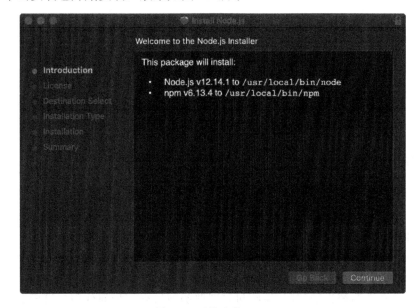

图 1.2　开始安装 Node

（3）按照提示依次单击 Continue、Agree 及 Install 按钮，直到安装成功，效果如图 1.3 所示。

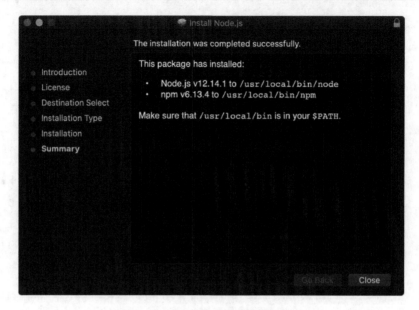

图 1.3　通过安装包成功安装 Node

（4）安装成功后，查看当前已安装的 Node 版本，验证安装是否成功，命令如下：

```
node --version
v12.14.1
```

在安装 Node 的同时还会安装 Node 包管理器 NPM（Node Package Manager），查看其版本，命令如下：

```
npm --version
6.13.4
```

📖 小知识：软件包管理器是指自动安装、配置、卸载和升级软件包的工具组合。NPM 是 Node 默认的以 JavaScript 编写的软件包管理器。

2．系统包管理

除了使用安装包安装 Node 之外，还可以使用当前操作系统的软件包管理器来安装 Node。

- Windows 系统的包管理器为 Chocolatey（https://chocolatey.org/）；
- Linux 的 Ubuntu 发行版的包管理器为 APT（Advanced Packaging Tools）；
- macOS 系统的包管理器为 Homebrew（https://brew.sh/）。

下面以 macOS 系统为例（其他系统包管理器类似），介绍如何使用包管理器安装 Node。

📖 小知识：Homebrew 是 macOS 系统默认的软件包管理器，使用 Homebrew 可以安装 Apple 没有预装但开发者需要的工具。更多关于 Homebrew 的介绍，可以访问其官网 https://brew.sh/。

（1）安装 Homebrew 的命令很简单，具体如下：

```
/usr/bin/ruby -e "$(curl -fsSL https://raw.githubusercontent.com/Homebrew/
install/master/install)"
```

（2）验证已安装的 Homebrew 工具，命令如下：

```
brew version
Homebrew 2.1.6
```

（3）使用安装好的 Homebrew 来搜索和安装 Node，命令如下：

```
brew search node
brew install node
```

3. 版本管理器

除了上述安装方法外，更加灵活的方法是使用 Node 版本管理器进行安装。使用版本管理器可以实现在同一台机器上安装和切换不同版本的 Node 环境。

常见的 Node 版本管理器主要有：

- nvm（https://github.com/nvm-sh/nvm）；
- n（https://github.com/tj/n）。

📖 **小知识**：n 的作者是 TJ Holowaychuk，这是 Node 圈内的一位重量级人物，不仅开发了 Node 版本管理器 n，还是 Koa、Co、Express、Jade、Mocha、node-canvas 和 commander.js 等知名开源项目的创建者和贡献者。

nvm 和 n 的功能类似。下面就以 nvm 为例来介绍 Node 版本管理器的使用。

（1）安装 nvm，安装命令很简单，具体如下：

```
curl -o- https://raw.githubusercontent.com/nvm-sh/nvm/v0.35.2/install.sh
| bash
```

也可以使用如下命令进行安装：

```
wget -qO- https://raw.githubusercontent.com/nvm-sh/nvm/v0.35.2/install.sh
| bash
```

（2）根据提示进行如下操作：

```
=> Close and reopen your terminal to start using nvm or run the following
to use it now:
export NVM_DIR="$HOME/.nvm"
[ -s "$NVM_DIR/nvm.sh" ] && \. "$NVM_DIR/nvm.sh"  # This loads nvm
[ -s "$NVM_DIR/bash_completion" ] && \. "$NVM_DIR/bash_completion"  # This
loads nvm bash_completion
```

（3）重启当前终端或直接运行上述命令。当然，最方便的办法是将上述命令添加到当前 Shell 的配置文件中，以 macOS 为例，可以添加到 "~/.bashrc" 文件中。

配置成功后便可以使用 nvm 命令安装并管理 Node。

（4）查看可以安装的所有 LTS 版本，命令如下：

```
nvm ls-remote --lts
```

（5）安装最新的 LTS 版本 v12.14.1，命令如下：

```
nvm install v12.14.1
```

（6）查看本地已安装的 Node 版本，以及默认的 Node 版本等信息，命令如下：

```
nvm ls
```

（7）如果安装了多个 Node 版本，可以设置默认的 Node 版本，命令如下：

```
nvm alias default v12.14.1
```

🔔提示：nvm 命令和功能还有很多，读者可以参考其官网文档，网址为 https://github.com/ nvm-sh/nvm。

1.2.2　常用工具 1：NPM、CNPM 和 NRM

在 Node 环境搭建和开发的过程中，经常需要用到的工具还有 NPM。因此，在学习 Node 开发之前，还需要熟练掌握包管理器的使用。

1．NPM

安装 Node 时同时会安装 NPM，它主要有如下命令：

```
# 初始化 Node 项目，生成 package.json 文件
npm init

# 查看本地安装目录
npm root
# 安装本地依赖包
npm install
# 安装运行依赖包，并且将其保存至 package.json 文件中
npm install --save
# 安装开发依赖包，并且将其保存至 package.json 文件中
npm install --save-dev
# 更新本地依赖包
npm update
# 查看本地依赖包
npm ls
# 卸载本地依赖包
npm uninstall

# 查看全局安装目录
npm root -g
# 安装全局依赖包
npm install -g
# 更新全局依赖包
npm update -g
# 查看全局依赖包
npm ls -g
# 卸载全局依赖包
```

```
npm uninstall -g

# 查看依赖包信息
npm info

# 执行 scripts 配置的命令
npm run
```

如果前期记不住这么多命令的话，可以使用 NPM 的帮助命令，具体如下：

```
npm help
```

或

```
npm h
```

2．CNPM

NPM 安装包是从国外服务器上下载的，受网络因素影响较大，可能会出现异常。因此，国内的淘宝团队同步 NPM 实现了 NPM 的国内源。我们可以在使用 NPM 安装包时配置淘宝的国内源，命令如下：

```
npm --registry=https://registry.npm.taobao.org
```

为了方便使用，淘宝团队不仅提供了上述镜像源，还开发了一个更易用的工具 CNPM（https://npm.taobao.org/），不仅自动使用国内源，而且还支持 gzip 压缩。

因此可以安装 CNPM 来替代 NPM，命令如下：

```
npm install -g cnpm --registry=https://registry.npm.taobao.org
```

3．NRM

如果想要使用其他非淘宝的镜像源，还可以安装一款名为 NRM（https://github.com/Pana/nrm）的镜像源管理工具，命令如下：

```
npm install -g nrm
```

然后查看所有可用的镜像源，命令如下：

```
nrm ls
  npm -------- https://registry.npmjs.org/
  yarn ------- https://registry.yarnpkg.com/
  cnpm ------- http://r.cnpmjs.org/
* taobao ----- https://registry.npm.taobao.org/
  nj --------- https://registry.nodejitsu.com/
  npmMirror -- https://skimdb.npmjs.com/registry/
  edunpm ----- http://registry.enpmjs.org/
```

最后设置想要使用的镜像源，命令如下：

```
nrm use cnpm
```

1.2.3　常用工具 2：YARN

除了 NPM 外，还可以使用一款叫作 YARN 的替代工具。

YARN（https://yarnpkg.com/）是 Facebook（https://about.fb.com/）等公司开发的用于替换 NPM 的包管理工具。那么 YARN 有哪些优势足以替代 NPM 呢？

- 速度超快：YARN 缓存了每个曾经下载过的包，所以再次使用这些包时无须重复下载。同时，利用并行下载使资源利用率最大化，因此安装速度更快。
- 超级安全：在执行代码之前，YARN 会通过算法校验每个安装包的完整性。
- 超级可靠：使用详细、简洁的锁文件（yarn.lock）格式和明确的安装依赖包的算法，YARN 能够保证在不同系统上无差异地工作。

🔔提示：除了上述优点，YARN 还有许多有用的特性，读者可以自行参考官方文档，网址是 https://yarn.bootcss.com/。

YARN 的安装很简单，这里仍然以 macOS 系统为例，使用 Homebrew 包管理器来安装，具体命令如下：

```
brew install yarn
yarn --version
1.17.0
```

YARN 的使用和 NPM 一样，非常容易上手，从 NPM 迁移到 YARN 的命令对照如表 1.1 所示。

表 1.1　从NPM迁移到YARN的命令对照表

操　　作	NPM命令	YARN命令
初始化Node项目	npm init	yarn init
安装本地依赖包	npm install	yarn
安装运行依赖包，并且保存至package.json文件中	npm install --save	yarn add
安装开发依赖包，并且保存至package.json文件中	npm install --save-dev	yarn add --dev
更新本地依赖包	npm update	yarn upgrade
卸载本地依赖包	npm uninstall	yarn remove
安装全局依赖包	npm install -g	yarn global add
更新全局依赖包	npm update -g	yarn global upgrade
查看全局依赖包	npm ls -g	yarn global list
卸载全局依赖包	npm uninstall -g	yarn global remove

1.2.4　常用工具 3：npx 和 npm scripts

1. NPM自带的包执行器——npx

npx 是什么？可能很多 Node 开发者对这个小工具并没有太多关注。npx 是 NPM 自带的一个包执行器。npx 要解决的主要问题是调用项目内部安装的模块。就像 NPM 极大地提升了安装和管理包依赖的体验，在 NPM 的基础之上，npx 让 NPM 包中的命令行工具和其他可执行文件在使用上变得更加简单。

由于安装 NPM 时已经自带 npx，因此只需要验证当前的 npx 版本即可，具体命令如下：

```
npx --version
6.13.4
```

下面以测试工具 Mocha（https://mochajs.org/）为例，介绍 npx 的用法。

在本地安装 Mocha 依赖包，命令如下：

```
npm install mocha
```

使用如下方式执行 Mocha 命令：

```
./node_modules/.bin/mocha --version
7.0.1
```

此时可以使用 npx 代替上述方式：

```
npx mocha --version
7.0.1
```

提示：除了上述命令，npx 还有许多有用的特性，读者可以自行参考官方文档，网址为 https://github.com/npm/npx。

2. npm scripts简介

NPM 还有一个常用的命令工具，即 npm scripts。

npm scripts 是指在 package.json 文件中使用 scripts 字段定义的脚本命令，例如：

```
01  {
02      "scripts": {
03          "start": "node ./bin/www"
04      }
05  }
```

此时如果想要运行项目，可以直接执行以下命令：

```
npm run start
```

同时，start 作为一个常用命令，还支持如下简写：

```
npm start
```

npm scripts 的用法还包括：

- 项目的相关脚本，可以集中在一个地方。
- 不同项目的脚本命令，只要功能相同，就可以使用相同的 npm scripts。例如，启动项目统一使用 npm run start 命令。
- 此外，还可以利用 NPM 提供的很多辅助功能。对于 NPM 的辅助功能，这里以 npm scripts 的钩子功能为例进行介绍。

npm scripts 有 pre 和 post 两个钩子，如 start 脚本命令的钩子是 prestart 和 poststart。当执行 npm run start 时，会自动按照下面的顺序执行：

```
npm run prestart && npm run start && npm run poststart
```

因此，可以在这两个钩子中完成一些前置工作和后续工作，例如：

```
01  {
02      "scripts": {
03          "prestart": "npm run build",
04          "start": "node ./bin/www",
05          "poststart": "echo node server started"
06      }
07  }
```

除此之外，NPM 默认还提供下面这些钩子：

```
prepublish, postpublish
preinstall, postinstall
preuninstall, postuninstall
preversion, postversion
pretest, posttest
prestop, poststop
prestart, poststart
prerestart, postrestart
```

💡提示：npm scripts 除了上述介绍的功能之外，还有许多有用的特性，读者可以自行参考官方文档，网址为 https://docs.npmjs.com/misc/scripts。

1.2.5　第一个 Node.js 示例

前面已经将 Node 开发环境搭建完成，接下来可以开发第一个 Node 示例。

（1）新建 JavaScript 文件并命名为 HelloWorld.js，代码如下：

```
01  var http = require("http");
```

其中，通过 require()引入了 Node 内置的 HTTP 模块。

（2）通过 http.createServer()方法创建一个 HTTP 服务，代码如下：

```
01  var http = require("http");
02
03  var server = http.createServer((request, response) => {
04      response.end();
05  })
06  server.listen(8000);
```

（3）接收请求并响应请求，修改代码如下：

```
01  var http = require("http");
02
03  var server = http.createServer((request, response) => {
04      // 发送 HTTP 头部
```

```
05      // HTTP 状态值：200 : OK
06      // 内容类型：text/plain
07      response.writeHead(200, { 'Content-Type': 'text/plain' });
08
09      // 请求的响应数据
10      response.end('Hello World');
11  })
12  server.listen(8000);                    // 监听 8000 端口
13
14  console.log('Server running at http://127.0.0.1:8000/')
```

（4）启动 Node 服务，命令如下：

```
node HelloWorld.js
```

Node 服务启动成功，命令窗口输出结果如下：

```
Server running at http://127.0.0.1:8000/
```

（5）此时，使用浏览器访问 http://127.0.0.1:8000/，页面显示 Hello World，如图 1.4
所示。

图 1.4　第一个 Node 示例

以上便是基于 Node 开发的第一个示例。回顾这个示例，主要步骤如下：

（1）通过 required() 引入模块。

（2）创建 HTTP 服务，并监听指定的端口。

（3）接收请求并响应请求。

1.3　搭建 React 环境

1.2 节介绍了 Node 环境的搭建，并编写了第一个基于 Node 的 HTTP 服务。本节将介
绍 React 环境的搭建，同时会通过 React 和 Node 结合开发一个完整的例子，让读者对二者
有一个大概的认识。

1.3.1　安装 React

安装 React 有以下两种方式：

- 使用 CDN 链接；

- 使用 create-react-app 工具。

1. 使用CDN链接

React 官方提供的 CDN 链接如下：

```
<script src="https://unpkg.com/react@16/umd/react.development.js"></script>
<script src="https://unpkg.com/react-dom@16/umd/react-dom.development.js">
</script>
```

需要注意的是，上述 CDN 链接只适用于开发环境，不适用于生产环境。生产环境中，需要使用压缩等优化处理后的依赖包，以节约带宽，提高效率，其链接如下：

```
<script src="https://unpkg.com/react@16/umd/react.production.min.js">
</script>
<script src="https://unpkg.com/react-dom@16/umd/react-dom.production.min.js">
</script>
```

📖 小知识：CDN 的全称是 Content Delivery Network，即内容分发网络。CDN 是构建在现有网络基础之上的智能虚拟网络，依靠部署在各地的边缘服务器，通过中心平台的负载均衡、内容分发和调度等功能模块，使用户就近获取所需内容，降低网络拥塞，提高用户访问的响应速度和命中率。

成功引入 React 的相关依赖包后，下面通过一个例子来了解 React 的用法。

（1）新建 HTML 文件并命名为 react_example.html，编写代码如下：

```
01  <!DOCTYPE html>
02  <html lang="en">
03
04  <head>
05      <meta charset="UTF-8">
06      <title>React Example</title>
07      <script src="https://unpkg.com/react@16/umd/react.development.js">
        </script>
08      <script src="https://unpkg.com/react-dom@16/umd/react-dom.
        development.js"></script>
09  </head>
10
11  <body>
12      <div id="app"></div>
13  </body>
14  <script>
15      const e = React.createElement(
16          'h1',
17          null,
18          'Hello React!'
19      )
20      ReactDOM.render(
21          e,
22          document.getElementById('app')
23      )
24  </script>
```

```
25
26 </html>
```

（2）使用浏览器打开上述 HTML 文件，可以看到如图 1.5 所示的效果。

图 1.5　使用 CDN 链接

（3）上述代码中使用的是 React 的原生写法，为了简化编码，React 还提供了一种叫作 JSX（JavaScript XML）的写法。想要在 React 中使用 JSX，需要引入 Babel 的依赖包，命令如下：

```
<script src="https://unpkg.com/babel-standalone@6/babel.min.js"></script>
```

🔔提示：第 2 章会对 JSX 做详细介绍。

（4）为<script>标签添加 type="text/babel"属性。

（5）使用 React JSX 语法进行编码，具体代码如下：

```
01 <!DOCTYPE html>
02 <html lang="en">
03
04 <head>
05     <meta charset="UTF-8">
06     <title>React Example</title>
07     <script src="https://unpkg.com/react@16/umd/react.development.js">
        </script>
08     <script src="https://unpkg.com/react-dom@16/umd/react-dom.
        development.js"></script>
09     <script src="https://unpkg.com/babel-standalone@6/babel.min.js">
        </script>
10 </head>
11
12 <body>
13     <div id="app"></div>
14 </body>
15 <script type="text/babel">
16     ReactDOM.render(
17         <h1>Hello React!</h1>,
18         document.getElementById('app')
19     )
20 </script>
21
22 </html>
```

2．使用create-react-app工具

create-react-app 是 React 团队推荐的工具，通过该工具无须任何配置就能快速构建 React 开发环境。它在内部使用 Babel 和 Webpack，但读者无须了解它们的任何细节。要使用该工具，需要确保已安装的 Node 版本是 8.10 以上，npm 版本是 5.6 以上。

💬 **提示**：第 4 章会对 Webpack 做详细介绍。

（1）全局安装 create-react-app 工具，命令如下：

```
npm install -g create-react-app
```

（2）使用 create-react-app 工具创建项目，命令如下：

```
create-react-app first-app
cd first-app
```

（3）使用如下 npm scripts 运行该项目：

```
npm start // 或者 yarn start
```

此时，服务启动后会在浏览器中自动打开 http://localhost:3000，效果如图 1.6 所示。

图 1.6　使用 create-react-app 工具的效果展示

1.3.2　第一个 React 示例

1.3.1 节介绍了 React 的两种安装方式。本节将基于 create-react-app 工具来开发一个待办事项的应用程序（下面称为 TodoList App），通过这个例子来了解 React 开发的全过程。

这个待办事项的应用程序主要具有以下功能：

- 查看待办事项；
- 添加待办事项；

- 删除待办事项；
- 修改待办事项状态。

1．TodoList App 1.0版本

具体操作步骤如下：

（1）通过 create-react-app 工具新建初始项目，命令如下：

```
create-react-app todo-list
cd todo-list
npm start                       // 或者用 yarn start
```

（2）此时浏览器会自动打开 http://localhost:3000。至此，新建项目成功。

（3）修改项目中的文件./src/App.js，完整代码如下：

```
01  import React from 'react';
02
03  export default class App extends React.Component {
04      constructor(props) {
05          super(props);
06      }
07
08      render() {
09          return (
10              <div>
11                  <h1>My First React App -- todo-list</h1>
12              </div>
13          );
14      }
15  }
```

（4）此时会自动刷新浏览器页面，效果如图 1.7 所示。

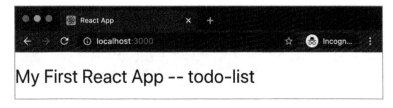

图 1.7　TodoList 初始化效果

💡提示：当更新项目代码时，浏览器自动刷新是依赖 Webpack 实现的。第 4 章会对 Webpack 进行介绍。

项目初始化完成后，要进行具体的代码编写。

（5）实现待办事项列表的显示。修改./src/App.js 文件的代码如下：

```
01  import React from 'react';
02
03  export default class App extends React.Component {
```

```
04        constructor(props) {
05            super(props);
06            this.state = {
07                todoItems: [
08                    { id: 0, value: 'React', done: false, delete: false }
09                ]
10            }
11        }
12
13        render() {
14            return (
15                <div>
16                    <h1>TodoList</h1>
17                    <div>
18                        <input type="text" placeholder="add something..." />
19                        <button type="submit">添加</button>
20                    </div>
21                    <ul>
22                        {
23                            this.state.todoItems.map((item) => {
24                                if (item.delete) return;
25                                return (
26                                    <li key={item.id}>
27                                        <label>{item.value}</label>
28                                        <button>删除</button>
29                                    </li>
30                                )
31                            })
32                        }
33                    </ul>
34                </div>
35            );
36        }
37 }
```

此时，浏览器自动刷新页面，效果如图 1.8 所示。

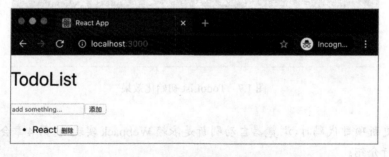

图 1.8　TodoList App 列表效果

（6）实现添加和删除待办事项等相关功能。修改./src/App.js 文件的代码如下：

```
01 import React from 'react';
02
03 export default class App extends React.Component {
```

```
04    // 省略了未修改的代码
05
06    addTodoItem = () => {
07        const newTodoItem = {
08            id: this.state.todoItems.length,
09            value: this.refs.todoItemValue.value,
10            done: false,
11            delete: false
12        };
13        this.setState({
14            todoItems: [...this.state.todoItems, newTodoItem]
15        })
16    }
17
18    deleteTodoItem = (item) => {
19        item.delete = true;
20        this.setState({
21            todoItems: [...this.state.todoItems, item]
22        })
23    }
24
25    render() {
26        return (
27            <div>
28                <h1>TodoList</h1>
29                <div>
30                    <input
31                        type="text"
32                        ref="todoItemValue"
33                        placeholder="add something..."
34                    />
35                    <button
36                        type="submit"
37                        onClick={this.addTodoItem}
38                    >
39                        添加
40                    </button>
41                </div>
42                <ul>
43                    {
44                        this.state.todoItems.map((item) => {
45                            if (item.delete) return;
46                            return (
47                                <li key={item.id}>
48                                    <label>{item.value}</label>
49                                    <button
50                                        onClick={() => this.deleteTodoItem
                                            (item)}
51                                    >
52                                        删除
53                                    </button>
54                                </li>
55                            )
56                        })
57                    }
```

```
58              </ul>
59            </div>
60          );
61      }
62  }
```

（7）修改待办事项状态与删除待办事项的写法类似，这里不再赘述，留给读者自行练习。

至此，一个简单的 TodoList App 就完成了。

虽然 TodoList App 的功能已基本实现，但写法却并不"优雅"，没有用到 React 组件等特性，而可重复使用组件正是 React 的优势所在。

2. TodoList App 2.0版本

下面将通过封装组件的方式对现有的 TodoList App 进行优化。

通过对 TodoList App 现有功能进行分析，大概可以将其分成以下几个组件。

- TodoForm：待办事项表单，包括输入框和添加功能；
- TodoList：待办事项列表；
- TodoListItem：待办事项列表中的具体内容及相关操作。

具体实现步骤如下：

（1）新建文件并命名为./src/TodoForm.js，编写代码如下：

```
01  import React from 'react';
02
03  export default class TodoForm extends React.Component {
04      addTodoItem = () => {
05          this.props.addTodoItem(this.refs.todoItemValue.value);
06      }
07
08      render() {
09          return (
10            <div>
11              <input
12                type="text"
13                ref="todoItemValue"
14                placeholder="add or search something..."
15              />
16              <button type="submit" onClick={this.addTodoItem}>添加
                </button>
17            </div>
18          )
19      }
20  }
```

（2）修改./src/App.js 的逻辑和代码如下：

```
01  import React from 'react';
02  import TodoForm from './TodoForm';
03
04  export default class App extends React.Component {
```

```
05      // 省略了未修改的代码
06
07      addTodoItem = (todoItemValue) => {
08          const newTodoItem = {
09              id: this.state.todoItems.length,
10              value: todoItemValue,
11              done: false,
12              delete: false
13          };
14          this.setState({
15              todoItems: [...this.state.todoItems, newTodoItem]
16          })
17      }
18
19      // 省略了未修改的代码
20
21      render() {
22          return (
23              <div>
24                  <h1>TodoList</h1>
25                  <TodoForm
26                      addTodoItem={this.addTodoItem}
27                  />
28                  // 省略了未修改的代码
29              </div>
30          );
31      }
32  }
```

提示：上述例子中用到了数据流等相关知识，如 State 和 Props 等，会在第 2 章中详细
介绍。

（3）按照 TodoForm 组件的思路实现 TodoListItem 组件，即新建./src/TodoListItem.js
文件，代码如下：

```
01  import React from 'react';
02
03  export default class TodoListItem extends React.Component {
04      deleteTodoItem = () => {
05          this.props.deleteTodoItem(this.props.item);
06      }
07
08      render() {
09          return (
10              <li>
11                  <label>{this.props.item.value}</label>
12                  <button
13                      onClick={this.deleteTodoItem}
14                  >
15                          删除
16                  </button>
17              </li>
18          )
```

```
19        }
20    }
```

（4）实现 TodoList 组件，即新建./src/TodoList.js 文件，代码如下：

```
01  import React from 'react';
02  import TodoListItem from './TodoListItem';
03
04  export default class TodoList extends React.Component {
05      deleteTodoItem = (item) => {
06          this.props.deleteTodoItem(item);
07      }
08
09      render() {
10          return (
11              <ul>
12                  {
13                      this.props.todoItems.map((item) => {
14                          if (item.delete) return;
15                          return (
16                              <TodoListItem
17                                  key={item.id}
18                                  item={item}
19                                  deleteTodoItem={this.deleteTodoItem}
20                              />
21                          )
22                      })
23                  }
24              </ul>
25          )
26      }
27  }
```

（5）修改./src/App.js 的逻辑和代码如下：

```
01  import React from 'react';
02  import TodoForm from './TodoForm';
03  import TodoList from './TodoList';
04
05  export default class App extends React.Component {
06      // 省略了未修改的代码
07
08      render() {
09          return (
10              <div>
11                  <h1>TodoList</h1>
12                  <TodoForm
13                      addTodoItem={this.addTodoItem}
14                  />
15                  <TodoList
16                      todoItems={this.state.todoItems}
17                      deleteTodoItem={this.deleteTodoItem}
18                  />
19              </div>
20          );
```

```
21        }
22    }
```

此时，组件化封装优化后的 TodoList App 基本完成，效果如图 1.9 所示。

图 1.9　TodoList App 2.0 版本界面

至此，相信读者不仅了解了 React 开发的相关知识，也对 React 的组件化思想有了初步的认识。

1.3.3　第一个 React+Node.js 组合示例

1.3.2 节中实现的 TodoList App，数据来源是由前端定义的，通常 Web 应用的数据都是存储在服务端的数据库中。前端通过基于 HTTP 的接口来完成数据的增、删、改、查等操作。

1．服务端（Node端）

下面基于前面学习的 Node 开发知识来构建 TodoList App 的服务端程序。

（1）新建一个 Node 项目，命令如下：

```
mkdir todo-list-server
cd todo-list-server
```

（2）使用 npm init 命令初始化 Node 项目生成 package.json 文件。项目初始化时会提示输入若干项，可以按 Enter 键接受默认值。如果想跳过提示直接生成 package.json 文件，还可以使用如下命令：

```
npm init -y
```

（3）为了简化服务端的实现代码，还需要安装 Express 依赖包，命令如下：

```
npm install --save express
```

💡提示：Express 是一个保持最简化规模且灵活的 Node Web 应用程序框架，它为 Web 和移动应用程序提供了强大的功能。关于 Express 框架的使用，第 5 章会详细介绍。

（4）新建 Node 项目主文件 app.js，并添加代码如下：

```
01  var express = require('express');
02  var app = express();
03
04  app.get('/', function (req, res) {
05      res.send('Hello World!');
06  });
07
08  app.listen(8000, function () {
09      console.log('Server running at http://127.0.0.1:8000/')
10  });
```

（5）启动 Node 服务，命令如下：

```
node app.js
Server running at http://127.0.0.1:8000/
```

此时，打开浏览器访问 http://localhost:8000，页面上出现"Hello World!"，项目初始化完成。

2. 服务端接口

下面在服务端程序的基础上开发待办事项的增、删、改、查接口。

为了简化接口和实现步骤，这里将服务端的数据直接编写在代码中，而不使用数据库存储。修改 todo-list-server 中的 app.js 代码如下：

```
01  var express = require('express');
02  var app = express();
03
04  var todoItems = [
05      { id: 0, value: 'React', done: false, delete: false }
06  ]
07
08  app.get('/items', function (req, res) {
09      res.send(todoItems);
10  });
11
12  app.listen(8000, function () {
13      console.log('Server running at http://127.0.0.1:8000/')
14  });
```

此时，在浏览器中打开 http://localhost:8000/items，会返回如图 1.10 所示的结果。

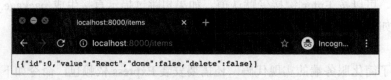

图 1.10　获取待办事项接口

3. 前端

完成接口之后，还需要修改前端（React 端）逻辑，调用该接口获取待办事项的数据。

（1）基于上一节 React 前端，创建前端项目如下：

```
cp -R todo-list todo-list-client
cd todo-list-client
npm install
```

（2）使用包管理器引入一个基于 Promise 的 HTTP 库——axios（https://github.com/axios/axios），它可以运行在浏览器和 Node 环境中，使开发者可以很容易地发送 HTTP 请求。具体引入命令如下：

```
npm install --save axios
```

（3）修改 todo-list-client 项目中的./src/App.js 文件代码如下：

```
01  import React from 'react';
02  import axios from 'axios';
03  import TodoForm from './TodoForm';
04  import TodoList from './TodoList';
05
06  export default class App extends React.Component {
07      constructor(props) {
08          super(props);
09          this.state = {
10              todoItems: []
11          }
12      }
13
14      componentDidMount() {
15          const that = this;
16          axios.get('http://localhost:8000/items')
17              .then(function (response) {
18                  that.setState({
19                      todoItems: [...response.data]
20                  })
21              })
22      }
23
24      // 省略了未修改的代码
25  }
```

此时，运行 todo-list-client 项目会发现浏览器报错，报错信息如图 1.11 所示。

图 1.11　浏览器报错信息

这是因为浏览器跨域限制，解决方法是在 todo-list-server 项目中的 app.js 文件中添加以下代码：

```
01  // 省略了未修改的代码
02
03  app.all('*', function (req, res, next) {
04      // 允许跨域的域名，*代表允许任意域名跨域
05      res.header('Access-Control-Allow-Origin', '*');
06      // 允许跨域的请求头
07      res.header('Access-Control-Allow-Headers', 'content-type');
08      // 允许跨域的请求方法
09      res.header('Access-Control-Allow-Methods', 'DELETE,PUT,POST,GET,
        OPTIONS');
10      next();
11  })
12
13  app.get('/items', function (req, res) {
14      res.send(todoItems);
15  });
16
17  // 省略了未修改的代码
```

（4）重新运行 Node 服务后刷新浏览器，发现错误已解决并且成功获取到待办事项的数据。

🔔 提示：关于跨域限制问题，将在第 7 章中详细介绍。

（5）完成了查询接口后，新增、删除和修改待办事项就很容易理解了。需要注意的是：

- 新增接口为 POST 请求；
- 删除接口为 DELETE 请求；
- 修改接口为 PATCH 请求。

🔔 提示：上述接口规范属于 RESTful 架构风格，将在第 3 章中详细介绍。

修改 todo-list-server 项目中的 app.js 文件的代码如下：

```
01  // 省略了未修改的代码
02
03  app.get('/items', function (req, res) {
04      res.send(todoItems);
05  });
06
07  app.post('/items', function (req, res) {
08      if (req.body.todoItem) {
09          todoItems = [...todoItems, req.body.todoItem]
10      }
11      res.send(todoItems);
12  })
13
14  app.delete('/items', function (req, res) {
15      if (req.body.id) {
16          todoItems.forEach(todoItem => {
17              if (todoItem.id === req.body.id) {
18                  todoItem.delete = true;
```

```
19             }
20         })
21     }
22     res.send(todoItems);
23 })
24
25 // 省略了未修改的代码
```

其中，POST 和 DELETE 请求的数据都在请求体中，所以需要通过 req.body 获取请求传递的内容。

💬提示：关于 HTTP 的请求头和请求体，将在第 3 章中详细介绍。

修改 todo-list-client 项目中的./src/App.js 文件以调用上述接口，代码如下：

```
01 addTodoItem = (todoItemValue) => {
02     const newTodoItem = {
03         id: this.state.todoItems.length,
04         value: todoItemValue,
05         done: false,
06         delete: false
07     };
08     const that = this;
09     axios.post('http://localhost:3000/item-add', {
10             todoItem: newTodoItem
11         })
12         .then(function (response) {
13             that.setState({
14                 todoItems: [...response.data]
15             })
16         })
17 }
18
19 deleteTodoItem = (item) => {
20     const that = this;
21     axios.delete('http://localhost:3000/item-delete', {
22             data: {
23                 id: item.id
24             }
25         })
26         .then(function (response) {
27             that.setState({
28                 todoItems: [...response.data]
29             })
30         })
31 }
```

（6）重新运行 Node 服务，但是接口并没有如预期那样生效。通过在 todo-list-server 项目的 app.js 文件中做调试打印发现，req.body.*为未定义，那么，该如何解决呢？

这是因为需要通过依赖包 body-parser 来完成请求体的解析。解决方法是首先在 todolist-server 项目中运行以下命令：

```
npm install --save body-parser
```

然后在 todo-list-server 项目的 app.js 文件中添加以下代码：

```
01  var express = require('express');
02  var bodyParser = require('body-parser');
03  var app = express();
04
05  app.use(bodyParser.json());
06
07  var todoItems = [
08      { id: 0, value: 'React', done: false, delete: false }
09  ]
10
11  // 省略了未修改的代码
```

依赖包 body-parser 的作用就是对 POST 和 DELETE 请求的请求体进行解析。

（7）再次运行 Node 服务，然后刷新浏览器，即可进行新增和删除操作。

另外，修改待办事项与新增、删除待办事项的写法类似，可参考前面的 React 示例，这里不再赘述，留给读者自行练习。

1.4　React+Node.js 开发工具

前面两节在搭建了 React 和 Node 开发环境后，还编写了 React 和 Node 的简单示例，相信读者对二者已经有了初步认识。

在日常开发中，熟练掌握常用的开发工具，也是开发效率和开发能力的体现。本节将详细介绍 React+Node 所需的开发工具，包括：

- Visual Studio Code（https://code.visualstudio.com/）：一款免费、强大的 IDE 工具；
- Chrome 浏览器（https://www.google.com/intl/zh-CN/chrome/）：前端和 Node 调试工具；
- Postman（https://www.postman.com/）：一款接口开发和调试工具。

1.4.1　Visual Studio Code 简介

Visual Studio Code（简称 VS Code）由 Microsoft 开发，是一款适用于多种语言和多个平台的开发"神器"。它具有以下特点：

- 开源、免费；
- 智能提示；
- 内置 Git 命令；
- 强大的调试功能；
- 可扩展、可定制。

下面就让我们一起来了解一下这款功能强大的编辑器吧！

1．安装

首先，访问官网（https://code.visualstudio.com/）下载相应系统的安装包。

在下载安装包时，细心的读者可能会发现，有 Stable 和 Insiders 两个版本。其中 Stable 是稳定的发行版，Insiders 是每日构建的版本，因此 Insiders 会包含很多有趣的新功能，但是稳定性相比 Stable 稍微差一些。如果想体验新功能，可以安装 Insiders 版本，但实际项目开发中还是推荐使用 Stable 稳定版。

然后根据提示安装即可。安装成功后，打开 VS Code，界面如图 1.12 所示。

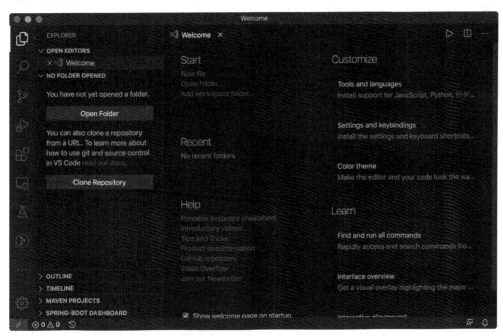

图 1.12　VS Code 界面

2．快捷操作

这里仍然以 macOS 系统为例进行介绍，其他操作系统与其类似。常用的快捷操作如下：

- Command+N：新建文件；
- Command+W：关闭窗口；
- Command+P：快速打开文件；
- Command+Shift+F：全局查找；
- Command+Shift+H：全局替换；

- Command+,：查看和修改用户配置。

除了上述快捷操作之外，更多 VS Code 的快捷操作可以参考官方文档，网址为 https:// code.visualstudio.com/shortcuts/keyboard-shortcuts-windows.pdf。

3．常用插件

VS Code 的强大，很大一部分体现在其拥有许多优秀的插件，可以帮助我们实现很多功能。下面介绍几款开发中常用的插件。

在介绍这些插件之前，需要先掌握如何安装插件。安装插件有以下两种方法。

方法 1：按 F1 键或 Command+Shift+P（macOS 系统）组合键打开 VS Code 界面，在其中输入 Install Extensions，如图 1.13 所示。

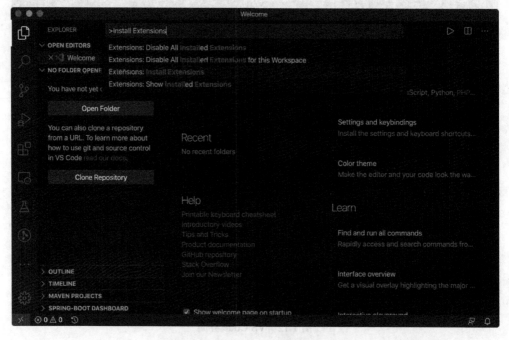

图 1.13　VS Code 安装插件方法 1

方法 2：在 VS Code 界面中单击图 1.14 所示的位置即可。

在了解了如何安装插件后，下面推荐几款常用的插件。

- vscode-icons（https://github.com/vscode-icons/vscode-icons）：文件图标插件；
- Path Intellisense（https://github.com/ChristianKohler/PathIntellisense）：当引入文件和书写文件路径时，可自动填充文件；
- Auto Rename Tag（https://github.com/formulahendry/vscode-auto-rename-tag）：修改 HTML 标签时，自动完成闭合标签的同步修改；
- open in browser（https://github.com/SudoKillMe/vscode-extensions-open-in-browser）：

- 右击 HTML 文件，选择 Open In Default Browser，就会在默认浏览器中打开 HTML 文件；
- GitLens（https://github.com/eamodio/vscode-gitlens）：增强了 VS Code 中内置的 Git 功能，可以查看当前文件在什么时候被谁修改过，以及这个文件被多少人修改过；
- Settings Sync（https://github.com/shanalikhan/code-settings-sync）：将 VS Code 的所有配置通过 GitHub 同步，这样可以做到不同计算机上的 VS Code 配置完全一致。

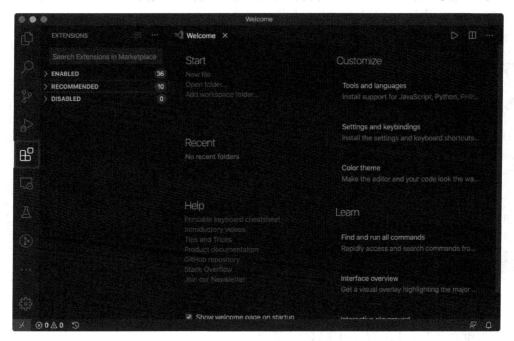

图 1.14　VS Code 安装插件方法 2

除了上述插件，根据开发需求不同，还有很多有用的插件，读者可以自行在 VS Code 的插件市场中搜索，网址为 https://marketplace.visualstudio.com/。

1.4.2　Chrome 简介

前端开发中，使用最频繁的软件里一定有 Chrome 浏览器。Chrome 浏览器有查看展示效果、修改样式及调试代码等诸多强大的功能。

📖 **小知识**：前端开发中，除了 Chrome 浏览器外，还可以使用另外一款"老牌"的浏览器产品——Firefox（https://www.firefox.com.cn/）。

本节将介绍 Chrome 自带的开发者工具，以及调试 React 的 React Developer Tools 工具。

1. Chrome开发者工具

Chrome 开发者工具是一套 Chrome 浏览器内置的开发、调试工具。

打开 Chrome 开发者工具有以下两种方式：

- 右击浏览器空白处，选择"检查"命令；
- 使用快捷键 Command+Option+I（macOS 系统）。

Chrome 开发者工具打开后的界面如图 1.15 所示。

图 1.15　Chrome 开发者工具面板

Chrome 开发者工具的常用面板功能如下：

- Elements（元素面板）：使用元素面板可以检查和调整页面、编辑样式和 DOM 等。
- Console（控制台面板）：使用控制台面板可以运行 JavaScript 代码片段，效果如图 1.16 所示。

图 1.16　Chrome 调试 JavaScript 代码

- Sources（源代码面板）：在源代码面板中，可以断点调试 JavaScript 代码。首先选中文件，然后找到需要调试的代码并单击行数，最后刷新浏览器，会出现如图 1.17 所示的效果。

图 1.17　Chrome 控制台断点调试

- Network（网络面板）：在网络面板中可以查看下载的资源、网络请求，以及请求的详细信息。下面以访问 https://www.baidu.com/ 为例，效果如图 1.18 所示。

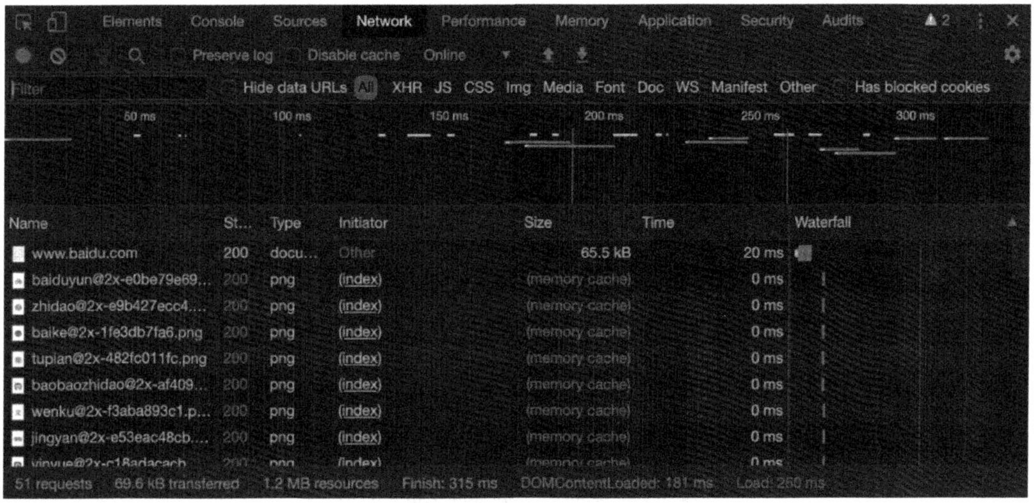

图 1.18　Chrome 网络面板

当网络请求较多时，可以通过类型进行筛选，例如 XHR 为网络请求。单击资源或请求还可以查看更加详细的信息，效果如图 1.19 所示。

除了 Chrome 开发者工具，还有 Performance、Memory 等工具。根据不同的开发需求，可以参考官网介绍，网址为 https://developers.google.com/web/tools/chrome-devtools?hl=zh-cn。

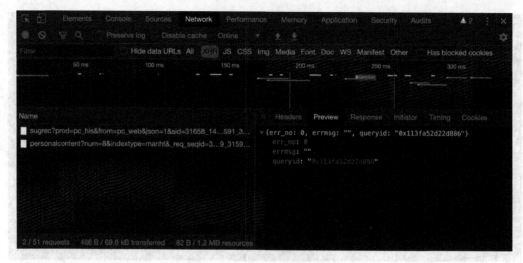

图 1.19　Chrome 网络请求详情

2．React Developer Tools工具

React Developer Tools 是开发 React 必备的开发者工具扩展。在 Chrome 应用商店搜索并安装成功后，可以在 Chrome 开发者工具中得到两个名为 Components 和 Profiler 的面板，如图 1.20 所示。

下面以 1.3 节开发的 TodoList App 为例来介绍它们的用法。

图 1.20　React Developer Tools 面板

- Components 面板主要显示 React 根组件，以及它们最终呈现的子组件。当选中其中一个组件时，可以在右侧面板中检查和编辑当前组件的 State 和 Props 属性。
- Profiler 面板主要用于记录性能的相关信息。

1.4.3　Postman 简介

Postman 是一款功能强大的 Web 调试工具，本节将对其进行介绍。

1. 安装

访问官网 https://www.postman.com/products 下载相应系统的安装包，然后运行安装程序安装即可。

2. 基本使用

在介绍 Postman 的使用之前，需要启动 1.3 节中创建的 todo-list-server 服务。

（1）GET 请求。以获取待办事项接口为例，GET 请求的配置方法如图 1.21 所示。

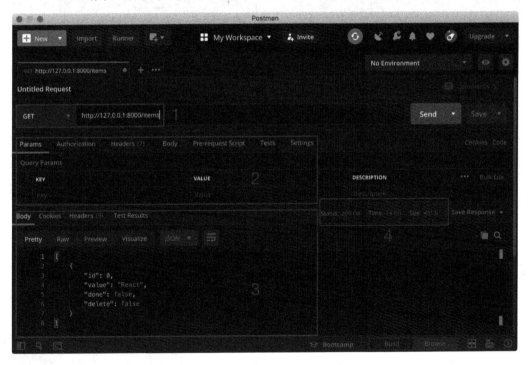

图 1.21　Postman 配置 GET 请求

从图 1.21 中可以看出，Postman 主要分为 4 个功能区。

- 功能区 1：配置请求方法和请求 URL；
- 功能区 2：配置请求参数和请求体；
- 功能区 3：请求的响应体，包括响应头及响应体；
- 功能区 4：请求的响应信息，包括响应状态码、响应时间及响应大小。

（2）POST 请求。以新增待办事项接口为例，POST 请求的配置方法如图 1.22 所示。

相比 GET 请求，POST 请求需要注意的一点是请求体的配置。

这里的请求体配置为 JSON，相当于 HTTP 请求时添加如下请求头：

```
Cntent-Type: application/json
```

同样，DELETE 等请求和 POST 请求类似，这里不再赘述。

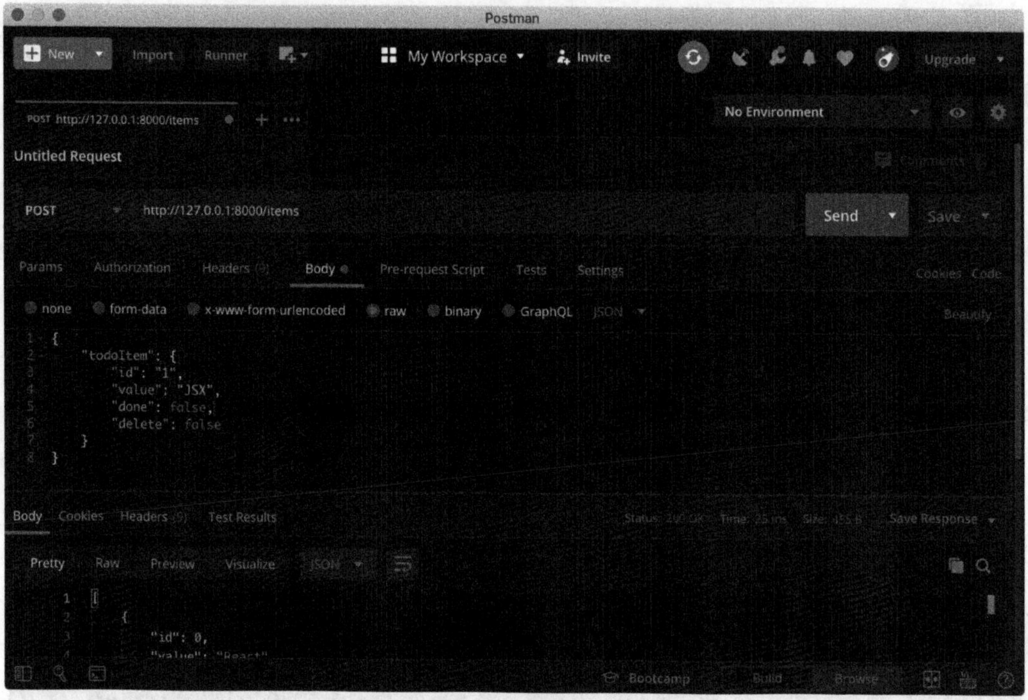

图 1.22　Postman 配置 POST 请求

💬提示：关于 HTTP 的 Content-Type 请求头，将在第 3 章中详细介绍。

（3）Collections（集合）。如果接口增多，或者同时开发多个项目，可以使用 Postman 的 Collections 来管理。使用效果如图 1.23 所示。

（4）Environment（环境配置）。在开发和维护接口的过程中，还需要区分不同的开发环境。例如：

- 开发阶段：使用开发域名的接口，如 http://dev. domain.com；
- 线上环境：接口使用正式域名，如 http://prod.domain. com。

图 1.23　Postman Collections

这两个环境除了域名不同之外，其他的请求方法、参数等配置完全相同。

针对上述问题，可以使用 Postman 的环境配置来解决。

首先，单击 Postman 右上角的环境配置按钮。

其次，新建一个新的环境配置 dev，配置变量 domain 的值为 http://localhost:8000，效果如图 1.24 所示。

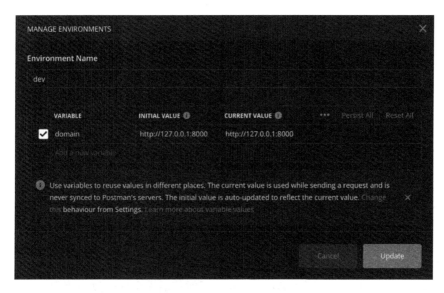

图 1.24　Postman Environment 配置

最后，修改当前的环境配置为 dev。同时，修改之前的接口，将原来的 URL 从 http://127.0.0.1:8000/items 修改为 {{domain}}/items，效果如图 1.25 所示。

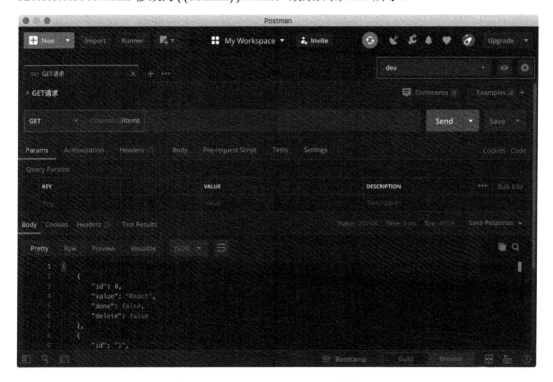

图 1.25　Postman Environment 的使用

📖 小知识：Postman 的功能虽然强大，但是它的很多高级功能需要付费才能使用。针对免费用户，开源社区诞生了一款完全免费、开源的替代工具 Postwoman(https://github.com/liyasthomas/postwoman)，它具有免费、开源、轻量级、快速且美观等优点。

1.5　小　　结

本章完成了使用 React 和 Node 开发前的准备工作，具体如下：

- 了解 React+Node 方案的优势；
- 搭建 Node 环境，编写第一个 Node 示例，实现了基本的 HTTP 服务；
- 搭建 React 环境，编写第一个 React 示例，实现了 TodoList App；
- 使用 React 和 Node 重写 TodoList App，了解前后端全栈开发的流程；
- 了解 React+Node 相关的开发工具，包括 IDE 神器 Visual Studio Code、Chrome 开发者工具、React Developer Tools，以及 API 开发调试工具 Postman。

相信读者对接下来的 React 和 Node 开发已经充满了信心，后面两章将正式开启 React 和 Node 的学习之旅。

第 2 章　前端开发：React 技术从 0 到 1

从本章开始将系统介绍基于 React 的前端开发技术。相信读者已经迫不及待了，赶快进入状态吧！

本章的主要知识点包括：

- JSX：React 所使用的 JavaScript 扩展库，可以更方便地描述用户界面和逻辑；
- 组件：包括组件的复用价值、定义及高阶组件；
- 数据流：组件的属性（Props）和状态（State）、组件间的通信，以及主流的状态管理解决方案 Redux 和 MobX；
- 生命周期：包括挂载、卸载及状态更新。

2.1　JSX 简介

React 中的 JSX 并不是一门新语言，而是 Facebook 提出的语法方案：一种可以在 JavaScript 代码中直接书写 HTML 标签的语法糖。

JSX 是 JavaScript 内定义的一套类 XML 语法，通过构建工具（如 Webpack）可以解析生成 JavaScript 代码。

📖 **小知识**：Webpack 是一个 JavaScript 应用程序的静态模块打包器。通过分析项目结构，Webpack 会找到 JavaScript 模块，以及其他浏览器不能直接运行的拓展语言（Sass 和 TypeScript 等），并将其转换和打包为合适的格式供浏览器使用。第 4 章会对 Webpack 进行详细的介绍。

2.1.1　JSX 的由来

首先来看一个在页面中输出 Hello World 的 HTML 代码示例：

```
01  <div class="container">
02      <span class="text">
03          Hello World
04      </span>
05  </div>
```

如果使用 JavaScript 对象来表示上述 HTML 结构，代码如下：

```
01  {
02      tag: 'div',
03      props: {
04          className: 'container',
05          children: [
06              {
07                  type: 'span',
08                  props: {
09                      className: 'text',
10                      children: 'Hello World'
11                  }
12              }
13          ]
14      }
15  }
```

React 中可以使用 React.createElement()将 HTML 结构转换成 JavaScript 对象，代码如下：

```
01  React.createElement("div",
02      {
03          class: "container"
04      },
05      React.createElement("span",
06          {
07              class: "text"
08          },
09          "Hello World"
10      )
11  );
```

与直接书写 JavaScript 对象相比，上述代码的可读性已经有了很大的改进，但是对于嵌套的 HTML 结构仍然不易书写。React 使用 JSX 语法糖来解决此问题，代码如下：

```
01  <div className="container">
02      <span className="text">
03          Hello World
04      </span>
05  </div>
```

JSX 的写法与 HTML 的写法很相似，这也是 JSX 的优点之一：可以直接在 JavaScript 代码中书写 HTML 标签。在 JavaScript 代码中将 JSX 和 UI 放在一起时，代码更具可读性和可维护性。

2.1.2　JSX 语法

通过 2.1.1 节的介绍可知：JSX 是 JavaScript 内定义的一套类 XML 语法。例如，基于 React 实现的文章组件如下：

```
01  const Article = () => (
02      <div>
03          <h3>This is title</h3>
```

```
04          <p>This is content</p>
05          <span>This is author</span>
06      </div>
07  );
```

🔔提示：关于 React 组件及其定义，在 2.2 节中会有详细的介绍。

上述代码和 HMTL 代码看起来几乎一模一样。不同的是，它被"包裹"在了函数的返回值中。

📖 小知识：上述代码中使用了 ECMAScript 2015（简称 ES 6）的新语法——箭头函数，该语法允许开发者以更加简明的语法来声明函数，并且解决了传统函数声明方法中 this 指向的问题。以下两种 add 函数的声明方式是等效的。

```
01  var add = function (a, b) {
02      return a + b
03  }
04
05  var add = (a, b) => (a + b)
```

相比传统的函数声明方法，箭头函数的语法更加简洁。不过，想要正确地编译 JSX，还需要注意以下两点：

（1）定义组件时，最外层的标签只能有一个。

```
01  const Article = () => (
02      <h3>This is title</h3>
03      <p>This is content</p>
04      <span>This is author</span>
05  );
```

上述代码在编译的时候会产生如下错误：

```
"Parsing error: Adjacent JSX elements must be wrapped in a closing tag。"
```

正确的做法是用一个元素把以上内容都包裹起来，通常用<div></div>。

```
01  const Article = () => (
02      <div>
03          <h3>This is title</h3>
04          <p>This is content</p>
05          <span>This is author</span>
06      </div>
07  );
```

用<div></div>标签包裹元素会导致渲染出的 DOM 树中多出一层 div 节点，尽管大多数时候这样做影响不大，但当需要渲染精确的 DOM 结构时就会出现问题。此时可以使用 React.Fragment 包裹组件元素，写法如下：

```
01  const Article = () => (
02      <React.Fragment>
03          <h3>This is title</h3>
04          <p>This is content</p>
05          <span>This is author</span>
```

```
06        </React.Fragment>
07   );
```

或者使用简写的形式，代码如下：

```
01   const Article = () => (
02       <>
03           <h3>This is title</h3>
04           <p>This is content</p>
05           <span>This is author</span>
06       </>
07   );
```

（2）所有的标签一定要闭合，例如，hello。即使在 HTML 中通常不闭合的标签，如<img>，也应该写成自闭合的形式，如<img />。如果在编译代码时提示 "Expected corresponding JSX closing tag for..."，则需要检查代码中是否有未闭合的标签。

1．注释

为了便于调试和维护代码，JSX 也支持注释。

JavaScript 语言中的 "//" 注释在 JSX 中也同样有效。

```
01   const Article = () => (
02       <div>
03           {
04               // <h3>This is title</h3>
05           }
06           <p>This is content</p>
07           <span>This is author</span>
08       </div>
09   );
```

但是相比传统的注释，JSX 推荐如下注释方法。

对于单行注释，推荐使用{/**/}将注释内容包裹起来，例如：

```
01   const Article = () => (
02       <div>
03           {/* <h3>This is title</h3> */}
04           <p>This is content</p>
05           <span>This is author</span>
06       </div>
07   );
```

对于多行注释，推荐使用/**/将注释内容包裹起来，例如：

```
01   const Article = () => (
02       <div>
03           /* <h3>This is title</h3>
04           <p>This is content</p> */
05           <span>This is author</span>
06       </div>
07   );
```

2. JavaScript表达式

JSX 中可以在大括号内放置任何有效的 JavaScript 表达式，例如：

- 四则运算：2+2；
- 点运算符：user.firstName；
- 函数调用：getName(user)。

因此，可以在 JSX 中引入变量和逻辑，这也是 JSX 相比 HTML 的优势之一。

```
01  const firstName = Joe;
02  const lastName = Doe;
03  const Person = () => (
04      <div>
05          <span>his name is </span>
06          <span>{`${firstName} ${lastName}`}</span>
07      </div>
08  );
```

📖 **小知识：** 上述代码中使用了 ES 6 的新语法：模板字符串（Template String）。模板字符串是增强版的字符串，用反引号（``）标识。它可以作为普通字符串来使用，也可以用来定义多行字符串，或者在字符串中嵌入变量。

一个常见的应用场景是利用 JavaScript 中的三元表达式来控制元素的显示和隐藏。例如：

```
01  const Person = () => (
02      <div>
03          <span>name : {name}</span>
04          {
05              job ? <span>job : {job}</span> : null
06          }
07      </div>
08  );
```

上述代码中，null 也是合法的 JSX 元素，但它不被渲染。和它类似的还有：

- 布尔值：true、false；
- undefined。

因此，以下 JSX 表达式的渲染结果相同。

```
01  <div />
02  <div></div>
03  <div>{false}</div>
04  <div>{true}</div>
05  <div>{null}</div>
06  <div>{undefined}</div>
```

另一个常见的应用场景是渲染列表，即循环渲染多个元素。传统的前端代码中常常使用 for 循环向一段 HTML 代码中增加标签元素，而 JSX 中的做法是在大括号中使用数组的 map 方法来实现。例如：

```
01  const list = [
02    { name: 'Amy' },
03    { name: 'Bob' },
04    { name: 'Cindy' }
05  ];
06  const App = () => (
07    <div>
08      {
09        list.map((item) => {
10          return (
11            <span>{item.name}</span>
12          )
13        })
14      }
15    </div>
16  );
```

📖 **小知识**：map()是 JavaScript 数组的一个内建方法（built-in method），该方法按照原始数组元素的顺序依次处理元素并返回一个新数组，数组中的元素为原始数组元素调用函数处理后的值。上述代码中的 map()返回值就是一组含有人名的 <span></span>标签。

3. 元素和组件

JSX 中有两种不同的元素：原生 DOM 元素和 React 组件。JSX 中区分两者的标准就是判断标签名称首字母是否为小写字母。

- 如果标签名称首字母是小写字母，则为原生 DOM 元素；
- 如果标签名称首字母是大写字母，则为 React 组件。

示例代码如下：

```
01  const App = () => (
02    <div>
03      <div>
04        <span>hello world</span>
05      </div>
06      <CustomText text="nice to meet you!"></CustomText>
07    </div>
08  );
```

上述代码中的<CustomText ></CustomText>就是组件。

因此，标签名称的大小写非常重要，Babel 在预编译时会根据元素是否为组件而调用不同的方法。

📖 **小知识**：Babel 是一个 JavaScript 编译器，它主要用于将 ES 6 及更新版本的代码转换为向后兼容的 JavaScript 语法。React 官方的 JSX 编译器早期为 JSTransform，但目前已经不再维护了。现在的 JSX 大多依靠 Babel 的 JSX 编译器进行编译。关于 Babel 的更多内容，可以访问其官网 https://www.babeljs.cn/。

在 JSX 中，可以通过类似于 HTML 的写法在标签中为元素或组件添加属性。但其与 HTML 的内嵌属性有以下两点区别：

（1）JSX 中使用 className 代替 HTML 中的 class 属性。例如：

```
01  const Article = () => (
02      <div>
03          <h3 className="title">This is title</h3>
04      </div>
05  );
```

（2）JSX 中通过对象的形式为标签传递内联样式，如果样式的属性名称包含使用短横线隔开的多个单词，那么使用驼峰命名代替。样式的属性值通常情况下是数字或者字符串：

```
01  const Article = () => (
02      <div>
03          <h3 style={{color: "red"; fontSize: "14px"}}>This is title</h3>
04      </div>
05  );
```

📖 **小知识**：骆驼命名法（Camel-Case）指当变量名或函数名由一个或多个单词连接在一起而构成唯一识别的字符时，第 1 个单词以小写字母开始，从第 2 个单词开始，以后的每个单词的首字母都采用大写字母。例如，myFirstName 和 myLastName 这样的命名看上去就像骆驼峰一样此起彼伏。

如果需要为组件传入多个属性，还可以使用对象扩展运算符（…），例如：

```
01  const props={
02      text: 'nice to meet you',
03      font: 'big',
04      align: 'top',
05      visible: true
06  };
07  const App = () => (
08      <div>
09          <CustomText {...props}></CustomText>
10      </div>
11  );
```

📖 **小知识**：对象的扩展运算符（…）是 ES 6 中对数组的一种拓展，用于取出参数对象的所有可遍历属性，并复制到当前对象中。

开发中需要掌握的组件属性的默认值为 true。以下两个 JSX 表达式是等价的：

```
01  <InputBox autoFocus />
02  <InputBox autoFocus={true} />
```

4．事件绑定

在 HTML 中可以使用事件属性，如用 click 来实现事件绑定。在 JSX 中也大致如此，这种事件绑定的声明方式虽然具有很高的可读性，但是在使用过程中仍然需要注意以下几点：

- JSX 事件的命名使用驼峰法，而 HTML 事件的命名用小写；
- JSX 中的事件绑定传递的是一个回调函数，而 HTML 的事件绑定传递的是一个字符串；
- JSX 不能通过 return 或 false 来阻止默认事件，而需要显式地调用 preventDefault() 或 stopPropagation()等原生方法。

```
01  const App = () => (
02    <div>
03      <span onClick={() => {
04        console.log('clicked')
05      }}>
06        click me!
07      </span>
08      <button href="" onClick={(e) => {
09        e.preventDefault()
10      }}>
11        click me!
12      </button>
13    </div>
14  );
```

上述代码中，在 JSX 中绑定的事件称为 React 合成事件。除此之外，在 React 中也可以通过 JavaScript 原生的方法（如 addEventListener()）来实现事件绑定，不过这样的原生绑定需要手动管理并在必要的时候解除绑定。相比之下，React 合成事件的绑定方式更简单方便。

2.2　组　件

组件是 React 中的重要组成部分，可以说所有的 React 应用都离不开组件。组件允许开发者将应用程序拆分为独立可复用的代码片段，并且每个代码片段都可以单独编写实现代码。

2.2.1　组件的定义

组件的定义有如下 3 种方式：
- React.createClass：React 定义组件的传统方法，已逐步废弃；
- ES 6 Class：面向对象风格，但仍未改变 JavaScript 原型的本质；
- JavaScript Function：定义组件最简单的方式，但默认无法进行状态管理。

1. React.createClass方式

React.createClass 是定义组件的传统方式，也是早期 React 中唯一的实现方式。使用该方式重写 2.1.2 节中的文章组件，代码如下：

```
01  const Article = React.createClass({
02      render() {
03          return (
04              <div>
05                  <h3>This is title</h3>
06                  <p>This is content</p>
07                  <span>This is author</span>
08              </div>
09          );
10      }
11  });
```

由于早期的 JavaScript 中并没有类的概念，React 在内部实现了一个 createClass 的方法。但 ES 6 对类的支持已经比较完善，而且 ES 6 目前已经十分普及，所以 React 在之后的版本中便逐步废弃了 createClass 方法。因此，本节将重点介绍 ES 6 Class 和 JavaScript Function 这两种定义组件的方式。

2．ES 6 Class方式

使用 ES 6 Class 方式编写 React 组件时，需要定义一个新类（也就是组件本身）继承自 React.Component，这类组件被称为 class 组件。代码如下：

```
01  class Article extends React.Component {
02      render() {
03          return (
04              <div>
05                  <h3>This is title</h3>
06                  <p>This is content</p>
07                  <span>This is author</span>
08              </div>
09          );
10      }
11  }
```

所有的 React 组件都需要实现 render() 方法，其返回 DOM 元素的虚拟 DOM 表示。需要注意的是，返回的 DOM 元素必须是单一的根节点。

📖 **小知识**：ES 6 Class 是一个语法糖，允许开发者使用面向对象的风格来编写对象，对熟悉 C++和 Java 等传统面向对象语言的开发者很友好，在封装、继承等场景下对普通的 JavaScript 开发者也比以往更加友好。但是，ES 6 并没有改变 JavaScript 面向对象基于原型的本质。下面的代码展示了传统的写法和 ES 6 Class 写法的对比。

传统的写法：

```
01  function Foo(x, y) {
02      this.x = x;
03      this.y = y;
```

```
04  }
05
06  Foo.prototype.toString = function() {
07      console.log(this.x, this.y);
08  }
```

ES 6 Class 写法：

```
01  class Foo {
02      constructor(x, y) {
03          this.x = x;
04          this.y = y;
05      }
06
07      toString() {
08          console.log(this.x, this.y);
09      }
10  }
```

3. JavaScript Function方式

编写组件最简单的方式就是使用 JavaScript Function：只需要声明一个函数并返回一段符合规范的 JSX 即可。代码如下：

```
01  function Article() {
02      return (
03          <div>
04              <h3>This is title</h3>
05              <p>This is content</p>
06              <span>This is author</span>
07          </div>
08      );
09  }
```

JavaScript Function 实现的这类组件被称为函数组件，也可以叫作无状态组件。

📖 **小知识**：组件可以分为"无状态组件"和"有状态组件"。实际上，ES 6 Class 构建的 class 组件被称为"有状态组件"，即允许使用 State 来管理组件的内部状态，而无状态组件则无法实现这样的状态管理。关于 State 的相关内容，将在 2.3.1 节中进行详细的介绍。

2.2.2　高阶组件

高阶组件（Higher-Order Component，HOC）是 React 中复用组件逻辑的一种高级技巧。高阶组件对于初学者来说可能比较陌生，因此我们首先从与它相近的高阶函数的概念开始讲起。

1. 高阶函数

高阶函数是指这样一种函数：接收函数作为参数，或将函数作为输出返回。在前面的内容中介绍了使用 map() 函数实现列表渲染的例子，实际上就是用 JavaScript 内置的高阶函数实现的。

理解了高阶函数的定义，那么它有何价值和作用呢？它的目的和组件拆分类似：将复杂逻辑拆分成可复用的更小的逻辑单元。

高阶函数的典型用法如下：

```
01  const add = x => y => x + y;
02
03  add(1)(2);                            // 返回值为 3
```

上述代码看起来晦涩难懂，因为使用 ES 6 箭头函数进行了简写，经过 Babel 转换后，代码看起来就直观易懂了：

```
01  var add = function add(x) {
02      return function (y) {
03          return x + y;
04      }
05  }
06
07  add(1)(2);                            // 返回值为 3
```

2．高阶组件

高阶函数本质上就是一个函数，特殊的是它的接收值和返回值都是函数。类似地，高阶组件本质上也是一个函数，特殊的是它的接收值和返回值都是组件。

例如，需要给每个组件添加值为 ok 的 status 属性，可以定义一个 Container 高阶组件，代码如下：

```
01  const Container = (WrappedComponent) => {
02      class extends React.Component {
03          render() {
04              let newProps = { status: 'ok' };
05              return <WrappedComponent {...this.props} {...newProps} />
06          }
07      }
08  }
```

上述实现方式称为属性代理，高阶组件在 render() 函数中返回了传入的 React 组件，并且可以传递和添加新的属性（Props）。

📖 **小知识**：Props 来源于单词 Properties（属性），在 React 中可以使用它进行组件之间的参数传递。在 2.3.1 节中会对其进行更加详细的介绍。

属性代理实现的高阶组件使用起来也十分简单，只需用高阶组件包裹住然后正常调用即可。例如，返回 hello world 的 App 组件，代码如下：

```
01  export default class App extends React.Component {
02      render() {
03          return (
04              <div> hello world </div>
```

```
05          )
06      }
07  }
```

使用高阶组件 Container 向 App 组件添加值为 ok 的 status 属性，代码如下：

```
01  class App extends React.Component {
02      render() {
03          return (
04              <div> hello world </div>
05          )
06      }
07  }
08
09  export default Container (App);
```

此时，调用该组件的写法没有任何改变，代码如下：

```
01  import App from './App';
02
03  ReactDOM.render(<App />, document.getElementById('root'));
```

另外，还可以通过 ES 6 新增的装饰器（decorator）进一步简化高阶组件的调用。

```
01  @Container
02  export default class App extends React.Component {
03      render() {
04          return (
05              <div> hello world </div>
06          )
07      }
08  }
```

📖 **小知识**：装饰器是一种与类（class）相关的语法，用来注释或修改类和类方法。它作用的对象是一个类或者其属性方法，在不改变原有功能的基础上增强其功能。它的语法非常简单，就是在类或者其属性方法前面加上@decorator，其中decorator 指的是装饰器的名称。它的作用方式如下：

```
01  @decorator
02  class A {}
```

等同于：

```
01  class A {}
02  A = decorator(A) || A;
```

🔔 **提示**：在 create-react-app 工具创建的项目中尝试使用装饰器时，可能会出现"Support for the experimental syntax 'decorators-legacy' isn't currently enabled" 错误。这是因为装饰器语法还没有被完全支持，需要使用 Babel 来处理。

　　一般来说，高阶组件主要用于控制组件的属性和状态，以及渲染劫持（为组件添加统一的样式或布局等）。

　　通过本节对 React 组件和高阶组件的介绍，相信读者对组件的创建和使用已经不再陌生了。但是组件的状态是如何管理的？组件之间是如何通信的呢？带着这些疑问，我们开始下一节"数据流"的学习。

2.3　数　据　流

React 作为状态驱动的前端框架，十分注重数据和状态的管理。本节主要介绍 React 的状态管理和组件通信，主要包括：

- 变与不变：不可变的属性（Props）和可变的状态（State）；
- 组件间通信：基于 Props 的父子组件间的数据传递；
- 上下文（Context）：组件间不直接相互依赖的数据传递；
- 复杂状态管理解决方案：Redux 及 MobX。

2.3.1　Props 与 State 简介

1. Props

仍然以 React 实现的文章组件为例：

```
01  const Article = () => (
02     <div>
03        <h3>This is title</h3>
04        <p>This is content</p>
05        <span>This is author</span>
06     </div>
07  );
```

在项目中如果这样使用文章组件就会发现问题：这个组件始终渲染相同的文章内容。但是在实际开发需求中，可以确定的可能只有 Article 组件的 DOM 结构与样式，其文字内容应该随数据源的不同而不同。

此时就需要使用 React 组件的 Props 了。组件在概念上类似于函数，所以可以将 Props 理解为组件的参数。组件接收这组参数，并返回用来描述页面内容的 React 元素。

在 React 组件中，使用 Props 可以从父组件向子组件传递数据：

```
01  class Father extends React.Component {
02     render() {
03        return (
04           <div>
05              <Son name='Jack' age={25}/>
06           </div>
07        )
08     }
09  }
```

上述代码展示了 Father 父组件向 Son 子组件传递 Props 的过程，Father 父组件向 Son 子组件中传递了名字和年龄两个属性。Props 的写法类似于 HTML 中标签的属性写法，只需要保证 Props 的值符合 JSX 语法规则即可。

同时，Son 组件的代码如下：

```
01  class Son extends React.Component {
02      render() {
03          return (
04              <div>
05                  I am {this.props.name} and I am {this.props.age} years old!
06              </div>
07          )
08      }
09  }
```

上述代码展示了 Son 组件接收和使用 Props 的过程。使用 ES 6 Class 方式定义的组件，可以通过 this.props 获取父组件传入的 Props。而在函数组件（即使用 JavaScript Function 方式定义的组件）中，Props 通过函数参数的形式传递。

```
01  const Son= (props) => (
02      <div>
03          I am {props.name} and I am {props.age} years old!
04      </div>
05  );
```

📖 **小知识**：上述例子可以使用 ES 6 的解构赋值来优化变量的获取和使用。例如：

```
01  const Son= ({ name, age }) => (
02      <div>
03          I am {name} and I am {age} years old!
04      </div>
05  );
```

解构赋值是 ES 6 中的新概念，它允许按照一定模式从数组和对象中提取值，对变量进行赋值。例如：

```
01  const {name , age} = {name:'Jack', age : 25};
02  console.log(name); //'Jack'
03  console.log(age); // 25
```

现在使用 Props 重写之前的 Article 组件：

```
01  const Article = (props) => (
02      <div>
03          <h3>{props.title}</h3>
04          <p>{props.content}</p>
05          <span>{props.author}</span>
06      </div>
07  );
```

其中，Article 组件接收父组件传递的 3 个属性：title、content 和 author。

最后，实现父组件 ArticleList 向 Article 子组件传递组件参数。

```
01  class ArticleList extends React.Component {
02      render() {
```

```
03          const articles = [
04              {
05                  title: 'Music Talent',
06                  content: 'There is no reason for being awesome!',
07                  author: 'Jay Chou'
08              },
09              {
10                  title: 'Science Research',
11                  content: 'Gravity is everywhere and nothing can get rid
                        of it',
12                  author: 'Isac Newton'
13              },
14              {
15                  title: 'Famous Player',
16                  content: 'Nobody knows the limit of Lonel Messi',
17                  author: 'Messi'
18              }
19          ]
20          return (
21              <div>
22                  {
23                      articles.map((item) => <Article {...item} />)
24                  }
25              </div>
26          )
27      }
28  }
```

上述代码中，ArticleList 组件使用数组的方式声明了 3 篇文章，使用 map()方法将文章列表渲染在 DOM 上。

上述例子中的 Article 组件还可以改写为 ES 6 Class 类型：

```
01  class Article extends React.Component {
02      render() {
03          return (
04              <div>
05                  <h3>{this.props.title}</h3>
06                  <p>{this.props.content}</p>
07                  <span>{this.props.author}</span>
08              </div>
09          )
10      }
11  }
```

需要注意的是，对于 React 组件来说，Props 是只读的，也就是说不要尝试去修改 Props。如果在组件内的代码中对 Props 进行了修改操作，会出现如下警告信息：

```
It looks like XXX is reassigning its own `this.props` while rendering. This
is not supported and can lead to confusing bugs..
```

2．State

对于数据驱动渲染方式的 React，Props 不可变意味着不能通过这种方式对数据进行任何修改。要解决这个问题，需要掌握 React 的另一个重要概念：状态（State）。

React 把组件看成是一个状态机（State Machines）：通过与用户的交互，实现不同的状态，然后渲染 UI，让用户界面和数据保持一致。每当组件的 State 更新时，React 会根据新的 State 重新渲染用户界面，而不需要手动操纵 DOM。

下面基于上述 Article 组件的例子，为该组件添加点赞功能，修改代码如下：

```
01  class Article extends React.Component {
02      constructor() {
03          super();
04          this.state = {
05              like: false
06          }
07      }
08      handleLike = () => {
09          this.setState({
10              like: !this.state.like
11          });
12      }
13      render() {
14          return (
15              <div>
16                  <h3>{this.props.title}</h3>
17                  <p>{this.props.content}</p>
18                  <span>{this.props.author}</span>
19                  <br />
20                  <button onClick={this.handleLike}>
21                      {this.state.like ? "like" : "unlike"}
22                  </button>
23              </div>
24          )
25      }
26  }
```

当单击文章下方的按钮时，会导致按钮的文字在 like 和 unlike 之间切换，由此简单模拟实现了社交软件的点赞功能。

上述代码为 Article 组件添加了构造函数 constructor()，并在 this.state 中声明了状态 like，初始值为 false，即文章默认为未点赞。单击按钮时通过 handleLike()回调函数触发 this.setState 方法，导致组件的 State 发生变化，同时会自动刷新视图中按钮的文字。

📖 小知识：constructor()是 ES 6 类中的构造函数，在创建实例的时候会自动调用它。上述例子中就是通过这个函数来初始化组件默认状态的。以下示例会帮助读者进一步理解 ES 6 中类的构造函数。

```
01  function Point(x, y) {
02      this.x = x;
03      this.y = y;
04  }
05  Point.prototype.toString = function() {
06      return '(' + this.x + ',' + this.y + ')';
07  }
08  // 等同于
```

```
09  class Point {
10      constructor(x, y) {
11          this.x = x;
12          this.y = y;
13      }
14      toString() {
15          return '(' + this.x + ',' + this.y + ')';
16      }
17  }
```

在组件中通过 this.state 获取 State，而更新 State 使用的是 React 组件的内置方法
setState()。

- setState()可以接收一个对象，对象的键（key）为将要更新的 State，对象的值（value）
为 State 更新后的值，如上述代码中的{like: !this.state.like}。
- setState()也可以接收一个函数，这个函数接收两个参数：第一个参数是当前的 State，
第二个参数是当前的 Props。例如：

```
01  this.setState((state, props) => {
02      return {counter: state.counter + props.step};
03  });
```

关于 State 的更新，需要注意以下 3 点：

（1）不要直接修改 State。直接修改 State 可以给组件的 State 重新赋值，但是无法触发
组件的重新渲染。例如：

```
01  this.state.greeting= 'hello';
```

（2）更新 State 可能是异步的，这意味着 setState()方法可能不会立刻改变 State 的值，
因此不要依赖前一个 State 对下一个 State 的更改。例如以下代码，看似对 State 中的 count
进行了 3 次加 1 运算，但是实际的运行结果只进行了一次加 1 运算。

```
01  class Count extends React.Component {
02      constructor() {
03          super();
04          this.state = {
05              count: 0
06          }
07      }
08      incrementMultiple = () => {
09          this.setState({ count: this.state.count + 1 });
10          this.setState({ count: this.state.count + 1 });
11          this.setState({ count: this.state.count + 1 });
12      }
13
14      render() {
15          return (
16              <div>
17                  {this.state.count}
18                  <button
19                      onClick={
20                          this.incrementMultiple.bind(this)
21                      }
```

```
22                    >
23                      increment
24                    </button>
25               </div>
26          )
27     }
28 }
```

因为在同一周期内多次进行加 1 操作，相当于：

```
01 Object.assign(
02     previousState,
03     {count: state.count + 1},
04     {count: state.count + 1},
05     {count: state.count + 1},
06     // 省略了未修改的代码
07 )
```

所以最后只会进行一次加 1 运算。

为了实现进行 3 次加 1 操作的预期效果，可以向 setState()方法中传入函数。传入函数可以强制合并之前的异步修改结果。使用这种方式改写上述代码如下：

```
01 class Count extends React.Component {
02     // 省略了未修改的代码
03     incrementMultiple() {
04          this.setState((state, props) => { return { count: state.count +
              1 } });
05          this.setState((state, props) => { return { count: state.count +
              1 } });
06          this.setState((state, props) => { return { count: state.count +
              1 } });
07     }
08     // 省略了未修改的代码
09 }
```

（3）调用 setState()时，React 会把提供的对象合并到当前的 State 中。这里的合并是浅合并，即只会更新修改的状态，其他状态保持不变。

2.3.2　组件通信简介

通过上节的介绍我们已经知道，在 React 中父组件可以通过 Props 对子组件传递数据，组件本身可以通过 State 维护自身的状态。那么，子组件要如何向父组件传递数据呢？

因为 Props 也可以传递函数，所以子组件想要向父组件传递状态，可以调用父组件经由 Props 传递过来的函数。由于函数体的定义是在父组件中，父组件便可以在函数被调用的时候接收并改变自身的状态，从而达到子组件向父组件传递数据的目的。下面的例子展示了这种组件间的数据传递是如何实现的。

```
01 class ArticleList extends React.Component {
02     constructor() {
03          super();
```

```
04        this.state = {
05            highLight: false
06        }
07    }
08    setHighLight() {
09        this.setState({ highLight: true });
10    }
11    render() {
12        const articles = [
13            {
14                title: 'Music Talent',
15                content: 'There is no reason for being awesome!',
16                author: 'Jay Chou'
17            },
18            {
19                title: 'Science Research',
20                content: 'Gravity is everywhere and nothing can get rid
                   of it',
21                author: 'Isac Newton'
22            },
23            {
24                title: 'Famous Player',
25                content: 'Nobody knows the limit of Lonel Messi',
26                author: 'Messi'
27            }
28        ]
29        return (
30            <div style={{ background: this.state.highLight ? "green" :
               'white' }}>
31                {
32                    articles.map((item) =>
33                        <Article onSetHighLight={this.setHighLight.bind
                           (this)} {...item} />
34                    )
35                }
36            </div>
37        )
38    }
39 }
```

上述代码中，ArticlesList 父组件中定义的 setHighLight() 函数通过 Props 传递给了 Article 子组件。同时，Article 子组件中的定义和处理方法如下：

```
01 class Article extends React.Component {
02    constructor() {
03        super();
04        this.state = {
05            like: false
06        }
07    }
08    handleLike() {
09        this.props.onSetHighLight();
10    }
11
12    render() {
```

```
13          return (
14            <div>
15                <button onClick={this.handleLike.bind(this)}>HightLight!
                  </button>
16                <h3>{this.props.title}</h3>
17                <p>{this.props.content}</p>
18                <span>{this.props.author}</span>
19                <br />
20                <button onClick={this.handleLike.bind(this)}>
21                    {this.state.like ? "like" : "unlike"}
22                </button>
23            </div>
24          )
25        }
26  }
```

上述代码中，Article 子组件在 HightLight 按钮的 handleLike()回调函数中调用了 Article
父组件传递的 this.props.onSetHighLight()函数。

📖 **小知识**：上述代码中的 bind()用于指定函数执行时的上下文、函数体内的 this 对象和
　　　　 bind()方法的第一个参数绑定。例子中，函数体内的 this 对象被绑定到了组件
　　　　 类的 this 中。

到目前为止，父子组件之间的状态传递如图 2.1 所示。

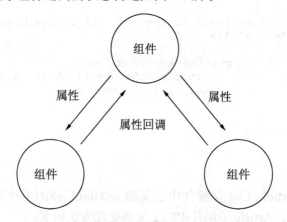

图 2.1　基于属性及属性回调的组件间通信

综上所述，使用 State 进行组件内部的状态管理、使用 Props 进行父子组件之间的状
态通信，构成了最简单的 React 数据流。

2.3.3　Context API 简介

上一节介绍了 React 基本的组件通信方式，然而，当项目的业务逻辑较复杂时，这样
的组件通信方式就不适合继续使用了，例如图 2.2 所示的例子。

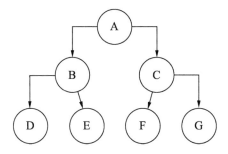

图 2.2　复杂组件层次下的组件间通信

　　如果组件 E 要和组件 F 通信，按照上节所讲的方法，需要通过 Props 回调的方式向组件 B 传递状态，组件 B 再把状态传递给组件 A，然后组件 A 通过 Props 将新状态传递给组件 C，最后组件 C 再向组件 F 传递参数。

　　此时，在组件层数只有两层的情况下，组件参数的传递就用了 4 个步骤。而日常的业务开发中接触到的组件层数常常大于两层，这意味着需要为了组件通信书写大量的代码，即使是与这次通信看起来毫无关系的组件，例如上述例子中的组件 B。

　　为了解决这样的困扰，React 中提供了一种高级的数据管理方式——Context（上下文）。

　　Context 是 React 中的一个高级 API，提供了一种在组件之间共享此类值的方式，而不必显式地通过组件树逐层传递 Props。从效果上看，Context 是组件树上某棵子树的全局变量。设计 Context 是为了共享那些对于一棵组件树而言属于“全局”的数据，于是一棵树上的所有组件便可以获取同样的状态。下面来看一个使用 Context 的实例。

　　首先定义组件树的根节点 App 如下：

```
01  import React, { Component } from 'react';
02  import PropTypes from 'prop-types';
03
04  class App extends Component {
05      constructor() {
06          super();
07          this.state = {
08              number: 1,
09              text: ' '
10          }
11      }
12
13      static childContextTypes = {
14          globalNumber: PropTypes.number,
15          globalText: PropTypes.string,
16      }
17
18      getChildContext() {
19          return {
20              globalNumber: this.state.number,
21              globalText: this.state.text
22          }
23      }
```

```
24
25      render() {
26          return (
27              <div>
28                  {/* some child components */}
29              </div>
30          );
31      }
32  }
```

📖 **小知识**：static 静态属性指的是 class 本身的属性，即 class.propName，而不是定义在实例对象（this）上的属性。

上述代码中，在最上级的 App 节点中定义 getChildContext()，返回 Context 的可用信息。在此之前需要先定义 childContextTypes，指定 Context 值的类型，如果不定义 childContext-Types，代码会报错。

同时，这棵组件树上的任意一个子节点 ChildComponent 的代码如下：

```
01  import React, { Component } from 'react';
02  import PropTypes from 'prop-types';
03
04  class ChildComponent extends Component {
05      static contextTypes = {
06          globalNumber: PropTypes.number
07      }
08
09      render() {
10          return (
11              <span>{this.context.globalNumber}</span>
12          )
13      }
14  }
```

上述代码中，在 ChildComponent 子组件中定义需要使用的 Context 对应的 contextTypes 后，便可以使用 this.context 获得 Context 的内容。

📖 **小知识**：上述例子中 PropTypes 用来在组件的 Props 上进行类型检查，当传入的 Props 值类型不正确时，JavaScript 控制台将会显示警告。出于性能方面的考虑，PropTypes 仅在开发模式下进行检查。

需要说明的是，上述示例是 React 老版本 Context 的写法，React 16.3 及之后版本中定义了新的 Context 写法。按照新的接口和写法，根组件的代码如下：

```
01  // context.js
02  export const ThemeContext = React.createContext({
03      background: 'red',
04      color: 'white'
05  });
06
07  // App.js
08  import { ThemeContext } from './context.js';
```

```
09
10  export default class App extends React.Component {
11      render() {
12          return (
13              <ThemeContext.Provider value={{background: 'green', color:
                'white'}}>
14                  {/*some extra components*/}
15              </ThemeContext.Provider>
16          )
17      }
18  }
```

上述代码中，React.createContext()创建了一个 Context 对象，该方法可以传入一个默认值（defaultValue）。当 React 渲染一个订阅了该 Context 对象的组件时，该组件将从组件树中离自身最近的 Provider 中读取当前的 Context 值。如果没有匹配到 Provider，则读取默认值。

Context 对象会返回一个 Provider 组件，即 Context.Provider。Provider 接收一个 value 属性，并将该属性传递给自己的 Consumer 组件。多个 Provider 可以嵌套使用，使用时内层的 value 会覆盖外层的 value。

Context 对象还会返回一个 Consumer 组件，即消费组件 Context.Consumer。它的子元素是一个函数。函数的参数为组件树上离这个 Context 最近的 Provider 提供的 value 值。如果没有对应的 Provider，value 参数等同于传递给 createContext()的默认值。

同时，组件 ChildComponent 中使用 Context 的写法也有所改变。

```
01  import { ThemeContext } from './context.js';
02
03  class ChildComponent extends React.Component {
04      render() {
05          return (
06              <ThemeContext.Consumer>
07                  {context => (
08                      <h1 style={{background: context.background, color:
                        context.color}}>
09                          {this.props.children}
10                      </h1>
11                  )}
12              </ThemeContext.Consumer>
13          )
14      }
15  }
```

通过上述示例，读者可能已经感受到：与 Props 的组件通信方式相比，Context 通信模式免去了组件之间烦琐的层层传递过程，组件直接和 Context 通信的模式让数据传递流程更简洁。

然而，在大型的 React 应用中，使用 Context 仍然会遇到一些问题，比如对 Context 的修改不方便。那么，有没有一个解决方案可以"优雅"地管理 React 的状态呢？下一节将揭晓答案。

2.3.4　Redux 简介

在阅读本节内容之前，相信大部分读者已经对 Redux 早有耳闻了。的确，Redux 作为 React 生态系统中最炙手可热的状态管理方案，倍受推崇。不过别着急，在正式介绍 Redux 之前，我们先沿着上节介绍的 Context 讲下去。

1.　基于Context的优化

Context 可以让组件树上的任何组件都可以接收到它的属性，不过想要修改 Context 里的数据并不那么容易，因为只能通过修改 Provider 中 value 的引用对象才能改变 Context。例如，实现一个简单的 Context 并用于组件传参，context.js 代码如下：

```
01  import React from 'react';
02
03  export const ThemeContext = React.createContext({
04      count:1
05  });
```

接着引入在 context.js 中创建的 ThemeContext 实例，App.js 文件代码如下：

```
01  import React from 'react';
02  import { ThemeContext } from './context.js';
03  import ChildComponent from './ChildComponent.js';
04
05  export default class App extends React.Component {
06      constructor() {
07          super();
08          this.state = { count: 1 }
09      }
10      render() {
11          return (
12              <ThemeContext.Provider value={{ count: this.state.count }}>
13                  <ChildComponent handleClick={() => {
14                      this.setState({ count: this.state.count + 1 })
15                  }} />
16              </ThemeContext.Provider>
17          )
18      }
19  }
```

ChildComponent.js 文件代码如下：

```
01  import React from 'react';
02  import { ThemeContext } from './context.js';
03
04  export default class ChildComponent extends React.Component {
05      render () {
06          return (
07              <ThemeContext.Consumer>
08                  {context => (
09                      <div>
```

```
10                        {context.count}
11                        <button onClick={this.props.handleClick}> Add 1
                          </button>
12                    </div>
13                )}
14            </ThemeContext.Consumer>
15        )
16    }
17 }
```

当单击 ChildComponent 组件按钮时，会通过 Props 调用 App 组件传入的回调函数，改变 App 组件的状态，随后在 render 生命周期里自动更新 Provider 的 value 值。

🔔提示：关于 React 组件的生命周期，在 2.4 节会详细介绍。

当组件层级变多，需要烦琐地逐级调用组件的 Props 把这次改变传递给上层组件时，就回到了最初的问题：如何避免逐级调用和传递 Props？

为了解决上述问题，尝试修改 context.js 代码如下：

```
01  import React from 'react';
02  const createStore = () => {
03      let state = { count: 1 };
04      let getState = () => state;
05      let listeners = [];
06      let subscribe = (listener) => listeners.push(listener);
07      let add = () => {
08          state.count++;
09          listeners.forEach(listener => listener())
10      }
11      return { subscribe, getState, add }
12  }
13
14  export const store = createStore();
15
16  export const ThemeContext = React.createContext({
17      store
18  });
```

与之前直接传入参数{ count: 1}不同的是，现在将参数{ count: 1}放在了闭包函数 createStore()的 State 中，同时调用 createStore()函数并将其返回结果赋值给 store。store 对外暴露了如下 3 个方法：

- subscribe：添加回调函数到 listeners 数组中，即订阅的回调函数集合；
- getState：获取 store 中的 State；
- add：将 store 状态中的 count 加 1，并依次调用所有的订阅回调函数。

接着修改 App 组件代码如下：

```
01  import React from 'react';
02  import { ThemeContext, store } from './context.js';
03  import ChildComponent from './ChildComponent.js';
04
05  export default class App extends React.Component {
```

```
06      constructor() {
07          super();
08          this.state = {
09              store
10          }
11      }
12
13      _updateState() {
14          const state = this.state.store.getState();
15          this.setState(state);
16      }
17
18      componentDidMount() {
19          this.state.store.subscribe(() => this._updateState())
20      }
21
22      render() {
23          return (
24              <ThemeContext.Provider value={{ store: this.state.store }}>
25                  <ChildComponent />
26              </ThemeContext.Provider>
27          )
28      }
29  }
```

同时，修改 ChildComponent.js 文件代码如下：

```
01  import React from 'react';
02  import { ThemeContext } from './context.js';
03
04  export default class ChildComponent extends React.Component {
05      render() {
06          return (
07              <ThemeContext.Consumer>
08                  {context => (
09                      <div>
10                          {context.store.getState().count}
11                          <button onClick={() => {
12                              context.store.add()
13                          }}>
14                              Add 1
15                          </button>
16                      </div>
17                  )}
18              </ThemeContext.Consumer>
19          )
20      }
21  }
```

在 App 组件的 componentDidMount 生命周期中，将_updateState()方法注册到 store 的 listeners 列表中。这样，每当 ChildComponent 组件调用 store 的 add()方法时，count 自动加 1，上层的 App 组件会自动更新其 State，然后由 render 生命周期自动更新 Provider 中的 store，组件树获取的 store 和渲染视图也会随之更新。

上述优化代码中大大简化了修改 Context 的"成本"，但也存在一些问题：假设多了一些需求，要求可以单击某个按钮将 count 减去 1、乘以 3，或者除以 2。读者也许很快就有了答案：在 createStore()中编写并返回对应的功能函数即可。但是这种修改代码的方式相当烦琐，有没有可以改进的方式呢？

为了解决上述问题，下面尝试进一步修改 context.js 文件，代码如下：

```
01  import React from 'react';
02
03  const createStore = (reducer) => {
04      let state = { count: 1 };
05      let getState = () => state;
06      let listeners = [];
07      let subscribe = (listener) => listeners.push(listener);
08      let dispatch = (action) => {
09          state = reducer(state, action);
10          listeners.forEach(listener => listener())
11      }
12      dispatch({});
13      return { subscribe, getState, dispatch }
14  }
15
16  function reducer(state, action) {
17      if (!state) {
18          state = {
19              count: 1
20          }
21      }
22      switch (action.type) {
23          case 'AddOne':
24              state.count++;
25              break;
26          case 'MinusThree':
27              state.count = state.count * 3;
28              break;
29          case 'DividedByTwo':
30              state.count = state.count / 2;
31              break;
32          default:
33              break;
34      }
35      return { ...state }
36  }
37
38  export const store = createStore(reducer)
39
40  export const ThemeContext = React.createContext({
41    store
42  });
```

改进后的 createStore()函数引入了 Reducer 的概念，它的作用是根据传入的 action.type 改变当前的状态并返回新的状态。store 对外暴露修改状态的唯一方法是 dispatch()，而具体修改的逻辑实现程序只能由 Reducer 维护。

在改进后的 React 组件中，只需要调用 dispatch()方法便可根据需求改变 Context 的状态。

此时，不需要修改 App.js，只需要修改 ChildComponent.js 即可。

```
01  import React from 'react';
02  import { ThemeContext } from './context.js';
03
04  export default class ChildComponent extends React.Component {
05      render() {
06          return (
07              <ThemeContext.Consumer>
08                  {context => (
09                      <div>
10                          {context.store.getState().count}
11                          <button onClick={() => {
12                              context.store.dispatch({ type: 'AddOne' })
13                          }}>
14                              Add 1
15                          </button>
16                          <button onClick={() => {
17                              context.store.dispatch({ type: 'DividedByTwo' })
18                          }}>
19                              Divided By 2
20                          </button>
21                      </div>
22                  )}
23              </ThemeContext.Consumer>
24          )
25      }
26  }
```

这样看起来已经足够简洁了，但是还有冗余的地方：每个组件调用 Consumer 时都需要书写一遍如下代码：

```
01  <ThemeContext.Consumer>
02      {context => (
03          /**some component**/
04      )}
05  </ThemeContext.Consumer>
```

上一节介绍的高阶组件此时可以派上用场了，新建 connect.js 来定义高阶组件。

```
01  import React from 'react';
02  import { ThemeContext } from './context.js';
03
04  const connect = (Component) =>
05      class WrappedComponent extends React.Component {
06          render() {
07              return (
08                  <ThemeContext.Consumer>
09                      {context => (
10                          <Component {...context.store} />
11                      )}
12                  </ThemeContext.Consumer>
13              )
14          }
```

```
15        }
16
17  export default connect;
```

通过 connect 返回的高阶组件，React 组件就可以专注于编写组件本身的逻辑，省去了和 Context 交互的步骤，转而用 this.props 获取上文中定义的 store。

此时，修改 ChildComponent.js 文件代码如下：

```
01  import React from 'react';
02  import connect from './connect';
03
04  class ChildComponent extends React.Component {
05      render() {
06          return (
07              <div>
08                  {this.props.getState().count}
09                  <button onClick={() => { this.props.dispatch({ type:
                    'AddOne' }) }}>
10                      Add 1
11                  </button>
12                  <button onClick={() => { this.props.dispatch({ type:
                    'DividedByTwo' }) }}>
13                      Divided By 2
14                  </button>
15              </div>
16          )
17      }
18  }
19
20  export default connect(ChildComponent);
```

代码优化至此，在组件中直接调用 store 的 getState() 和 dispatch() 方法，仍然不够 "优雅"。如果可以把这两个相对抽象的方法转换成具体的值或方法供组件调用就好了。

最后，修改 connect.js 文件代码如下：

```
01  import React from 'react';
02  import { ThemeContext } from './context';
03
04  const connect = (mapStateToProps) => (mapDispatchToProps) => (Component) =>
05      class ChildComponent extends React.Component {
06          render() {
07              return (
08                  <ThemeContext.Consumer>
09                      {context => {
10                          const stateProps = mapStateToProps ? mapStateToProps
                            (context.store.getState()) : {}
11                          const dispatchProps = mapDispatchToProps ?
12                              mapDispatchToProps(context.store.dispatch) : {}
13                          const allProps = {
14                              ...stateProps,
15                              ...dispatchProps,
16                              ...this.props
17                          }
18                          return (
```

```
19                          <Component {...allProps} />
20                      )
21                   }}
22              </ThemeContext.Consumer>
23          )
24      }
25   }
26
27 export default connect;
```

同时，修改 ChildComponent.js 文件代码如下：

```
01 import React from 'react';
02 import connect from './connect';
03
04 class ChildComponent extends React.Component {
05     render() {
06         return (
07             <div>
08                 {this.props.count}
09                 <button onClick={() => {
10                     this.props.AddOne()
11                 }}>
12                     Add 1
13                 </button>
14                 <button onClick={() => {
15                     this.props.DividedByTwo()
16                 }}>
17                     Divided By 2
18                 </button>
19             </div>
20         )
21     }
22 }
23
24 const mapStateToProps = (state) => {
25     return {
26         count: state.count
27     }
28 }
29
30 const mapDispatchToProps = (dispatch) => {
31     return {
32         AddOne: () => {
33             dispatch({ type: 'AddOne' })
34         },
35         DividedByTwo: () => {
36             dispatch({ type: 'DividedByTwo' })
37         }
38     }
39 }
40
41 export default connect(mapStateToProps)(mapDispatchToProps)
   (ChildComponent);
```

上述代码中引入了两个函数来修饰 connect 方法，即 mapStateToProps()和 mapDispatch-

ToProps()，它们分别将 Store 中需要被组件使用的 State 和 dispatch()提取出来，传递到组件的 Props 中。这样处理后，React 组件可以像调用父组件传来的普通变量和方法那样，使用 this.props 获取 store 的状态和方法。

至此，上例实现了一个不可随意修改状态的 store，修改它的状态的唯一方式是调用 dispatch()，然后在 Reducer 中根据不同的 action.type 生成新的状态，覆盖 store 原来的状态。同时，通过 Context 和高阶组件 connect 将 store 与 React 组件连接，并在组件内使用 this.props 方式获取和调用 store。通过这一套机制，同一棵组件树上的不同组件可以方便地实现状态共享与管理。

实际上，以上原理已经和 Redux 十分相似。那么，什么是 Redux 呢？

2．什么是Redux

Redux 是 JavaScript 状态容器，提供可预测化的状态管理，可以让我们构建一致化的应用，运行于不同的环境中，如客户端、服务器及原生应用，并且易于测试。

在一个 Redux 应用中，所有的 State 都以一个对象树的形式储存在唯一的 store 中。改变 State 的唯一办法是触发 Action，即一个描述发生了什么事的对象。为了描述 Action 如何改变 State，需要编写 reducers。

Redux 可以用 3 个基本原则来描述：

- 单一数据源：整个应用的 State 被储存在一棵对象树中，并且这个对象树只存在于唯一的 store 中；
- State 是只读的：唯一改变 State 的方法就是触发 Action，Action 是一个用于描述已发生事件的普通对象；
- 使用纯函数来执行修改：Reducer 只是一些纯函数，它接收之前的 State 和 Action，返回新的 State 并覆盖旧的 State。

小知识：所谓纯函数，是指如果函数的调用参数相同，则永远返回相同的结果。它不依赖于程序执行期间函数外部任何状态或数据的变化，必须只依赖于其输入参数。上述 Reducer 是纯函数，即接收相同的 State 和 Action，返回的 State 也一定相同。

在 React 项目中使用 Redux，需要安装 redux 和 react-redux。命令如下：

```
npm install --save redux
npm install --save react-redux
```

如果想更方便地调试 Redux，还可以安装 redux-devtools：

```
npm install --save-dev redux-devtools
```

接着在项目入口文件 index.js 中，使用 createStore 生成 store 并用 react-redux 自带的 Provider 包裹项目中的顶级组件：

```
01  import React from 'react';
```

```
02  import { render } from 'react-dom';
03  import { Provider } from 'react-redux';
04  import { createStore } from 'redux';
05  import rootReducer from './reducers';
06  import App from './components/App';
07
08  const store = createStore(rootReducer);
09
10  render(
11    <Provider store={store}>
12      <App />
13    </Provider>,
14    document.getElementById('root')
15  );
```

和上一节的例子相似，需要设置 reducers，其写法上与前文中的 Reducer 相同。当需要用到多个 Reducer 时，可以使用 combineReducers 把多个 Reducer 结合起来。

```
01  import { combineReducers } from 'redux';
02  import todos from './todos';
03  import visibilityFilter from './visibilityFilter';
04
05  export default combineReducers({
06    todos,
07    visibilityFilter
08  });
```

本例中的 reducer.js 文件内容如下：

```
01  export default function reducer(state, action) {
02    if (!state) {
03      state = {
04        count: 1
05      }
06    }
07    switch (action.type) {
08      case 'AddOne':
09        state.count++;
10        break;
11      case 'MinusThree':
12        state.count = state.count * 3;
13        break;
14      case 'DividedByTwo':
15        state.count = state.count / 2;
16        break;
17      default:
18        break;
19    }
20    return { ...state }
21  }
```

为了更好地维护 Action，建议新建一个单独的文件。以上一节的例子为例，可以新建 actions/index.js 文件，代码如下：

```
01  export const AddOne = () => ({ type: 'AddOne' });
02  export const MinusThree = () => ({ type: 'MinusThree' });
03  export const DevidedByTwo = () => ({ type: 'DevidedByTwo' });
```

使用 react-redux 后，组件被分为两类：容器组件和展示组件。

- 容器组件描述如何运行，直接使用 Redux 监听 Redux State，向 Redux 派发 actions；
- 展示组件描述如何展现，数据来源是 Props。通常情况下，展示组件被容器组件包裹，后者是前者的数据来源。

容器组件和展示组件分离后，展示组件 components/ChildComponent.js 的代码如下：

```
01  import React from 'react';
02
03  export default class ChildComponent extends React.Component {
04      render() {
05          return (
06              <div>
07                  {this.props.count}
08                  <button onClick={() => {
09                      this.props.AddOne()
10                  }}>
11                      Add 1
12                  </button>
13                  <button onClick={() => {
14                      this.props.DividedByTwo()
15                  }}>
16                      Divided By 2
17                  </button>
18              </div>
19          )
20      }
21  }
```

容器组件 container/ChildComponent.js 的代码如下：

```
01  import { connect } from 'react-redux';
02  import { AddOne, DividedByTwo } from '../actions';
03  import ChildComponent from '../components/ChildComponent';
04
05  const mapStateToProps = state => ({
06      count: state.count
07  });
08
09  const mapDispatchToProps = dispatch => {
10      return ({
11          AddOne: () => dispatch(AddOne()),
12          DividedByTwo: () => dispatch(DividedByTwo())
13      })
14  };
15
16  export default connect(
17      mapStateToProps,
18      mapDispatchToProps
19  )(ChildComponent);
```

App 组件使用容器组件 container/ChildComponent.js 的代码如下:

```
01  import React from 'react';
02  import ChildComponent from '../containers/ChildComponent';
03
04  const App = () => (
05      <div>
06          <ChildComponent />
07      </div>
08  );
09
10  export default App;
```

react-redux 解决了跨级组件之间通信和应用状态管理的问题,使 State 的变化可以预测,也为大型项目提供了一个较好的数据流规范。react-redux 可拓展性强、生态丰富,是当下解决大型 React 项目状态维护问题的热门选择。

2.3.5　MobX 简介

除了 Redux 外,React 状态管理还有其他的方案,比较常见的是 MobX(官方网址为 https://mobx.js.org/)。

MobX 是一个经过大量项目广泛使用并验证的库,它通过函数响应式编程使得状态管理变得简单和可扩展。MobX 和 React 的合作方式是 React 通过提供机制把应用状态转换为可渲染组件树,并对其进行渲染,而 MobX 提供机制来存储和更新应用状态供 React 使用。

在 React 项目中使用 MobX,需要安装依赖包 mobx 和 mobx-react。命令如下:

```
npm install --save mobx
npm install --save mobx-react
```

安装完毕后,接下来介绍使用 MobX 时要掌握的的 3 个核心概念。

1. 使用Observerable修饰

Observerable 为现有的数据结构(如对象、数组)添加了可观察的功能。也就是说,经过 Observerable 修饰的对象会变成一个可观测对象。

```
01  import { observable } from 'mobx';
02
03  let appState = observable({
04      timer: 0
05  });
```

当然,也可以使用 ES 6 的 Class 来声明 Observable 对象:

```
01  import { observable } from 'mobx';
02
03  class AppState {
04      @observable timer = 0
05  }
```

```
06
07  var appState = new AppState();
```

Observable 的值不仅可以是简单对象，也可以是 JavaScript 的基本数据类型、引用类型和数组等，示例如下：

```
01  const temperature = observable.box(20);
02  temperature.set(25);
03
04  const person = observable({
05      firstName: "Clive Staples",
06      lastName: "Lewis"
07  });
08  person.firstName = "C.S.";
09
10  const list = observable([1, 2, 4]);
11  list[2] = 3;
```

2．使用Observer修饰

Observer 可以把 React 组件变成响应式组件，一旦 Observerable 中的状态发生改变，React 组件就可以进行相应改变，MobX 会确保组件总是在需要时重新渲染。

Observer 的使用方式是直接对组件进行修饰：

```
01  import { observer } from 'mobx-react';
02
03  @observer
04  class App extends React.Component {
05      render() {
06          return (
07              <div className="App">
08                  <h1>Time passed: {this.props.appState.timer}</h1>
09              </div>
10          );
11      }
12  };
13
14  ReactDOM.render(
15      <App appState={appState} />,
16      document.getElementById('root')
17  );
```

3．使用Action修改状态

如果不加限制，MobX 中的状态是可以随意更改的。例如以下代码中，单击按钮可以直接修改 Observable 中 timer 的值。

```
01  @observer
02  class App extends React.Component {
03      render() {
04          return (
05              <div className="App">
06                  <h1>Time passed: {this.props.appState.timer}</h1>
```

```
07                  <button onClick={()=>{this.props.appState.timer++}}>add
                    </button>
08              </div>
09          );
10      }
11  };
```

这种方式看起来方便，但却会让状态变得不可预测。

因此，MobX 推荐开启严格模式，并使用 Action 来改变 Observable 的状态。

```
01  // 严格模式
02  import { configure } from "mobx";
03  configure({ enforceActions: true })    // 不允许在 Action 之外进行状态修改
```

同时，MobX 推荐在 Observable 中以装饰器的方式声明 Action。

```
01  import { observable, action } from 'mobx';
02
03  class AppState {
04      @observable
05      timer = 0;
06
07      @action
08      addTimer() {
09          this.timer = this.timer+1;
10      }
11  }
12
13  var appState = new AppState();
```

最后在组件中以函数的形式调用 addTimer，便可以增加 Observable 中 timer 的值。

```
01  @observer
02  class App extends React.Component {
03      render() {
04          return (
05              <div className="App">
06                  <h1>Time passed: {this.props.appState.timer}</h1>
07                  <button onClick={()=>{this.props.appState.addTimer}}>
                    add</button>
08              </div>
09          );
10      }
11  };
```

MobX 相比 Redux 而言数据流较为简单，也省去了不少代码量（回忆一下，在 Redux 中，我们需要手动编写容器组件、Reducer 和 Action 等）；并且，由于可以设置多个 Observable（Redux 只能设置一个 store），对状态的管理也更加灵活。

不仅如此，Redux 还有丰富、可扩展的中间件和完善的社区生态，在大型项目中能提供良好的代码规范，提高合作开发的效率。读者在选择状态管理方案时可以根据具体情况来考虑使用哪一种方案。

2.4　生　命　周　期

了解 React 组件的使用和数据流后，最后一个必须要掌握的内容就是组件的生命周期。

通常来说，React 组件不会在整个应用中一直存在，它会经历挂载、卸载和更新的过程。React 中提供了对应的生命周期函数，可以让开发者在不同的生命周期阶段做相应处理。React 组件基本上要经历的生命周期如图 2.3 所示。

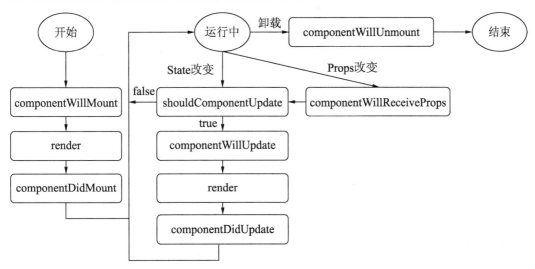

图 2.3　React 组件的生命周期

2.4.1　挂载和卸载

组件的挂载是组件生命周期中经历的第一个阶段。在这个过程中主要会进行组件的初始化和首次渲染。以下代码展示了组件挂载和卸载的过程。

```
01  class App extends React.Component {
02      componentWillMount() {
03          console.log('componentWillMount');
04      }
05
06      componentDidMount() {
07          console.log('componentDidMount');
08      }
09
10      componentWillUnmount() {
11          console.log('componentWillUnmount');
12      }
```

```
13
14    render() {
15        console.log('render');
16        return (
17            <div>挂载和卸载</div>
18        )
19    }
20 }
```

上述代码中：

- componentWillMount()在组件渲染之前调用。
- componentDidMount()在组件第一次渲染之后调用，并且只调用一次。推荐在这个生命周期函数中进行组件状态的初始化和网络请求。
- componentWillUnmount()在组件卸载之前调用，组件的卸载只有这一个生命周期函数。该方法中主要进行一些处理操作，如清空定时器、取消网络请求或取消在componentDidMount()中创建的订阅等。

执行代码，输出结果如下：

```
componentWillMount
render
componentDidMount
```

在此之后，componentDidMount()中改变了组件的属性或状态，会再执行一次 render()函数。

2.4.2　状态更新

状态更新是指组件接收到的属性发生改变，以及自身执行 setState()方法时发生的一系列更新动作。以下代码展示了组件状态更新的过程。

```
01  class App extends React.Component {
02      componentWillReceiveProps(nextProps){
03          console.log('componentWillReceiveProps');
04      }
05
06      shouldComponentUpdate(nextProps,nextState){
07          console.log('shouldComponentUpdate');
08          return true
09      }
10
11      componentWillUpdate(nextProps,nextState){
12          console.log('componentWillUpdate');
13      }
14
15      componentDidUpdate(nextProps,nextState){
16          console.log('componentDidUpdate');
17      }
18
19      render() {
```

```
20          console.log('render');
21          return (
22              <div>状态更新</div>
23          );
24      }
25  }
```

上述代码中：

- componentWillReceiveProps()在已挂载组件接收到一个 Props 更新时被调用，接收更新后的 Props 为参数，它在组件初始化时不会调用。
- shouldComponentUpdate()在组件的 Props 或 State 发生更新时调用，接收更新后的 Props 和 State 为参数，返回一个布尔值，默认为 true。当返回 false 时，组件则不再继续执行之后的生命周期方法，即 componentWillUpdate()、render()及 componentDid-Update()方法。
- componentWillUpdate()在组件接收到新的 Props 或 State 时调用，更新后的 Props 和 State 为参数，它在渲染即 render()之前被调用；
- componentDidUpdate()在组件完成更新后立即调用，首次渲染不会执行此方法。

需要重点关注的是 shouldComponentUpdate()方法，它允许开发者增加必要的条件判断，让组件在需要时更新，不需要时不更新。在 React 中，一棵组件树上的顶级节点更新会导致所有子节点重新调用 render()方法。然而某些情况下被改变的状态与特定的子组件可能并没有关联，这种情况下更新子组件会带来不必要的性能开销。开发者可以根据实际情况编写 shouldComponentUpdate()，在不需要更新组件的情况下返回 false，可以起到节省开销、优化性能的效果。

React 中内置的 PureComponent 组件为开发者提供了默认的 shouldComponentUpdate()方法。如果原有的 Props 和 State 与新的浅相等（Shallow Equal），则返回 false，不重新渲染组件。继承自 PureComponent 组件的 React 组件可以避免很多不必要的更新。

```
01  import React from 'react';
02
03  class Child extends React.PureComponent {
04      render() {
05          return (
06              // ...
07          );
08      }
09  }
```

提示：关于浅相等的概念，在第 6 章会有详细介绍。

2.5　小　　结

通过本章的介绍，想必读者对 React 开发已经有了更加完整、清晰的认知，本章需要掌握的内容如下：

- JSX 语法的由来和使用：简洁方便 React 开发；
- React 组件：包括定义组件的方式和高阶组件；
- React 数据流：从基础的 State 状态、Props 传值到全局状态 Context 再到 Redux、MobX 等数据流管理方案；
- 生命周期：贯穿组件挂载、更新、卸载等一系列生命周期方法。

　　掌握了 React 的基础知识，读者就可以尝试编写自己的 React 应用了。然而，想要开发一个真正的应用，光有前端是不够的，还应该掌握服务端的相关知识和开发技巧，让我们赶快进入下一章服务端开发的学习吧！

第3章　后端开发：Node.js 技术从 0 到 1

Web 程序的后端有多个名称，如服务器端、服务端、后台、后端，这些说法都对，因为语境不同，描述时并不统一。从本章开始，将系统介绍基于 Node 的后端开发技术。

问题：什么是前端和后端？

回答：在软件架构和程序设计领域，前端是软件系统中直接和用户交互的部分，而后端控制着软件的输出。将软件分为前端和后端是一种将软件的不同功能相互分离的抽象方法。

本章主要知识点包括：

- Node 的特性：模块化规范、异步 I/O 及事件驱动；
- HTTP：请求、响应、RESTful 架构风格及 JSON 数据格式；
- Node 开发的简单示例、回调函数、Promise 及调试工具；
- Node 常用模块：全局变量、工具模块（os、path 和 net）、HTTP 模块及事件循环和 EventEmitter。

3.1　Node.js 的特性

常见的后端开发语言和技术有多种：

- 基于 Java 的 Spring（https://spring.io/）；
- 基于 Ruby 的 Ruby on Rails（http://rubyonrails.org/）；
- 基于 Python 的 Django（https://www.djangoproject.com/）；
- 基于 PHP 的 Laravel（https://laravel.com/）；

除此之外还有一些常用的建站技术，例如 ASP.NET（https://www.asp.net/）。

相比其他后端技术，我们应该如何理解 Node 及其作用呢？

众所周知，JavaScript 是一门脚本语言，脚本语言都需要一个解析器才能运行。对于 HTML 页面中的 JavaScript 程序，浏览器充当了解析器的角色。而对于独立运行的 JavaScript 代码，Node 就是它的解析器。

简单来说，Node 就是一个让 JavaScript 运行在服务器端的开发平台，它让 JavaScript 成为脚本语言世界的"一等公民"，在后端与 Java、Ruby、Python 和 PHP"平起平坐"。Node 基于 V8 引擎开发，V8 引擎执行 JavaScript 程序的速度非常快，性能也非常好。

3.1.1　模块化规范

通过学习前两章中的 Node 和 React 例子，想必读者已经对应用的组织架构有了一定的了解和认知：通过组件和模块的“积木”来搭建大型的复杂项目。

模块化的开发方式可以提高代码的复用率，方便进行代码管理。通常一个文件就是一个模块，有自己的作用域，只向外暴露特定的变量和函数。

目前流行的 JavaScript 模块化规范有 AMD、CommonJS 和 ES 6 模块系统。下面具体介绍。

1. AMD简介

AMD（Asynchronous Module Definition）规范，即异步模块定义。它采用异步方式加载模块，模块的加载不影响后面语句的运行。所有依赖该模块的语句都定义在一个回调函数中，等加载完成之后，这个回调函数才会运行。

RequireJS 是对这个异步加载模块方法的实现。它的基本思想是：
- 通过 define 方法将代码定义为模块；
- 通过 require 方法实现代码的模块加载。

使用 require.js 的示例项目结构如下：

```
01  .
02  ├── index.html
03  ├── math.js
04  └── require.js
05
06  0 directories, 3 files
```

📖 **小知识**：上述目录结构使用的是 tree 工具查看的。tree 工具会以树状形式列出目录的内容。

其中，index.html 代码如下：

```
01  <html>
02
03  <body>
04      <script src="require.js"></script>
05      <script>
06          require(["math"], function (math) {
07              var sum = math.add(10, 20);
08              alert(sum);
09          });
10      </script>
11  </body>
12
13  </html>
```

math.js 代码如下：

```
01  define(function () {
02      var add = function (x, y) {
03          return x + y;
04      };
05      return {
06          add: add,
07      };
08  });
```

💧提示：RequireJS 源码可以从官方网站下载，网址是 https://requirejs.org/。

使用浏览器打开 index.html 文件，可以看到如图 3.1 所示的效果。

图 3.1　基于 RequireJS 的 AMD 异步模块定义

2. CommonJS简介

CommonJS 是 JavaScript 模块化的一种规范，该规范最初用在服务器端的 Node 开发中，现在前端 Webpack 打包工具也支持原生 CommonJS。

💧提示：关于 Webpack 打包工具，第 4 章会有详细的介绍。

根据这个规范，每一个文件都是一个模块，其内部定义的变量是属于这个模块的，不会对外暴露，也就是说不会污染全局变量。

CommonJS 的核心思想就是通过 require()方法同步加载所要依赖的其他模块，然后通过 exports 或者 module.exports 来导出需要暴露的接口。

使用 CommonJS 规范的示例项目结构如下：

```
01  .
02  ├── index.js
03  └── math.js
04
05  0 directories, 2 files
```

其中，index.js 代码如下：

```
01  var math = require('./math.js');
02
03  console.log(math.add(10, 20)); // 30
```

math.js 代码如下：

```
01  var add = function (a, b) {
02      return a + b;
```

```
03  };
04
05  module.exports.add = add;
```

然后执行 index.js 脚本：

```
node index.js
```

输出结果如下：

```
30
```

3．ES 6模块系统简介

前面介绍了由社区制定和推动的模块加载方案 AMD 和 CommonJS 规范，而 ES 6 的模块化方案才是真正的标准规范。

ES 6在语言标准的层面上实现了模块功能，它完全可以取代 AMD 和 CommonJS 规范，成为浏览器和服务器通用的模块化解决方案。但是 ES 6 目前无法在所有的浏览器中执行，需要通过 Babel 将不被支持的 import 语法编译为当前受到广泛支持的 require 语法。

ES 6 模块的设计思想是尽量静态化，使得编译而非运行时就能确定模块的依赖关系，以及输入和输出的变量。

使用 ES 6 模块化的示例项目结构如下：

```
01  .
02  ├── .babelrc
03  ├── index.js
04  └── math.js
05
06  0 directories, 3 files
```

首先需要配置 Babel 文件.babelrc，代码如下：

```
01  {
02      "presets": [
03          "@babel/preset-env"
04      ]
05  }
```

💭提示：在 Linux 和 macOS 系统中，以 "." 开头的文件是隐藏文件，如果使用 ls 命令查看的话，需要添加参数-a。

其中，index.js 代码如下：

```
01  import { add } from './math.js';
02
03  console.log(add(10, 20));
```

math.js 代码如下：

```
01  function add(x, y) {
02      return x + y;
03  }
04
05  export { add };
```

在运行代码前还需要安装 Babel 命令行工具，以支持上述 ES 6 模块化的语法。命令如下：

```
npm install --save-dev @babel/core @babel/node @babel/preset-env
```

执行 index.js 脚本：

```
npx babel-node index.js
```

输出结果如下：

```
30
```

📖 **小知识**：可以使用 ES-Checker 工具来检测当前 Node 版本对 ES 6 的支持情况。安装 ES-Checker 的方法很简单，命令是 npm install -g es-checker。

3.1.2　异步 I/O 和事件驱动

作为服务器端开发的 Node，与其他服务器端开发技术（如 Java、Ruby、Python 和 PHP）有何区别呢？要回答这个问题，就要从 Node 的原理说起。

1. 单线程

Node 的运行时（Runtime）环境基于 V8 引擎。V8 引擎是 Chrome 浏览器中的 JavaScript 代码解析引擎，其最大的特点是单线程，因此 Node 也是单线程。那么，什么是单线程？简单来说就是一个进程中只有一个线程，程序顺序执行，前面的程序执行完成后才会执行后面的程序。

问题：进程和线程有何关系和区别？

回答：进程是资源分配的最小单位，而线程是程序执行的最小单位（资源调度的最小单位）。如何进一步理解呢？简单来说，线程可以看作是一种特殊的进程，某个进程下的多个线程共享部分资源，如地址空间。

需要澄清的是，Node 的单线程指的是主线程是"单线程"。主线程按照代码顺序一步步执行程序代码，如果遇到同步代码阻塞，主线程被占用，则后续的程序代码执行就会被卡住。示例代码如下：

```
01  var http = require('http');
02  var sleep = require('sleep');
03
04  var server = http.createServer(function (req, res) {
05      sleep.sleep(10);
06      res.end('server sleep 10s');
07  });
08
09  server.listen(8080);
```

💡 **提示**：关于 Node 内建 HTTP 模块的更多介绍详见 3.4 节。关于 sleep 库的更多介绍可以参考官方文档，网址是 https://www.npmjs.com/package/sleep。

在运行代码前，还需要安装 sleep 依赖库：

```
npm install --save sleep
```

然后执行 index.js 脚本：

```
node index.js
```

至此，一个监听本地 8080 端口的 HTTP 服务就已经启动了。

使用 HTTP Client 工具 cURL 访问 HTTP 服务：

```
curl localhost:8080
```

在等待 10s 后可以看到输出结果如下：

```
server sleep 10s
```

📖 **小知识**：cURL 是一个利用 URL 语法在命令行中工作的文件传输工具，支持文件的上传和下载，功能非常强大。cURL 支持多种通信协议，包括 HTTP 和 HTTPS 等。

如果在这 10s 内有第 2 个请求，需要等待 10s，当主线程执行完毕后再处理下一个请求，而后面的请求都会被挂起，等待前面的同步执行完成后再执行，这也说明了 Node 单线程的特点。

因为单线程具有这些特性，所以 Node 程序不能有耗时很长的同步处理程序阻塞程序的后续执行，对于耗时过长的程序，应该采用异步执行的方式。这就引出了下面要介绍的 Node 的第 2 个特性：异步 I/O。

2. 异步 I/O

在介绍异步 I/O 之前，首先需要弄清楚几个容易混淆的概念。

- 阻塞 I/O（blocking I/O）与非阻塞 I/O（non-blocking I/O）；
- 同步 IO（synchronous I/O）与异步 IO（asynchronous I/O）。

对于阻塞 I/O，当需要执行 I/O 操作读取硬盘和网络等数据时，线程会被阻塞，直到要读取的数据全部准备好返回给用户，这时线程才会解除阻塞状态。

对于非阻塞 I/O，当需要执行 I/O 操作读取硬盘和网络等数据时，线程可以在发起 I/O 处理请求后，不用等请求完成，继续做其他事情。但是程序如何知道要读取的数据已经准备好了呢？除了存在效率问题的轮询方法外，现在通常的做法是 I/O 多路复用的方式，即用一个阻塞函数同时监听多个文件描述符，当其中有一个文件描述符准备好了，就立刻返回。Linux 系统提供了 select、poll 和 epoll 等实现 I/O 多路复用的功能。

因此，阻塞和非阻塞是基于线程是否会阻塞来区分的。

那么，同步 I/O 和异步 I/O 又有什么区别呢？是不是只要做到非阻塞 I/O 就实现异步 I/O 了呢？

其实不然。同步 I/O 做 I/O 操作的时候会阻塞线程，因此阻塞 I/O、非阻塞 I/O 及 I/O 多路复用都是同步 I/O。异步 I/O 做 I/O 操作的时候不会造成任何阻塞。

那么，非阻塞 I/O 都不阻塞了为什么不是异步 I/O 呢？其实，当非阻塞 I/O 准备好数据以后还是要阻塞进程去内核读取数据的，因此不算是异步 I/O。

最后，总结上述 I/O 模型，如图 3.2 所示。

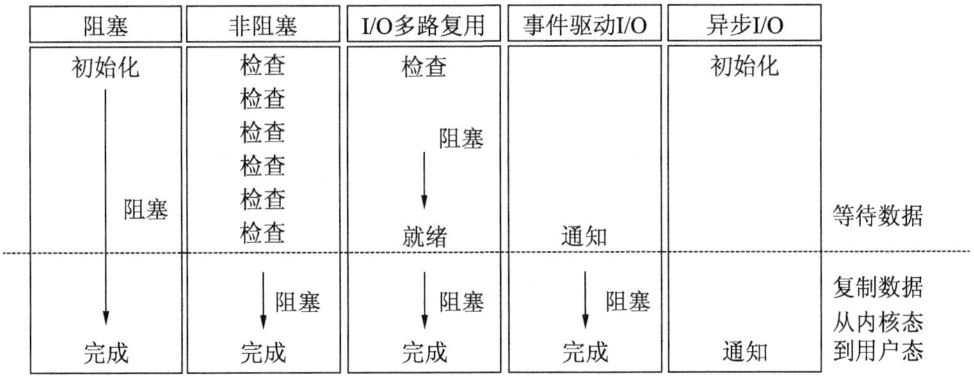

阻塞	非阻塞	I/O多路复用	事件驱动I/O	异步I/O	
初始化	检查	检查		初始化	等待数据
	检查				
	检查	阻塞			
	检查				
	检查				
阻塞	检查				
		就绪	通知		
	阻塞	阻塞	阻塞		复制数据
					从内核态
					到用户态
完成	完成	完成	完成	通知	

图 3.2　I/O 模型对比

3．事件驱动

除了 3.1.2 小节介绍的异步 I/O 模型外，Node 的另一个重要特性就是事件驱动。

简单来说，事件驱动就是通过监听事件的状态变化来做出相应的操作。例如，读取一个文件，文件读取完毕或者文件读取错误都会触发对应的状态，然后调用对应的回调函数进行处理。示例代码如下：

```
01  var fs = require('fs');
02
03  fs.readFile('./test.txt', { 'encoding': 'utf8' }, function (err, data) {
04      if (err) {
05          console.log(err);
06      } else {
07          console.log(data);
08      }
09  });
10
11  console.log('event driver');
```

提示：关于 Node 内建 fs 模块的详细介绍，请参考 3.4 节。

执行 index.js 脚本：

```
node index.js
```

因为 test.txt 文件不存在，所以会出现如下错误：

```
{ [Error: ENOENT: no such file or directory, open './test.txt'] errno: -2,
code: 'ENOENT', syscall: 'open', path: './test.txt' }
```

于是添加测试文件：

```
echo 'hello world' > test.txt
```

再次执行 index.js 脚本：

```
node index.js
```

输出结果如下：

```
event driver
hello world
```

对于事件驱动编程来说，如果某个事件的回调函数是计算密集型（CPU 被占用）函数，那么这个回调函数将会阻塞所有回调函数的执行。这也是 Node 不适用于计算密集型业务的原因。

3.2　HTTP 简介

在了解完 Node 的特点之后，其实不必急于立刻使用 Node 进行开发。掌握常用的 HTTP 也是做好 Node 开发的必备条件之一。

HTTP（Hypertext Transfer Protocol，超文本传输协议）是互联网上应用最为广泛的一种网络传输协议，大多数 Web 服务都基于这个标准而构建。

HTTP 是建立在 TCP 上的无状态连接，其基本工作流程如下：

（1）客户端发送一个 HTTP 请求，说明客户端想要访问的资源和请求的动作。

（2）服务端收到请求之后开始处理请求，并根据请求做出相应的动作访问服务器资源，最后通过发送 HTTP 响应把结果返回给客户端。

📖 小知识：按照 OSI（Open System Interconnect）即开放式系统互联，HTTP 属于应用层协议，而 TCP 属于传输层协议。之所以 HTTP 构建于 TCP 而非 UDP 之上，是因为 TCP 能够保证 HTTP 数据的可靠传输，而 UDP 无法做到这一点。

HTTP 的完整通信过程如图 3.3 所示。

图 3.3　HTTP 的通信流程

3.2.1　请求和响应

1. 请求

HTTP 请求是客户端向服务端发送的请求动作，告知服务器自己的要求。HTTP 请求由请求行、请求头和请求体三部分组成。

- 请求行：包括请求方法、资源路径（URL）和协议版本；
- 请求头：包括域名地址、用户代理和 Cookie 等信息；
- 请求体：就是 HTTP 请求的数据。

为了让读者对 HTTP 有一个直观的认识，可以使用网络抓包工具来查看 HTTP 请求的详细信息。下面将以 macOS 系统中的一款 HTTP 监控和代理工具 Charles 为例进行介绍。

提示：除了本书介绍的 Charles 工具之外，还有其他的抓包工具，例如，Windows 系统的 Web 调试工具 Fiddler（https://www.telerik.com/fiddler），跨平台且功能强大的抓包工具 Wireshark（https://www.wireshark.org/），以及一些命令行网络调试和分析工具 TcpDump 等。

（1）从 Charles 官方网站（https://www.charlesproxy.com/download/）下载最新版的 Charles 安装包并安装。

（2）依次选择菜单栏中的 Proxy|macOS Proxy 命令，将 Charles 设置成系统代理，如图 3.4 所示。

图 3.4　设置 Charles 为系统代理

需要注意的是，Chrome 和 Firefox 浏览器默认并不使用系统的代理服务器设置，如果想要抓取数据的话，需要将网络的代理服务器设置成 127.0.0.1:8888，如图 3.5 所示。

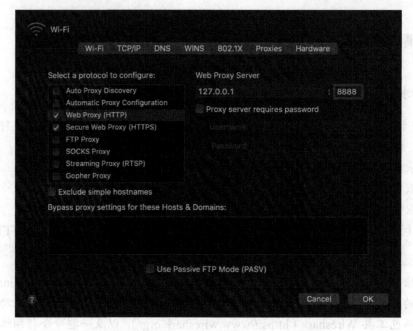

图 3.5　设置网络的网页代理为 127.0.0.1:8888

（3）基于 Node 实现一个简单的 HTTP 服务，代码如下：

```
01  var http = require('http');
02
03  var server = http.createServer(function (req, res) {
04      res.end('hello world');
05  });
06
07  server.listen(8080);
```

（4）执行 index.js 脚本：

```
node index.js
```

这样，一个监听本地 8080 端口的 HTTP 服务就已经启动了。

通过 Chrome 浏览器访问 http://localhost.charlesproxy.com:8080/，查看 Charles 中此次请求的详细信息，如图 3.6 所示。

图 3.6　HTTP 请求的详细信息

🔔**提示**：默认情况下，Charles 无法捕获 localhost 和 127.0.0.1 地址的网络请求，这里向系统/etc/hosts 文件中添加了域名 localhost.charlesproxy.com 的解析至 127.0.0.1：127.0.0.1 localhost.charlesproxy.com。

对应前面介绍的 HTTP 请求所包含的 3 个部分，详细信息分别如下：

- 请求行：请求方法为 GET，资源路径 URL 为/，协议版本为 HTTP/1.1；
- 请求头：域名地址为 localhost.charlesproxy.com:8080，用户代理为 User-Agent 信息及 Accept 等请求头；
- 请求体：请求体为空。

2．响应

服务器收到了客户端发来的 HTTP 请求后，根据 HTTP 请求中的动作要求，服务端做出相应处理，并将结果返回给客户端，称为 HTTP 响应。响应包括如下几部分：

- 状态行：包括协议版本 Version、状态码 Status Code 和回应短语；
- 响应头：包括搭建服务器的软件、发送响应的时间和回应数据的格式等信息；
- 响应体：服务端返回的具体数据。

这里仍然以上述 HTTP Server 为例：当使用 Chrome 浏览器访问 http://localhost.charlesproxy.com:8080/时，可以看到请求结果为 hello world，如图 3.7 所示。

图 3.7　HTTP 请求结果

同时，查看 Charles 中此次响应的详细信息，如图 3.8 所示。

图 3.8　HTTP 响应的详细信息

对应 HTTP 响应的 3 个部分，详细信息分别为：

- 状态行：协议版本为 HTTP 1.1，状态码 Status Code 为 200（表示请求正确处理），回应短语为 OK；
- 响应头：发送响应的时间为 2020 年，响应体的内容长度为 11（bytes）；

- 响应体：服务端返回的数据为 hello world。

除了上述的状态码 200，HTTP 还有哪些常见的错误码呢？请参考表 3.1。

表 3.1　HTTP的状态码分类

分　类	描　述
1**	信息，请求已被接收，需要继续处理
2**	成功，请求已成功被服务器接收、理解并接受
3**	重定向，需要客户端采取进一步的操作才能完成请求
4**	客户端错误，请求包含语法错误或无法完成请求
5**	服务器错误，服务器在处理请求的过程中发生了错误

HTTP 的常见状态码如表 3.2 所示。

表 3.2　HTTP的常见状态码

状　态　码	描　述
200	请求成功
201	已创建
204	无内容
301	永久移动
302	临时移动
304	未修改
400	请求语法错误
401	需要用户认证
403	拒绝执行
404	未找到资源
500	服务器内部错误
502	网关错误

3.2.2　RESTful 架构风格

REST 全称是 Representational State Transfer，即表征性状态转移。它首次出现在 2000 年 Roy Fielding 的博士论文中。Roy Fielding 是 HTTP 规范的主要编写者之一，他在论文中提到："我写这篇文章的目的，是想在符合架构原理的前提下，理解和评估以网络为基础的应用软件的架构设计，得到一个功能强、性能好、适宜通信的架构。REST 指的是一组架构约束条件和原则"。

如果一个架构符合 REST 的约束条件和原则，那么就称它为 RESTful 架构。REST 本身并没有创造新的技术、组件或服务，而隐藏在 RESTful 背后的理念就是使用 Web 现有的特征和能力，以及更好地使用现有 Web 标准中的一些准则和约束。

作为目前最流行的 API 设计规范，想要完全掌握 RESTful 表征性状态转移的含义并不容易，但是我们可以从如下 3 个方面来理解 RESTful 的基本特征。

1．资源和动作

RESTful 架构应该遵循统一接口原则。统一接口包含了一组受限的预定义操作，不论什么样的资源，都是通过使用相同的接口进行资源访问。

上述表述仍然有些晦涩难懂。简单来说，任何接口的 URL 都可以抽象成如下两部分：

（1）资源：必须是名词且都是复数形式。

例如，下述 URL 不是名词，所以不符合 RESTful 规范：

```
/getAllPosts
/createNewPost
/deleteAllPosts
```

（2）动作：通过 HTTP 所定义的方法来表述对资源的动作。

例如，如下 5 种通常的 HTTP 方法对应如下的 CRUD 操作：

```
GET：读取（Read）
POST：新建（Create）
PUT：更新（Update）
PATCH：更新（Update）
DELETE：删除（Delete）
```

问题：同样是更新（Update）操作，PUT 和 PATCH 有什么区别呢？

回答：PUT 是幂等的，即多次进行 PUT 操作后的资源总是相同的，因为 PUT 会更新整个资源；而 PATCH 是非幂等的，即多次进行 PATCH 操作会导致资源有不同的变化，因为 PATCH 只更新资源的部分字段。

2．响应状态码

客户端的每一次请求服务器都必须给出回应。服务器响应包括 HTTP 状态码和数据两部分。其中，状态码分五大类，总共包含 100 多种状态码，覆盖了绝大部分可能遇到的情况。每一种状态码都有标准的解释，客户端只需查看状态码就可以判断发生了什么情况，因此服务器应该返回尽可能精确的状态码。

例如发生错误时，不要返回 200 的状态码。有一种不恰当的做法是，即使发生错误也返回 200 的状态码，而把错误信息放在数据内容中。示例如下：

```
HTTP/1.1 200 OK
Content-Type: application/json
{
    "code": 1001,
    "status": "failure",
    "data": {
        "error": "Invalid Parameters"
    }
}
```

上述错误用法实际上取消了状态码，这是不符合规范的。

正确的做法应该是：通过状态码就能准确判断发生的错误，具体的错误信息放在数据内容中返回。例如：

```
HTTP/1.1 400 Bad Request
Content-Type: application/json
{
    "error": "Invalid Parameters"
    "detail": {
        "password": "This field is required."
    }
}
```

🔔提示：关于 HTTP 状态码的分类和常用状态码的详细列表，可以参考表 3.1 和表 3.2。

3. 响应数据

API 返回的数据格式不推荐使用纯文本，而应该返回标准化的结构化数据，如 JSON 格式的数据。因此，在服务器响应的 HTTP 头中，将 Content-Type 的属性设为 application/json。

🔔提示：关于 JSON 数据格式的更多信息，3.2.3 节会详细介绍。

当然，客户端请求时也要明确告诉服务器可以接受 JSON 数据的格式，即在请求的 HTTP 头中将 ACCEPT 属性设为 application/json。

另外，API 的调用者未必知道 URL 是怎么设计的。一个解决方法是在响应中添加相关链接，以便下一步操作。这样用户只要记住一个 URL，就可以发现其他的 URL，这种方法叫作 HATEOAS。

📖 小知识：HATEOAS（Hypermedia as the engine of application state）是 REST 架构风格中最复杂的约束，也是构建成熟 REST 服务的核心。它的重要性在于打破了客户端和服务器之间的严格契约，使得客户端可以更加智能和具有自适应性，让 REST 服务本身的演化和更新也变得更加容易。

这里以 GitHub 的 API 为例讲解，当访问 https://api.github.com/时，就可以得到其他相关的 URL，如下：

```
{
    ......
    "feeds_url": "https://api.github.com/feeds",
    "followers_url": "https://api.github.com/user/followers",
    "following_url": "https://api.github.com/user/following{/target}",
    "gists_url": "https://api.github.com/gists{/gist_id}",
    "hub_url": "https://api.github.com/hub",
    ......
}
```

对于 API 的调用者来说，不需要记住所有的 URL，只要从 https://api.github.com/中一步步查找就可以了。

3.2.3 JSON 数据格式

JSON（JavaScript Object Notation）即 JavaScript 对象表示法，是当前最流行的轻量级数据交换格式。虽然 JSON 是基于 JavaScript 的一个子集，但是它采用完全独立于语言的文本格式，目前很多编程语言都支持 JSON 格式数据的生成和解析。

🔖 说明：除了 JSON，用于传输的数据格式还有很多，如 MessagePack（https://msgpack.org/）、Protocol Buffers（https://developers.google.com/protocol-buffers）等。

相比之前的数据交换格式（如 XML），JSON 格式的优点如下：

1. 格式简单，易于阅读

从结构上看，JSON 的所有数据都可以分为以下两种类型：

（1）映射：表示键/值对，使用 "{}" 和 "："；

```
{
    "city": "beijing"
}
```

（2）集合：表示数据集合，使用 "[]" 和 "，"；

```
[
    {
        "city": "beijing"
    },
    {
        "city": "shanghai"
    }
]
```

2. 支持多种数据类型

键/值对的键通常是字符串类型的数据，而值支持以下 6 种数据类型：

- 数值：{ "number": 1 }
- 字符串：{ "city": "beijing" }
- 布尔值：{ "condition": true }
- 集合：[1, 2, 3, 4, 5]
- 对象："{ "property": "value" }
- null 类型：{ "age": null }

3. 数据传输速度较快

这里以如下 JSON 格式数据为例：

```
{ "city": "beijing" }
```

使用 XML 格式传输上述数据：

```
<property name="city" value="beijing" />
```

通过对比可知，如果表示相同的数据，JSON 格式远远小于 XML 格式。

在 HTTP 中，Content-Type 头用于指示资源的 MIME 类型。其中，JSON 格式的 MIME 类型为 application/json，表示请求体是序列化后的 JSON 字符串（媒体类型通常称为 Multipurpose Internet Mail Extensions 或 MIME 类型，是一种标准，用来表示文档、文件或字节流的性质和格式）。示例代码如下：

```
01  var http = require('http');
02
03  var server = http.createServer(function (req, res) {
04      var body = '';
05
06      req.on('data', function (chunk) {
07          body += chunk;
08      });
09
10      req.on('end', function () {
11          if (req.headers['content-type'] == 'application/json') {
12              var jsonObject = JSON.parse(body);
13              res.end(JSON.stringify(jsonObject));
14          } else {
15              res.end('Not JSON');
16          }
17      });
18  });
19
20  server.listen(8080);
```

执行 index.js 脚本：

```
node index.js
```

此时使用 HTTP Client 工具 cURL 来访问 HTTP 服务：

```
curl localhost:8080 -X POST -H "Content-Type: application/json" -d
'{ "city": "beijing" }'
```

💡提示：参数-X POST 表示当前 HTTP 请求方法为 POST，默认为 GET；参数-H "Content-Type: application/json"表示当前 HTTP 请求体的数据格式为 JSON；参数-d 表示请求体的内容。

最终，输出结果如下：

```
{"city":"beijing"}
```

除了 application/json 类型，Content-Type 头表示的常用 MIME 类型还有：

- text/plain：普通文本；
- text/html：HTML 格式的文本；
- image/png：png 格式的图片；

- application/pdf：PDF 文档；
- application/x-www-form-urlencoded：form 表单数据格式；
- multipart/form-data：表单上传文件。

除了上述介绍的 Web 开发中的应用，JSON 格式还广泛应用于 NoSQL 服务中。

📖 **小知识：** NoSQL 即 Not Only SQL，即不仅仅是 SQL 的意思，泛指非关系型数据库，它是相对于关系型数据库管理系统（RDBMS）而言的。常见的 NoSQL 有 MongoDB 和 Redis 等，它们都采用类似于 JSON 的数据存储格式。

3.3　开始使用 Node.js

掌握 Node 的特性和 HTTP 后，就可以正式开始进入 Node 开发了。

3.3.1　hello world 示例

正如本章开始所说，Node 就是一个让 JavaScript 运行在非浏览器环境下的开发平台。下面通过两个不同的示例来了解使用 Node 的不同方法和典型场景。

1. 交互式模式

Node 交互式模式又称为交互式解释器，即 REPL（Read Eval Print Loop），类似于 Linux Shell，可以在终端中输入命令并接收系统的响应。

进入交互式模式的方法很简单，在终端输入如下命令：

```
node
```

💬 **提示：** 请确保 Node 已经正确安装。第 1 章已经详细介绍了 Node 的环境搭建和工具安装，这里不再赘述。

成功进入交互式模式后，会有 ">" 提示。
接着使用 console.log 尝试打印 hello world，输出信息如下：

```
> console.log("hello world");
hello world
undefined
```

上述输出结果中，hello world 是 console.log 语句的打印输出结果，而 undefined 是指当前语句的返回值。
除了打印信息外，还可以在交互式模式下进行变量定义和表达式运算等操作：

```
> var a = 1;
undefined
> var b = 2;
```

```
undefined
> a + b;
3
```

看到这里，想必读者会认为 Node 的交互式解释器和浏览器的 Console 非常类似，如图 3.9 所示。

图 3.9　浏览器控制台面板

没错，这也印证了 Node 和浏览器的关联：都是 JavaScript 的执行环境。

2．脚本模式

和其他解释型脚本语言一样，可以使用 Node 执行 JavaScript 程序，也可以使用 node 命令来直接运行写好的 JavaScript 程序文件。

📖 **小知识**：解释型脚本语言是相对于 C 语言这种编译型语言来说的。C 语言程序在执行前需要编译和链接生成二进制可执行文件，而解释型脚本语言在运行前不需要提前进行编译和链接等操作，而是通过解释器直接执行。JavaScript 为了不断提升脚本的性能，也提出了即时编程的设计思想，即结合编译型的高性能及解释型的灵活性。因此，更准确地说，JavaScript 是一门解释型或即时编译型的编程语言。关于 JavaScript 的更多知识，可以参考 MDN 关于 JavaScript 的介绍，网址为 https://developer.mozilla.org/zh-CN/docs/Web/JavaScript。

例如，最简单的 JavaScript 脚本内容如下：

```
console.log("hello world");
```

使用 node 命令执行上述脚本：

```
node index.js
```

此时在终端的输出结果如下：

```
hello world
```

当然，除了简单的打印输出外，常用的实现 HTTP 服务的脚本如下：

```
01  var http = require('http');
02
03  var server = http.createServer(function (req, res) {
```

```
04      res.writeHead(200, { 'Content-Type': 'text/plain' });
05
06      res.end('hello world');
07  });
08
09  server.listen(8080);
```

同样，使用 node 命令来启动 HTTP 服务：

```
node http.js
```

然后使用 cURL 命令发送 HTTP 请求：

```
curl localhost:8080
```

此时，HTTP 请求的返回体内容为：

```
hello world
```

3.3.2　回调函数与 Promise 对象

通过上节的示例，想必读者已经深刻感受了 Node 编程的一个特点，即大量地使用回调函数以避免阻塞和等待。当然，这也是 Node 单线程和事件驱动的特性所引发的。

🔔提示：关于 Node 单线程和事件驱动的特性，可以回顾 3.1 节的内容。

1．回调函数

如果不使用异步回调函数而使用同步方式读取文件，示例代码如下：

```
01  var fs = require('fs');
02
03  try {
04      var data = fs.readFileSync('./test.txt', { 'encoding': 'utf8' });
05      console.log(data);
06  } catch (err) {
07      console.log(err.message);
08  }
09
10  console.log('read sync');
```

这里添加测试文件，代码如下：

```
echo 'hello world' > test.txt
```

然后执行上述脚本文件：

```
node sync.js
```

输出结果如下：

```
hello world
read sync
```

如果使用异步回调函数的方式读取文件，示例代码如下：

```
01  var fs = require('fs');
02
03  fs.readFile('./test.txt', { 'encoding': 'utf8' }, function (err, data) {
04      if (err) {
05          console.log(err);
06      } else {
07          console.log(data);
08      }
09  });
10
11  console.log('read async');
```

执行上述脚本文件：

```
node async.js
```

输出结果如下：

```
read async
hello world
```

2．Promise对象

虽然使用异步回调函数的方式大大提升了 Node 单线程的处理能力，但是基于回调函数的编程方式常常会让代码的可读性变得"糟糕"。例如，下面的例子：

```
01  fs.readdir(source, function (err, files) {
02      if (err) {
03          console.log('Error finding files: ' + err)
04      } else {
05          files.forEach(function (filename, fileIndex) {
06              console.log(filename)
07              gm(source + filename).size(function (err, values) {
08                  if (err) {
09                      console.log('Error identifying file size: ' + err)
10                  } else {
11                      console.log(filename + ' : ' + values)
12                      aspect = (values.width / values.height)
13                      widths.forEach(function (width, widthIndex) {
14                          height = Math.round(width / aspect)
15                          console.log('resizing ' + filename + 'to ' + height
                            + 'x' + height)
16                          this.resize(width, height).write(dest + 'w' +
                            width + '_' + filename, function (err) {
17                              if (err) console.log('Error writing file: ' +
                                err)
18                          })
19                      }.bind(this))
20                  }
21              })
22          })
23      }
24  })
```

当回调函数多层嵌套时，会产生上述问题，这个现象有个"有趣"的名称：即"回调地狱"。

📖 **小知识**："回调地狱"又称为 Callback Hell，关于它的更多介绍，可以参考国外某网友为介绍 Callback Hell 专门搭建的网站，网址是 http://callbackhell.com/。

　　为了解决上述问题，ES 6 引入了 Promise 对象。Promise 对象是一个代理对象（代理一个值），被代理的值在 Promise 对象创建时可能是未知的。它允许我们为异步操作的成功和失败分别绑定相应的处理方法。这让异步方法可以像同步方法那样返回值，但并不是立即返回最终的执行结果，而是一个能代表未来出现的结果的 Promise 对象。

　　Promise 对象有以下 3 种状态：

- pending：初始状态，既不是成功状态也不是失败状态；
- fulfilled：意味着操作成功完成；
- rejected：意味着操作失败。

　　有了 Promise 对象，就可以将异步操作以同步操作的流程表达出来，避免层层嵌套回调函数。此外，Promise 对象提供统一的接口，使得控制异步操作更加容易。

　　这里仍然以读取文件为例来展示 Promise 的用法和优势。示例代码如下：

```
01  var fs = require('fs');
02
03  function getData(fileName, options) {
04      return new Promise(function (resolve, reject) {
05          fs.readFile(fileName, options, function (err, data) {
06              if (err) {
07                  reject(err)
08              } else {
09                  resolve(data)
10              }
11          });
12      });
13  }
14
15  getData('./test.txt', { 'encoding': 'utf8' })
16      .then(function (data) {
17          console.log('Data: ', data)
18      })
19      .catch(function (error) {
20          console.log('Error: ', error);
21      });
```

执行上述脚本文件：

```
node promise.js
```

输出结果如下：

```
Data: hello world
```

　　当然，除了自己动手将异步回调封装成 Promise 对象外，还可以借助现有的第三方库来简化 Promise 对象的实现方式。例如，使用第三方库 bluebird 实现上述功能，代码如下：

```
01  var Promise = require('bluebird');
02  var fs = Promise.promisifyAll(require('fs'));
```

```
03
04  fs.readFile('./test.txt', { 'encoding': 'utf8' })
05    .then(function (data) {
06        console.log('Data: ', data)
07    })
08    .catch(function (error) {
09        console.log('Error: ', error);
10    });
11
12  console.log('read async');
```

当然，在运行代码前需要安装 bluebird 依赖库：

```
npm install --save bluebird
```

执行上述脚本文件：

```
node bluebird.js
```

输出结果如下：

```
Data: hello world
```

📑 **小知识**：除了 ES 6 原生支持的 Promise 对象外，社区也活跃着多种 Promise 的实现方法和扩展库。Promise 主流的第三方实现方法除了前面所使用过的 bluebird 库（http://bluebirdjs.com）之外，还有 Q 库（http://documentup.com/kriskowal/q/）。

3.3.3　调试工具

在实际的项目开发过程中，除了需要熟悉开发方法和技巧之外，掌握常见调试工具的使用方法也是非常必要的。甚至可以说，这是提升开发能力的重要手段。

1．命令行调试

这里仍然以一个简单的 HTTP 服务为例，代码如下：

```
01  var http = require('http');
02
03  var server = http.createServer(function (req, res) {
04      res.writeHead(200, { 'Content-Type': 'text/plain' });
05
06      res.end('hello world');
07  });
08
09  server.listen(8080);
```

在使用 node 命令执行上述脚本时添加参数--inspect：

```
node --inspect server.js
```

终端输入结果如下：

```
Debugger listening on ws://127.0.0.1:9229/fbcc9e73-c26d-444b-b39f-bcfb19
ba7a57
For help see https://nodejs.org/en/docs/inspector
```

当添加参数--inspect 启动检查器时，会有一个 Node 进程开始侦听调试客户端，默认情况下侦听“127.0.0.1:9229”的域名和端口号，并且该进程有一个唯一的 UUID（Universally Unique Identifier，通用唯一识别码）标识符。完整的 URL 看上去类似于“ws://127.0.0.1:9229/fbcc9e73-c26d-444b-b39f-bcfb19ba7a57”。

📓 **小知识**：UUID 是用于计算机体系中以识别信息数目的一个 128 位标识符。它根据标准方法生成，不依赖于中央机构的注册和分配。UUID 具有唯一性，这与其他大多数编号方案不同。重复 UUID 码的概率接近 0，可以忽略不计。

此时，打开 Chrome 浏览器，在地址栏中输入“chrome://inspect”，显示如图 3.10 所示。

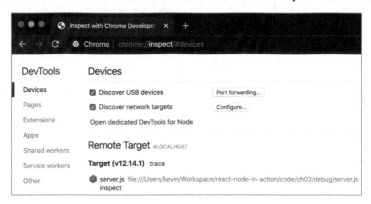

图 3.10　浏览器检查器

接着选择想要调试的对象，再单击 Inspect 按钮，即可打开如图 3.11 所示的调试窗口。

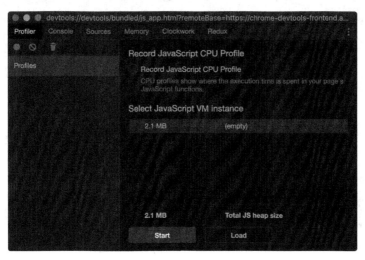

图 3.11　浏览器调试 Node

如果没有看到想要调试的 server.js 文件，可以切换至 Sources 标签，使用提示的 Open

file 快捷键搜索 server.js 文件并将其打开，在第 6 行中添加调试断点，如图 3.12 所示。

图 3.12　添加调试断点

接着使用 HTTP Client 工具 cURL 来访问上述 HTTP 服务：

```
curl localhost:8080
```

此时在 Chrome 浏览器的调试窗口中可以看到 Node 程序已经停止在断点处，如图 3.13 所示。

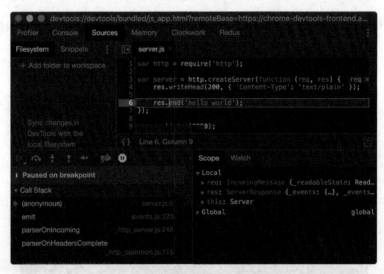

图 3.13　Node 程序停止在断点处

此时还可以通过 Call Stack 和 Scope 窗口查看当前的调用栈，以及当前状态下的局部变量和全局变量。因此，通过上述状态和数据就可以很直接地调试 Node 程序了。

2．IDE调试

除了使用命令行工具调试 Node 之外，还可以使用 IDE 调试。下面将以 Visual Studio Code 为例，介绍如何使用 IDE 调试 Node 程序。

（1）使用 Visual Studio Code 打开 Node 程序文件。

（2）选择菜单栏中的 Debug| Start Debugging 命令或按快捷键 F5。

（3）选择 Node.js，即启动了 Node 服务并进入调试状态。同样，在第 6 行中添加调试断点，如图 3.14 所示。然后使用 HTTP Client 工具 cURL 来访问 Node 服务：

```
curl localhost:8080
```

图 3.14　用 Visual Studio Code 调试 Node 程序

（4）在 Visual Studio Code 的调试窗口中可以看到，Node 程序已经停止在断点处，如图 3.15 所示。

图 3.15　用 Visual Studio Code 启动 Node 调试

和 Chrome 浏览器一样，还可以使用 Debug Console、Call Stac、Variables 等窗口查看终端输出结果、调用栈，以及当前状态下的局部变量和全局变量。

这里需要注意 Visual Studio Code 正上方的调试菜单，如图 3.16 所示。

Visual Studio Code 调试菜单的功能如下：

- Continue▷：继续运行，直到下一个断点；
- Step Over⌐：单步跳过，按语句单步执行，当有函数时，不会进入函数；

图 3.16　Visual Studio Code 的调试菜单

- Step Into↓：单步跳入，按语句单步执行，当有函数时，会进入函数体内；
- Step Out↑：单步跳出，如果有循环，会执行到循环外面的语句；
- Restart↺：重启；
- Stop□：停止。

💡提示：从上述 Visual Studio Code 调试终端的打印输出信息可以发现，IDE 调试方式仍然是基于 Node 命令实现的：

```
node --inspect-brk=38627 server.js
Debugger listening on ws://127.0.0.1:3656/b8d3f96e-228e-4522-bbba-af75e55
4edcf
```

3.4　Node.js 的常用模块

模块系统作为 Node 非常重要的一个特性，在 3.1.1 节中已经做了详细介绍。那么，使用模块有哪些好处呢？

- 使用模块的最大优势是提高了代码的可维护性；
- 编写代码不必从零开始。当一个模块编写完毕后，就可以被其他地方引用了。我们在编写程序的时候也经常会引用其他模块，包括 Node 内置的模块和来自第三方的模块；
- 使用模块还可以避免函数名和变量名的冲突。相同名字的函数和变量完全可以分别存在不同的模块中，因此在编写模块时不必考虑名字是否会与其他模块冲突。

下面详细介绍一些 Node 常用模块的使用方法，让读者在熟悉 Node 的同时，可以大大提高使用 Node 开发的效率。

3.4.1　全局变量

所谓全局对象（Global Object），是指该变量及其所有属性都可以在程序的任何地方访问。在浏览器环境中，window 通常是全局对象，而 Node 中的全局对象是 global，即可以直接访问 global 的属性，而不需要在程序中包含它。

1. 保留字

两个常用的保留字分别是__filename 和__dirname。

（1）__filename 表示当前正在执行的脚本的文件名。__filename 输出文件所在位置的绝对路径，并且和命令行参数所指定的文件名不一定相同。在模块中，返回的值是模块文件的路径。示例如下：

```
echo 'console.log( __filename );' > filename.js
```

执行该脚本文件，命令如下：

```
node filename.js
```

输出结果如下：

```
/path/to/react-node-in-action/code/ch03/global-variables/filename.js
```

（2）__dirname 表示当前执行的脚本所在的目录。示例如下：

```
echo 'console.log( __dirname );' >> dirname.js
```

执行该脚本文件，命令如下：

```
node dirname.js
```

输出结果如下：

```
/path/to/react-node-in-action/code/ch03/global-variables
```

小知识：细心的读者可能已经发现一个有趣的细节：第一次重定向使用 ">"，而第二次重定向使用 ">>"，二者的区别在于 ">>" 是以追加的方式重定向到指定的文件中。

2. 定时任务

在 Node 开发中，实现定时任务主要有以下两种方式。

（1）setTimeout(cb, ms)和 clearTimeout(t)方式

setTimeout(cb, ms)全局函数在指定的毫秒（ms）数后执行指定函数(cb)。setTimeout()只执行一次指定函数，返回一个代表定时器的句柄值。示例如下：

```
01  function printHello() {
02      console.log("Hello, World!");
03  }
04
05  setTimeout(printHello, 2000);
```

执行上述脚本文件：

```
node setTimeout.js
```

等待 2s 后输出结果如下：

```
Hello, World!
```

clearTimeout(t)全局函数用于停止一个之前通过 setTimeout()创建的定时器。参数 t 表示通过 setTimeout()函数创建的定时器。示例如下：

```
01  function printHello() {
02      console.log("Hello, World!");
03  }
04
05  var t = setTimeout(printHello, 2000);
06  clearTimeout(t);
```

执行上述脚本文件：

```
node clearTimeout.js
```

此时没有任何结果输出。

（2）setInterval(cb, ms)和 clearInterval(t)方式

setInterval(cb, ms)全局函数和 setTimeout(cb, ms)的功能相似，只是 setInterval()方法会不停地调用函数，直到 clearInterval()被调用。示例如下：

```
01  function printHello() {
02      console.log("Hello, World!");
03  }
04
05  setInterval(printHello, 2000);
```

执行上述脚本文件：

```
node setInterval.js
```

每隔 2s 输出结果如下：

```
Hello, World!
Hello, World!
Hello, World!
......
```

clearInterval(t)全局函数用于停止一个之前通过 setInterval()创建的定时器。参数 t 表示通过 setInterval()函数创建的定时器。示例如下：

```
01  function printHello() {
02      console.log("Hello, World!");
03  }
04
05  var t = setInterval(printHello, 2000);
06  clearInterval(t);
```

执行上述脚本文件：

```
node clearInterval.js
```

此时，没有任何结果输出。

提示：除了上述 setTimeout()和 setInterval()全局函数之外，其实 Node 还提供了另外一个定时任务函数——setImmediate()。关于 setImmediate()的使用将在 3.4.4 小节中详细介绍。

3．console控制台

console 可以说是日常开发中最常用的一个对象。它用于提供控制台标准输出，并向标准输出流（stdout）或标准错误流（stderr）输出字符。

console "家族" 的常用方法如下：

- console.log：向标准输出流打印字符并以换行符结束，该方法接收若干个参数；
- console.info：输出提示信息，用法与 console.log 方法类似；
- console.warn：输出警告消息，在 Chrome 浏览器控制台会显示黄色的惊叹号；
- console.error：输出错误消息，在 Chrome 浏览器控制台会显示红色的叉。

除了输出上述信息的作用外，console 对象还提供了计时的方法：

- console.time：启动一个计时器；
- console.timeEnd：停止一个通过 console.time()启动的计时器。

通过 console.time 和 console.timeEnd 这两个方法可以让开发人员确定执行一个 JavaScript 脚本程序所消耗的时间。示例如下：

```
01  function printHello() {
02      console.timeEnd('label');
03  }
04
05  console.time('label');
06  setTimeout(printHello, 2000);
```

执行上述脚本文件：

```
node console.js
```

输出结果如下：

```
label: 2006.239ms
```

🔔提示：上述输出结果和计算机硬件及当前程序运行环境有关，可以发现，setTimeout() 并不能实现很精准的定时。关于定时任务的原理将在 3.4.4 节中详细介绍。

4．process进程

process 进程代表当前 Node 进程状态的对象，并提供了一个与操作系统交互的简单接口。在使用 Node 进行系统程序开发的时候免不了要和它打交道。

调用进程生命周期的回调函数，示例如下：

```
01  process.on('exit', function (code) {
02      setTimeout(function () {
03          console.log('no execution');
04      }, 0);
05
06      console.log('exit code:', code);
07  });
08
09  console.log('process exit');
```

执行上述脚本文件：

```
node life.js
```

输出结果如下：

```
process exit
exit code: 0
```

输出当前进程的相关属性，示例如下：

```
01  // 标准输出
02  process.stdout.write('Hello World!' + '\n');
03
04  // 参数数组
05  process.argv.forEach(function (value, index) {
06      console.log(index + ': ' + value);
07  });
08
09  // Node 绝对路径
10  console.log(process.execPath);
11
12  // Node 版本
13  console.log(process.version);
14
15  // 运行 Node 程序的操作系统
16  console.log(process.platform);
17
18  // 环境变量 PATH
19  console.log(process.env.PATH);
```

执行上述脚本文件：

```
node props.js
```

输出结果如下：

```
Hello World!
0: /Users/yuanlin/.nvm/versions/node/v12.14.1/bin/node
1: /Users/yuanlin/Desktop/react-node-in-action/code/ch03/global-variables/
props.js
/Users/yuanlin/.nvm/versions/node/v12.14.1/bin/node
v12.14.1
darwin
/usr/bin:/bin:/usr/sbin:/sbin:/usr/local/bin
```

提示：除了上述介绍的 process 模块的常用属性和方法外，关于 process 的进程 ID 和内存使用等更多内容，可以参考 Node 官网文档，网址为 http://nodejs.cn/api/process.html。

3.4.2　工具模块

Node 内置了很多实用的工具模块。下面以最常用的几种模块为例，展示 Node 丰富且强大的模块库。

1．os模块

os 模块提供了一些基本的系统操作函数，通过 os 模块，Node 程序可以实现和操作系统的交互。示例如下：

```
01  var os = require("os");
02
03  // 主机名
04  console.log('hostname : ' + os.hostname());
05
06  // 字节序
07  console.log('endianness : ' + os.endianness());
08
09  // 操作系统名
10  console.log('type : ' + os.type());
11
12  // 系统内存总量
13  console.log('total memory : ' + os.totalmem() / 1024 / 1024 + " MB");
14
15  // 系统空闲内存量
16  console.log('free memory : ' + os.freemem() / 1024 / 1024 + " MB");
```

执行上述脚本文件：

```
node os.js
```

输出结果如下：

```
hostname : yuanlindeMacBook-Air.local
endianness : LE
type : [object Object]
total memory : 4096 MB
free memory : 37.0625 MB
```

> **小知识**：字节序又称为端序或尾序，在计算机科学领域中，是指在存储器中或数字通信链路中组成多字节的字节排列顺序。小端（Little-Endian）是指低字节放在内存低地址，高字节放在内存高地址；大端（Big-Endian）是指低字节放在内存高地址，高字节放在内存低地址。

2．path模块

path 模块提供了用于处理文件路径和目录路径的实用工具。示例代码如下：

```
01  var path = require('path');
02
03  var full_path = '/Applications/TotalFinder.app';
04
05  // 返回路径中代表文件夹的部分
06  console.log(path.dirname(full_path));
07
08  // 返回路径中的最后一部分
```

```
09  console.log(path.basename(full_path));
10
11  // 返回路径中文件的后缀名
12  console.log(path.extname(full_path));
13
14  // 平台特定的路径片段分隔符
15  console.log(path.sep);
16
17  // 平台特定的路径定界符
18  console.log(process.env.PATH.split(path.delimiter));
19
20  // 连接生成规范路径
21  console.log(path.join('/usr', 'local', 'bin'));
22
23  // 判断是否为绝对路径
24  console.log(path.isAbsolute(full_path));
```

执行上述脚本文件：

```
node path.js
```

结果输出如下：

```
/Applications
TotalFinder.app
.app
/
[ '/usr/bin',
  '/bin',
  '/usr/sbin',
  '/sbin',
  '/usr/local/bin' ]
/usr/local/bin
true
```

3．net模块

net 模块提供了一些用于底层网络通信的小工具，包含创建服务器和客户端的方法。使用 net 模块创建 TCP Server 的实现代码如下：

```
01  var net = require('net');
02
03  var server = net.createServer(function (connection) {
04      console.log('client connected');
05
06      connection.on('end', function () {
07          console.log('client disconnected');
08      });
09
10      connection.write('Hello World!');
11  });
12
13  server.listen(8080, function () {
14      console.log('server is listening');
15  });
```

执行上述脚本文件：

```
node server.js
```

使用 net 模块创建 TCP Client 的实现代码如下：

```
01  var net = require('net');
02
03  var client = net.connect({ port: 8080 }, function () {
04      console.log('server connected');
05  });
06
07  client.on('data', function (data) {
08      console.log(data.toString());
09
10      client.end();
11  });
12
13  client.on('end', function () {
14      console.log('server disconnected');
15  });
```

执行上述脚本文件：

```
node client.js
```

服务端和客户端输出结果如下：

```
# 服务端
server is listening
client connected
client disconnected
# 客户端
server connected
Hello World!
server disconnected
```

3.4.3　HTTP 模块

HTTP 作为构建 Web 服务的基础，已经被各种语言、框架和平台广泛支持。Node 也提供了 HTTP 模块，用于搭建 HTTP 服务端和客户端。

对于一个 HTTP 请求，通常从以下 4 个方面进行解析和处理。

- 路由解析：根据 URL 及注册的路由，将请求分派到对应的业务逻辑中进行处理；
- 参数解析：提取请求的参数以理解处理此次请求的相关信息；
- 内容解析：提取 POST 等请求体的内容信息；
- 响应结果：将业务逻辑处理的结果返回给客户端。

1. 路由解析

在对请求进行路由解析时会用到 URL 模块，该模块主要用于处理与解析 URL。示例代码如下：

```
01  var http = require('http');
02  var url = require('url');
03
04  http.createServer(function (request, response) {
05      var pathname = url.parse(request.url).pathname;
06      console.log(pathname);
07
08      response.end();
09  }).listen(8080);
10
11  console.log('Server running at http://127.0.0.1:8080/');
```

执行上述脚本文件：

```
node route.js
```

使用 HTTP Client 工具 cURL 访问上述 HTTP 服务：

```
curl localhost:8080/api1
curl localhost:8080/api2
```

输出结果如下：

```
Server running at http://127.0.0.1:8080/
/api1
/api2
```

2. 参数解析

对请求进行路由解析后，在处理请求之前还需要解析请求的参数。示例代码如下：

```
01  var http = require('http');
02  var url = require('url');
03
04  http.createServer(function (request, response) {
05      var parsedUrl = url.parse(request.url, true);
06
07      var pathname = parsedUrl.pathname;
08      var queries = parsedUrl.query;
09      console.log(pathname);
10      console.log(queries);
11
12      response.end();
13  }).listen(8080);
14
15  console.log('Server running at http://127.0.0.1:8080/');
```

📖 注意：上述 URL 模块的 parse 函数中，第 2 个参数 true 表示解析请求的查询参数。即将 URL 中的请求参数?key=value 解析为 JavaScript 的键值对{key: value}形式。

执行上述脚本文件：

```
node query.js
```

使用 HTTP Client 工具 cURL 访问上述 HTTP 服务：

```
curl localhost:8080/api1?page=0
```

输出结果如下：

```
/api1
{ page: '1' }
```

3．内容解析

除了上述参数解析外，针对 POST 等请求，还需要解析请求体的内容。示例代码如下：

```
01  var http = require('http');
02
03  http.createServer(function (request, response) {
04      var body = '';
05
06      request.on('data', function (chunk) {
07          body += chunk;
08      });
09
10      request.on('end', function () {
11          if (request.headers['content-type'] == 'application/json') {
12              console.log(body);
13          }
14
15          response.end();
16      });
17  }).listen(8080);
18
19  console.log('Server running at http://127.0.0.1:8080/');
```

执行上述脚本文件：

```
node body.js
```

使用 HTTP Client 工具 cURL 访问上述 HTTP 服务：

```
curl localhost:8080 -X POST -H "Content-Type: application/json" -d '{ "key":
"value" }'
```

输出结果如下：

```
{ "key": "value" }
```

4．响应结果

在 Web 服务开发中，通过解析请求的路由、参数及请求体，完成核心的业务逻辑处理，最终给客户端返回响应结果。示例代码如下：

```
01  var http = require('http');
02  var url = require('url');
03
04  http.createServer(function (request, response) {
05      var pathname = url.parse(request.url).pathname;
06
07      if (pathname.includes('api1')) {
08          response.writeHead(200, { 'Content-Type': 'text/html; charset=
            utf8' });
09          response.write('<!DOCTYPE html>' +
```

```
10            '<html>' +
11            '<head>' +
12            '<meta charset="UTF-8">' +
13            '<title>Test</title>' +
14            '</head>' +
15            '<body>' +
16            'This is a testing page' +
17            '</body>' +
18            '</html>');
19      } else if (pathname.includes('api2')) {
20          response.writeHead(200, { 'Content-Type': 'application/json' });
21          response.write(JSON.stringify({ code: 0 }));
22      }
23
24      response.end();
25 }).listen(8080);
26
27 console.log('Server running at http://127.0.0.1:8080/');
```

执行上述脚本文件：

```
node response.js
```

使用 HTTP Client 工具 cURL 访问上述 HTTP 服务：

```
curl localhost:8080/api1
curl localhost:8080/api2
```

输出结果如下：

```
<!DOCTYPE html><html><head><meta charset="UTF-8"><title>Test</title>
</head><body>This is a testing page</body></html>
{"code":0}
```

3.4.4 事件循环和 EventEmitter

1. 事件循环

事件循环即 Event Loop，是 Node 处理非阻塞 I/O 操作的机制。尽管 JavaScript 是单线程处理方式，但是当处理非 I/O 操作时，通过事件循环，Node 会将这些操作转移到系统内核中。

目前，大多数内核都是多线程处理方式，它们可在后台处理多种操作。当其中的一个操作完成的时候，内核会通知 Node 将适合的回调函数添加到轮询队列中等待时机执行。

在启动时 Node 会初始化 Event Loop，每一个 Event Loop 都会包含如图 3.17 所示的 6个阶段。

- timers（定时器）：执行由 setTimeout()和 setInterval()调度的回调；
- pending callbacks（待定回调）：执行系统操作的回调，如 TCP 错误类型；
- idle（空转），prepare：仅系统内部使用（先 idle 再 prepare）；

- poll（轮询）：处理轮询队列里的事件，在恰当的时候 Node 会被阻塞在这个阶段；
- check（检查）：执行由 setImmediate()调度的回调；
- close callbacks（关闭回调）：执行如 socket.on('close', ...)类的回调。

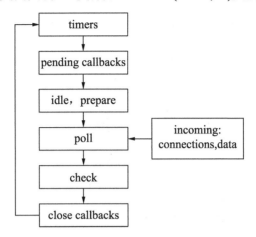

图 3.17　Event Loop 的 6 个阶段

通过对上述事件循环的 6 个阶段的介绍，想必读者已经能够理解 setImmediate()和 setTimeout()的区别了。setImmediate()和 setTimeout()的功能虽然类似，即都是注册定时任务，但是何时调用的行为完全不同。

- setImmediate()在当前轮询（poll）阶段完成后执行；
- setTimeout()在毫秒最小阈值经过后的下一次轮询定时器（timers）阶段执行。

也就是说，在一次事件循环周期内，setImmediate()早于 setTimeout()执行。示例代码如下：

```
01  var fs = require('fs');
02
03  fs.readFile('test.txt', function () {
04      setImmediate(function () {
05          console.log('setImmediate');
06      });
07
08      setTimeout(function () {
09          console.log('setTimeout')
10      }, 0);
11  });
```

添加如下测试文件：

```
touch test.txt
```

执行上述脚本文件：

```
node setImmediate.js
```

输出结果如下：

```
setImmediate
setTimeout
```

2．EventEmitter

除了事件循环之外，Node 的事件机制还包含事件循环所处理的事件队列，如图 3.18 所示。

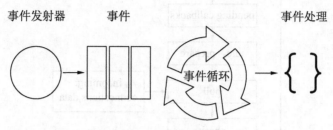

事件发射器　　　　事件　　　　　　　　　　　　　　　事件处理

事件循环

图 3.18　Node 的事件驱动

Node 的所有异步 I/O 操作在完成时都会给事件队列发送一个事件。Node 中的许多对象都会分发事件：

- 一个 net.Server 对象会在每次有新的连接时触发一个事件；
- 一个 fs.readStream 对象会在文件被打开时触发一个事件。

上述这些产生事件的对象都是 events.EventEmitter 的实例，它也是 events 模块唯一提供的对象。events.EventEmitter 的核心就是对事件触发与事件监听器功能的封装。

使用 EventEmitter 的基本示例代码如下：

```
01  var events = require('events');
02  var emitter = new events.EventEmitter();
03
04  emitter.on('someEvent', function (arg1, arg2) {
05      console.log('listener1', arg1, arg2);
06  });
07  emitter.on('someEvent', function (arg1, arg2) {
08      console.log('listener2', arg1, arg2);
09  });
10
11  emitter.emit('someEvent', 'arg1', 'arg2');
```

执行上述脚本文件：

```
node eventEmitter.js
```

输出结果如下：

```
listener1 arg1 arg2
listener2 arg1 arg2
```

除了上述基本用法之外，还可以使用 addListener()和 removeListener()方法动态注册和删除指定事件的监听器。示例代码如下：

```
01  var events = require('events');
02  var eventEmitter = new events.EventEmitter();
```

```
03
04  var listener1 = function listener1() {
05      console.log('listener1');
06  }
07  var listener2 = function listener2() {
08      console.log('listener2');
09  }
10
11  eventEmitter.addListener('someEvent', listener1);
12  eventEmitter.addListener('someEvent', listener2);
13  console.log(eventEmitter.listenerCount('someEvent') + " 个监听器");
14  eventEmitter.emit('someEvent');
15
16  eventEmitter.removeListener('someEvent', listener1);
17  console.log(eventEmitter.listenerCount('someEvent') + " 个监听器);
18  eventEmitter.emit('someEvent');
```

执行上述脚本文件：

```
node listener.js
```

输出结果如下：

```
2 个监听器
listener1
listener2
1 个监听器
listener2
```

3.5　小　　结

阅读完本章内容，想必读者已经逐步认识了 Node 开发的全貌：

- Node 模块化和事件驱动的特性：这是理解为什么使用及如何使用 Node 进行 Web 开发的起点；
- Web 开发中涉及的 HTTP，包括请求和响应、RESTful 架构风格及 JSON 数据格式；
- Node 的基本使用：包括开发模式、编码模式（回调和 Promise）和调试工具及其使用；
- Node 常用模块：包括全局变量、工具模块、HTTP 模块和 Node 中最重要的事件循环及其使用。

通过第 2 章前端开发和本章后端开发的系统学习，相信掌握了 React 和 Node 开发的读者已经"跃跃欲试"了。但是，在正式开发项目之前，必须要熟悉前端打包和后端部署的相关知识，这也是践行 DevOps 以及了解 React 和 Node 完整生态所必须掌握的知识。

📖 小知识：DevOps（Development 和 Operations 的组合词）是软件开发人员（Dev）和运维技术人员（Ops）的统称。通过自动化软件交付和架构变更流程，使构建、测试和发布软件能够更加快捷、频繁和可靠。

第 2 篇
打包部署和项目开发实战

第 4 章　构建与部署

在完成 React 和 Node 应用开发之后，如果想要访问并使用 Web 应用，需要将开发好的 React 和 Node 应用部署到线上的生产服务器上。

📖 **小知识**：开发流程通常分为开发、测试和发布，其中发布又可以分为发布测试、内部发布和正式发布等流程，用于正式发布供用户使用的服务器称为生产服务器。

对于基于 React 开发的前端应用来说，将其部署到线上生产服务器的流程如下：

（1）使用 Webpack 进行打包。

（2）部署静态资源服务器。

（3）配置域名 DNS 解析。

对于基于 Node 开发的后端应用来说，将其部署到线上生产服务器的流程如下：

（1）使用进程管理工具启动服务。

（2）使用 Nginx 做反向代理，并配置 CORS 跨域。

（3）配置域名 DNS 解析。

在了解了上述构建、打包及部署的流程之后，本章将详细介绍相关工具的原理、用法及配置。本章的主要内容包括：

- 构建和打包工具——Webpack 简介（https://webpack.js.org/）；
- 高性能 Web Server——Nginx 简介（https://www.nginx.com）；
- 进程管理工具 PM2（https://pm2.keymetrics.io/）以及 React 和 Node 的部署。

4.1　Webpack 简介

Webpack 是 JavaScript 应用程序的静态模块打包器（Module Bundler），如图 4.1 所示，其最核心的功能是解决模块间的依赖问题。

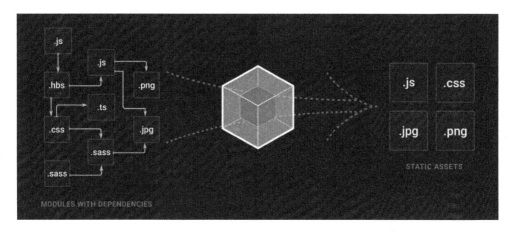

图 4.1　Webpack 静态模块打包器

当 Webpack 处理应用程序时，它会递归地构建一个依赖关系图（Dependency Graph），其中包含应用程序需要的每个模块，然后将这些模块打包成一个或多个包（Bundle）。

4.1.1　一切皆模块

"一切皆模块"是 Webpack 的核心思想，但是理解起来却"晦涩难懂"。

作为 Web 开发者都知道，前端开发和实现最终都是基于如下静态资源：

- HTML（Hypertext Markup Language）：超文本标记语言，它是创建网页的标准标记语言；
- JavaScript：一种高级的、解释型的脚本语言，为网页添加各式各样的动态功能；
- CSS（Cascading Style Sheets）：层叠样式表，它是用来为结构化文档（如 HTML 等）添加样式的计算机语言；
- 其他资源：如字体、图片等。

其中，发展最快的非 JavaScript 莫属。

早期，JavaScript 也没有模块这一概念。后来 Node 实现了基于 CommonJS 的模块化规范。这些内容前面介绍过，这里再回顾一下。

使用 CommonJS 规范的示例项目结构如下：

```
01  .
02  ├── index.js
03  └── math.js
04
05  0 directories, 2 files
```

其中，index.js 文件的代码如下：

```
01  var math = require('./math.js');
02
03  console.log(math.add(10, 20));
```

math.js 文件的代码如下：

```
01  var add = function (a, b) {
02      return a + b;
03  };
04
05  module.exports.add = add;
```

最终，JavaScript 官方正式定义了 ES 6 的模块化方案，这也是最权威的 JavaScript 模块化方案。使用 ES 6 模块化的示例项目结构如下：

```
01  .
02  ├── .babelrc
03  ├── index.js
04  └── math.js
05
06  0 directories, 3 files
```

其中，.babelrc 的配置如下：

```
01  {
02      "presets": [
03          "@babel/preset-env"
04      ]
05  }
```

index.js 文件的代码如下：

```
01  import { add } from './math.js';
02
03  console.log(add(10, 20)); // 30
```

math.js 文件的代码如下：

```
01  function add(x, y) {
02      return x + y;
03  }
04
05  export { add };
```

🔔提示：关于 JavaScript 模块化规范的更多介绍，可以参考第 3 章的内容。

那么，模块化到底有何优势和意义呢？具体如下：

- 让已有开发成果得以复用，让构建复杂大型项目变得简单易行；
- 解决了命名冲突的问题，变量和函数都只存在于模块命名空间内，避免了全局污染；
- 避免了烦琐的文件依赖，例如传统的 Web 开发模式下常见的多层依赖的问题。

例如以下代码：

```
01  <script src="util.js"></script>
02  <script src="dialog.js"></script>
03  <script>
04      Dialog.init({ /* 传入配置 */ });
05  </script>
```

上面的代码中，dialog.js 依赖于 util.js，因此代码可读性较差，维护成本更高。因此，模块化是 JavaScript 开发的必然趋势。

　　然而，Webpack 是"青出于蓝胜于蓝"，它将 JavaScript 的模块化思想"发扬光大"，把 Web 开发中使用到的所有资源都当作模块，即"一切皆模块"，如 HTML、JavaScript、CSS、字体和图片等各种类型的静态资源。

　　例如，可以像加载 JavaScript 文件一样加载 CSS 资源：

```
01  import './style.css';
```

　　对于刚接触到 Webpack "一切皆模块"这一思想的开发者来说，可能会觉得这个特性比较神奇，但同时也带着不解：像加载 JavaScript 文件一样加载 CSS 资源有何意义呢？

　　从结果来看，这种资源引用的方式和之前并没有功能上的差别，上述 style.css 仍然会被打包并生成至资源目录下。

　　从依赖上看，这种资源引用的方式直观描述了 JavaScript 文件和 CSS 资源之间的关系。

　　例如，仍然以项目中常用的 Dialog 组件为例，在页面中加载该组件的代码如下：

```
01  import Dialog from './widget/dialog/index.js';
```

　　但是，只加载其 JavaScript 文件往往还不够，需要在页面的样式文件中同时引入 Dialog 组件的样式（以 Sass 为例），代码如下：

```
01  @import './widget/dialog/style.scss';
```

📖 **小知识**：Sass 是对 CSS 的扩展，让 CSS 语言更强大、优雅。它允许开发者使用变量、嵌套规则、mixins、导入等众多功能，并且完全兼容 CSS 语法。为 CSS 加入上述编程元素后称其为 "CSS 预处理器"。它的基本思想是，用一种专门的编程语言进行网页样式设计，然后再编译成正常的 CSS 文件。

　　通过 Webpack 可以采用更简洁的方式表达上述依赖关系。

　　对于 Dialog 组件，其引用了自身的样式文件，代码如下：

```
01  import './style.scss';
```

　　对于引用 Dialog 组件的页面，只需加载组件的 JavaScript 即可，不需要额外引入组件的样式，代码如下：

```
01  import Dialog from './widget/dialog/index.js';
```

　　使用 Webpack 前后依赖关系的对比如图 4.2 所示。

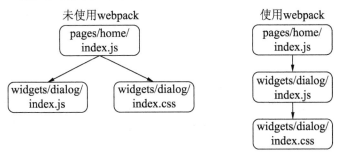

图 4.2　使用 Webpack 前后依赖关系对比图

通过上述示例，想必读者已经了解到模块高内聚复用性的特点。通过 Webpack "一切皆模块"的思想，将模块的特性应用到所有类型的静态资源中，从而设计和实现出更复杂、更健壮的系统。

4.1.2　Webpack 的使用

在了解了 Webpack 的作用和思想之后，下面介绍 Webpack 的基本用法。

1．输入、输出

上面提到，当 Webpack 处理应用程序时，它会递归地构建一个依赖关系。而这一流程的开始，便是 Webpack 指定的一个或多个入口（Entry）。如果把项目中各个模块的依赖关系当作一棵树，那么入口就是这棵依赖树的根。同样，还需要指定 Webpack 的出口（Output），即使用 Webpack 打包后资源文件的生成目录。

下面通过示例详细介绍 Webpack 入口、出口的设置和使用。

（1）按照下面的目录结构，创建相关文件和内容。

```
01  .
02  ├── index.html
03  └── src
04      └── index.js
05
06  1 directories, 2 files
```

（2）index.html 文件的内容如下：

```
01  <!doctype html>
02  <html>
03
04  <head>
05      <title>输入输出</title>
06      <script src="https://cdn.bootcss.com/lodash.js/4.17.15/lodash.
        min.js"></script>
07  </head>
08
09  <body>
10      <script src="./src/index.js"></script>
11  </body>
12
13  </html>
```

💬 说明：上述代码在引入 lodash 工具库时使用了 CDN，即内容分发网络，它依靠部署在各地的边缘服务器，通过中心平台的负载均衡、内容分发、调度等功能模块，使用户就近获取所需内容，降低了网络拥塞，提高了用户访问响应速度和命中率。

（3）index.js 文件的内容如下：

```
01  function component() {
02      let element = document.createElement('div');
03
04      element.innerHTML = _.join(['Hello', 'Webpack'], ' ');
05
06      return element;
07  }
08
09  document.body.appendChild(component());
```

至此，一个传统的 Web 应用原型已经创建成功，此时使用浏览器打开 index.html 文件，显示结果如下：

```
Hello Webpack
```

下面通过 Webpack 的方法来解决依赖，并且打包实现上述功能。

（4）初始化 NPM，然后在本地安装 Webpack 及其相关工具 webpack-cli（此工具用于在命令行中运行 Webpack）。

```
npm init -y
npm install --save-dev webpack webpack-cli
```

（5）调整目录结构，将"源"代码（src）从"分发"代码（dist）中分离出来，其中源代码是用于书写和编辑的代码；分发代码是构建过程中产生的代码最小化和优化后的输出（output）目录，最终将在浏览器中加载。

```
01  .
02  ├── dist
03  │   └── index.html
04  ├── package.json
05  └── src
06      └── index.js
07
08  2 directories, 3 files
```

（6）修改 index.html 文件的内容如下：

```
01  <!doctype html>
02  <html>
03
04  <head>
05      <title>输入输出</title>
06  </head>
07
08  <body>
09      <script src="bundle.js"></script>
10  </body>
11
12  </html>
```

（7）修改 index.js 文件的内容如下：

```
01  import _ from 'lodash';
02
03  function component() {
04      let element = document.createElement('div');
```

```
05
06      element.innerHTML = _.join(['Hello', 'Webpack'], ' ');
07
08      return element;
09  }
10
11  document.body.appendChild(component());
```

（8）因为在 index.js 中引入了 lodash 依赖库，所以需要安装 NPM 的 lodash 依赖包，命令如下：

```
npm install --save lodash
```

（9）在使用 Webpack 打包之前，需要创建一个配置文件，其代码如下：

```
01  const path = require('path');
02
03  module.exports = {
04      entry: './src/index.js',
05      output: {
06          filename: 'bundle.js',
07          path: path.resolve(__dirname, 'dist')
08      }
09  };
```

上述代码中，entry 确定入口配置，即 Webpack 从哪里开始打包；output 确定资源输出相关配置，filename 表示输出资源的文件名，path 表示输出资源的位置，值必须为绝对路径。

（10）最后使用如下命令运行 Webpack 打包：

```
npx webpack --config webpack.config.js
```

此时会在 dist 目录下生成打包后的文件 bundle.js。

当然，考虑到执行上述命令并不是特别方便，可以设置一个快捷方式。在 package.json 文件的 npm scripts 中添加如下 NPM 命令：

```
01  "scripts": {
02      "build": "webpack"
03  },
```

最终可以使用以下 npm scripts 实现 Webpack 打包：

```
npm run build
```

2．预处理器

通过输入和输出，我们了解了 Webpack 解析依赖的方式。那么，面对各种不同类型的静态资源时，Webpack 又是如何解决的呢？

此时，就需要借助 loader 加载器了。由于 Webpack 本身只能识别 JavaScript 代码，对于其他类型的资源必须预先定义一个或多个 loader 加载器对其进行转译，输出为 Webpack 能够处理的形式，因此 loader 实际上承担了预处理器的工作。

下面通过引用样式的示例来详细介绍 Webpack 预处理器即 loader 的使用。

（1）复制上述输入、输出的例子文件至新文件夹下，命令如下：

```
cp -R entry-output loader
cd loader
```

（2）新建./src/style.css 样式文件，内容如下：

```
01  body {
02      text-align: center;
03      color: #FF0000;
04  }
```

（3）在 index.js 文件中加载上述样式文件，代码如下：

```
01  import _ from 'lodash';
02  import './style.css';
03
04  function component() {
05      let element = document.createElement('div');
06
07      element.innerHTML = _.join(['Hello', 'Webpack'], ' ');
08
09      return element;
10  }
11
12  document.body.appendChild(component());
```

如果此时使用 Webpack 打包，会抛出无法解析 CSS 语法的错误，提示需要使用一个合适的 loader 来处理这种文件，具体如下：

```
ERROR in ./src/style.css 1:5
Module parse failed: Unexpected token (1:5)
You may need an appropriate loader to handle this file type, currently no
loaders are configured to process this file. See https://webpack.js.org/
concepts#loaders
```

（4）按照提示引入处理 CSS 的 loader，命令如下：

```
npm install --save css-loader style-loader
```

其中 css-loader 的作用是解析 CSS 文件后，使用 import 加载，并且返回 CSS 代码；style-loader 的作用是将模块的导出作为样式添加到 DOM 中。

💡提示：Webpack 官方介绍了常用的 loader，详细内容可参考 https://www.webpackjs.com/loaders/。

（5）修改 Webpack 打包的配置文件，内容如下：

```
01  const path = require('path');
02
03  module.exports = {
04      entry: './src/index.js',
05      output: {
06          filename: 'bundle.js',
07          path: path.resolve(__dirname, 'dist')
08      },
09      module: {
```

```
10        rules: [
11           {
12              test: /\.css$/,
13              use: ['style-loader', 'css-loader']
14           }
15        ]
16     }
17  };
```

与 loader 相关的配置都配置在 module 中，其中 module.rules 表示模块的处理规则。这里使用了最常用的两条规则：

- test：接收一个正则表达式，表示只有正则匹配的模块才使用这条规则，这里是以.css 结尾的文件；
- use：接收一个数组，包含该规则所使用的 loader 加载器，打包时按照数组从后往前的顺序将资源交给 loader 加载器进行处理，这里先由 css-loader 处理再由 style-loader 处理。

（6）使用以下 npm scripts 实现 Webpack 打包：

```
npm run build
```

然后打开 dist 目录下的 index.html 文件，可以查看到样式效果已成功应用。

3．代码分片

通过上述介绍，我们已经了解到 Webpack 打包的基本原理和配置。但是，将项目中的所有 JavaScript 代码和依赖库都打包到输出的资源文件 bundle.js 中，会让 Web 应用首次加载时非常缓慢，因为所有资源都必须要加载，无论当前是否会使用。因此，将优先级不高的资源采用延迟加载等技术实现渐进式获取，可以大大提升首屏加载的速度，优化用户体验。

代码分片（Code Splitting）作为 Webpack 的一个重要特性，可以把代码按照特定的形式进行拆分，使应用不必一次全部加载，实现按需加载。

要想使用代码分片，就需要借助插件。使用阶段式的构建回调，开发者可以在 Webpack 构建流程中引入自己定义的行为。

📖提示：Webpack 官方介绍了常用的插件，详细内容可参考 https://www.webpackjs.com/plugins/。

这里使用 Webpack 自带的代码分片插件 SplitChunksPlugin。

（1）复制上述预处理器例子的文件至新文件夹下，具体命令如下：

```
cp -R loader code-split
cd code-split
```

（2）修改 Webpack 打包的配置文件如下：

```
01  const path = require('path');
02
```

```
03  module.exports = {
04      entry: './src/index.js',
05      output: {
06          filename: '[name].bundle.js',
07          path: path.resolve(__dirname, 'dist')
08      },
09      module: {
10          rules: [
11              {
12                  test: /\.css$/,
13                  use: ['style-loader', 'css-loader']
14              }
15          ]
16      },
17      optimization: {
18          splitChunks: {
19              cacheGroups: {
20                  vendors: {
21                      name: 'vendors',
22                      chunks: 'all',
23                  }
24              }
25          }
26      }
27  };
```

与代码分片相关的配置都配置在 optimization 中，其中：

- cacheGroups 表示代码分片的规则，默认有两条规则，即 vendors 和 default。vendors 用于提取所有 node_modules 中符合条件的模块，default 用于被多次引用的模块。
- name 表示生成的 chunk 块的名字。
- chunks 表示工作模式，有 3 个可选值，分别为 async、initial 和 all。async 即只提取异步 chunk，initial 则只对入口 chunk 生效，all 则是两种模式同时开启。

（3）使用 npm scripts 实现 Webpack 打包，具体如下：

```
npm run build
```

此时，查看 dist 目录下打包生成的文件。

```
ls dist
index.html main.bundle.js vendors.bundle.js
```

（4）为了引用到分片包，还需要修改 dist/index.html 文件。

当然，也可以借助 Webpack 插件 HtmlWebpackPlugin 来简化操作，其安装命令如下：

```
npm install --save-dev html-webpack-plugin
```

（5）在配置文件 webpack.config.js 中添加 HtmlWebpackPlugin 相关配置，代码如下：

```
01  const path = require('path');
02  const htmlWebpackPlugin = require('html-webpack-plugin');
03
04  module.exports = {
05      // 省略了未修改的代码
06      plugins: [
```

```
07          new htmlWebpackPlugin()
08      ],
09      // 省略了未修改的代码
10  };
```

（6）删除 dist 目录后重新打包，具体命令如下：

```
rm -rf dist
npm run build
```

此时，可以发现在 dist 目录下自动生成了引用打包结果文件的 index.html。

```
01  <!DOCTYPE html>
02  <html>
03
04  <head>
05      <meta charset="UTF-8">
06      <title>Webpack App</title>
07  </head>
08
09  <body>
10      <script type="text/javascript" src="vendors.bundle.js"></script>
11      <script type="text/javascript" src="main.bundle.js"></script>
12  </body>
13
14  </html>
```

4.1.3　Webpack 环境配置

通过上述介绍，我们已经基本了解了 Webpack 的使用和配置。但是细心的读者可能会有这样的困惑：使用 Webpack 及其命令行工具的开发效率并不高。因为之前只需要编辑项目源文件，包括 HTML、JavaScript 及 CSS，然后刷新页面就可以立即看到编辑效果。现在还多了一步打包的操作，打包生成至 dist 目录后，刷新页面才能看到编辑效果。

其实 Webpack 已经考虑到了开发、生产、部署及优化等问题，下面分别进行介绍。

1．开发环境

针对开发阶段，Webpack 提供了一个便捷的本地开发调试工具 webpack-dev-server。

（1）复制代码分片的例子文件至新文件夹下，具体命令如下：

```
cp -R code-split dev-env
cd dev-env
```

（2）使用如下命令安装依赖库：

```
npm install --save-dev webpack-dev-server
```

使用 --save-dev 参数是因为该依赖库只在开发阶段使用，打包发布时不会用到。

（3）同样，为了开发调试方便，设置一个快捷方式，在 package.json 文件的 npm scripts 中添加如下命令：

```
01  "scripts": {
02      "dev": "webpack-dev-server"
03  },
```

（4）还需要修改 Webpack 配置文件，在 webpack.config.js 中添加 webpack-dev-server 配置，代码如下：

```
01  const path = require('path');
02  const htmlWebpackPlugin = require('html-webpack-plugin');
03
04  module.exports = {
05      // 省略了未修改的代码
06      devServer: {
07          contentBase: path.join(__dirname, 'dist'),
08          compress: true,
09          port: 8000
10      },
11      // 省略了未修改的代码
12  };
```

上述代码中添加了 devServer 的模块用于配置 webpack-dev-server，其中：

- contentBase 表示服务从哪个目录中提供内容，只有在想要提供静态文件时才需要；
- compress 表示服务是否启用 gzip 压缩；
- port 表示服务监听请求的端口号。

（5）启动开发服务，命令如下：

```
npm run dev
```

然后使用浏览器打开地址 http://localhost:8000/，即可查看到当前页面和效果。

通过上述示例，可以总结出 webpack-dev-server 的两大功能：

- 使用 Webpack 进行打包，并处理打包结果的资源请求；
- 启动 Web Server，处理静态资源文件的请求。

🔔注意：使用 Webpack 打包会在 dist 目录下生成相应的打包文件，而使用 webpack-dev-server 打包的结果会存放在内存中，当 webpack-dev-server 启动的 Web Server 接收到请求时只是将内存中的打包结果返回给浏览器。因此，webpack-dev-server 与 Webpack 打包时生成的 dist 目录无关，可以将 dist 目录直接删除。

另外，在保证服务和浏览器正常打开的情况下，修改./src/index.js 文件如下：

```
01  import _ from 'lodash';
02  import './style.css';
03
04  function component() {
05      let element = document.createElement('div');
06
07      element.innerHTML = _.join(['Hello', 'webpack-dev-server'], ' ');
08
09      return element;
10  }
```

```
11
12  document.body.appendChild(component());
```

此时，可以看到浏览器中的内容也随之自动更新而不必手动刷新浏览器。这个便捷的特性就是自动刷新（Live-Reloading）。webpack-dev-server 会监听源文件的更新操作，一旦修改则会自动刷新浏览器，显示更新后的内容。

💭提示：关于 webpack-dev-server 的完整介绍，可以参考 Webpack 官网"配置"的相关介绍，网址是 https://webpack.js.org/configuration/dev-server/。

虽然自动刷新（Live-Reloading）已经能做到资源修改时重新刷新页面，但是当开发复杂大型项目时，这种方式仍然效率不高。

为此，Webpack 还提供了更灵活的功能——HMR（Hot Module Replacement，模块热替换），用于在运行时只更新所需的部分模块，而不是刷新整个页面。当然，HMR 不适用于生产环境，这意味着其仅用于开发环境。

💭提示：更多的 HMR 介绍，可以参考网址 https://webpack.js.org/guides/hot-module-replacement/。

2. 生产环境

首先复制上述开发环境的例子文件至新文件夹下，具体命令如下：

```
cp -R dev-env prod-env
cd prod-env
```

想要打开 Webpack 生产环境模式，需要修改 Webpack 配置文件中的打包模式，代码如下：

```
01  const path = require('path');
02  const htmlWebpackPlugin = require('html-webpack-plugin');
03
04  module.exports = {
05      // 省略了未修改的代码
06      mode: 'production',
07      // 省略了未修改的代码
08  };
```

当打开了 Webpack 的生产环境模式后，Webpack 会自动添加许多适用于生产环境的配置。但是开发模式也会使用相同的配置，因此理想方案是开发环境和生产环境使用不同的 Webpack 配置文件。

（1）复制生产针对不同环境的 Webpack 配置文件，命令如下：

```
cp webpack.config.js webpack.dev.config.js
cp webpack.config.js webpack.prod.config.js
rm webpack.config.js
```

（2）删除 webpack.dev.config.js 文件中生产环境模式的配置。

（3）修改 npm scripts 中的命令参数以指向不同的 Webpack 配置文件，具体如下：

```
01  "scripts": {
02      "build": "webpack --config=webpack.prod.config.js",
03      "dev": "webpack-dev-server --config=webpack.dev.config.js"
04  },
```

这样就实现了 Webpack 针对生产环境的独立配置。

另外,在生产环境中一个常见的需求是缓存问题,即合理使用浏览器的缓存功能,避免重复获取已经获取过的相同资源,最终提升网络性能和用户体验。

但是这也带来了一个新的问题:如果修复了问题后重新打包发布资源,而浏览器还是使用本地缓存,那么用户将无法更新至最新的修改。

解决上述问题的常见方式是:每次打包资源时针对资源的内容计算出一个 Hash 值,然后将 Hash 作为版本标识添加到文件名中,这样每次代码发生变化时相应的 Hash 值和文件名都会发生变化。

Webpack 为我们提供了上述解决方案,只需要修改 Webpack 配置文件中的 output 模块即可,具体代码如下:

```
01  const path = require('path');
02  const htmlWebpackPlugin = require('html-webpack-plugin');
03
04  module.exports = {
05      // 省略了未修改的代码
06      output: {
07          filename: '[name].bundle.[chunkhash].js',
08          path: path.resolve(__dirname, 'dist')
09      },
10      // 省略了未修改的代码
11  };
```

删除 dist 目录后重新打包,命令如下:

```
rm -rf dist
npm run build
```

查看 dist 目录下打包生成的文件,结果如下:

```
ls dist
index.html main.bundle.5f00b8abe6aef166d2a2.js vendors.bundle.bef97a840
4454e97adc1.js
```

并且,通过 HtmlWebpackPlugin 插件生成的 index.html 文件中也已自动更新,其代码如下:

```
01  <!DOCTYPE html>
02  <html>
03
04  <head>
05      <meta charset="UTF-8">
06      <title>Webpack App</title>
07  </head>
08
09  <body>
```

```
10    <script type="text/javascript" src="vendors.bundle.bef97a8404454
      e97adc1.js"></script>
11    <script type="text/javascript" src="main.bundle.5f00b8abe6aef166d
      2a2.js"></script>
12  </body>
13
14  </html>
```

3. 资源压缩

在资源发布上线之前，通常还需要针对资源进行压缩，以减小资源的体积，提升网络性能和用户体验，压缩包括移除无用的空格、换行等代码；在不影响执行逻辑的前提下将代码替换为更短的形式。

Webpack 也实现了资源压缩，只需要修改 Webpack 配置文件即可，代码如下：

```
01  const path = require('path');
02  const htmlWebpackPlugin = require('html-webpack-plugin');
03
04  module.exports = {
05      // 省略了未修改的代码
06      optimization: {
07          minimize: true,
08      }
09      // 省略了未修改的代码
10  };
```

📢提示：如果已经开启了生产环境模式 mode: 'production'，那么也会自动开启压缩。

4.1.4　Webpack 进阶

在熟悉了 Webpack 基本使用和环境配置后，最后再介绍如下几点 Webpack 的进阶用法。

1. 并行构建HappyPack

在使用 Webpack 对项目进行打包时，会对文件进行解析和处理。当文件数量变多之后，Webpack 构建速度就会变慢，而且运行在 Node 之上的 Webpack 是单线程模型的，所以 Webpack 处理任务的方式是依次执行。

为了提升打包性能，Webpack 引入了 HappyPack，它的作用是将文件解析任务分解成多个子进程并发执行。子进程处理完任务后再将结果发送给主进程，大大提升 Webpack 打包的效率。

📢注意：HappyPack 只是作用在 loader 加载器上，使用多个进程同时对文件进行编译。

（1）复制上述生产环境的例子文件至新文件夹下，具体命令如下：

```
cp -R prod-env happypack
```

```
cd happypack
```

（2）安装 HappyPack 依赖库，具体命令如下：

```
npm install --save-dev happypack
```

（3）修改 Webpack 配置文件中的预处理器相关配置，代码如下：

```
01  const path = require('path');
02  const htmlWebpackPlugin = require('html-webpack-plugin');
03  const HappyPack = require('happypack');
04
05  module.exports = {
06      // 省略了未修改的代码
07      module: {
08          rules: [
09              {
10                  test: /\.css$/,
11                  use: 'happypack/loader?id=styles'
12              }
13          ]
14      },
15      plugins: [
16          new htmlWebpackPlugin(),
17          new HappyPack({
18              id: 'styles',
19              loaders: ['style-loader', 'css-loader']
20          })
21      ],
22      // 省略了未修改的代码
23  };
```

（4）删除 dist 目录后重新打包，具体命令如下：

```
rm -rf dist
npm run build
```

因为这里所讲的示例项目并不复杂，所以性能提升并不明显。

2．动态链接库DllPlugin

除了上述并行构建的方案外，想要进一步提升打包效率，还可以使用动态链接库 DllPlugin。

所谓动态链接库 DllPlugin，是指将第三方及不常修改的模块预先编译和打包，然后在项目打包时直接使用提前打包的模块库即可。

（1）复制上述并行构建的例子文件至新文件夹下，具体命令如下：

```
cp -R happypack dllplugin
cd dllplugin
```

（2）为动态链接库添加一个新的 Webpack 配置文件 webpack.dll.config.js，其代码如下：

```
01  const path = require('path');
02  const webpack = require('webpack');
03  const dllAssetPath = path.join(__dirname, 'dll');
```

```
04  const dllLibraryName = 'dllExample';
05
06  module.exports = {
07      entry: ['lodash'],
08      output: {
09          path: dllAssetPath,
10          filename: 'vendor.js',
11          library: dllLibraryName,
12      },
13      plugins: [
14          new webpack.DllPlugin({
15              name: dllLibraryName,
16              path: path.join(dllAssetPath, 'manifest.json'),
17          })
18      ],
19  };
```

（3）同样，为了开发调试方便，设置一个快捷方式，在 package.json 文件的 npm scripts 中添加如下 NPM 命令：

```
01  "scripts": {
02      "dll": "webpack --config=webpack.dll.config.js",
03  },
```

（4）删除 dist 目录后重新打包生成动态链接库，具体命令如下：

```
rm -rf dist
npm run dll
```

（5）修改项目构建的配置文件 webpack.prod.config.js 以链接刚才生成的动态链接库文件，具体代码如下：

```
01  const path = require('path');
02  const htmlWebpackPlugin = require('html-webpack-plugin');
03  const HappyPack = require('happypack');
04  const webpack = require('webpack');
05
06  module.exports = {
07      // 省略了未修改的代码
08      plugins: [
09          new htmlWebpackPlugin(),
10          new HappyPack({
11              id: 'styles',
12              loaders: ['style-loader', 'css-loader']
13          }),
14          new webpack.DllReferencePlugin({
15              manifest: require(path.join(__dirname, './dll/manifest.
                  json')),
16          })
17      ],
18      // 省略了未修改的代码
19  };
```

（6）此时还需要让自动生成的 index.html 能够引用到动态链接库相关资源。这里借助一个新的插件 add-asset-html-webpack-plugin 来完成，首先安装该依赖库，命令如下：

```
npm install --save-dev add-asset-html-webpack-plugin
```

（7）修改项目构建的配置文件 webpack.prod.config.js 以自动添加动态链接库至 index. html 中，具体代码如下：

```
01  const path = require('path');
02  const htmlWebpackPlugin = require('html-webpack-plugin');
03  const addAssetHtmlPlugin = require('add-asset-html-webpack-plugin');
04  const HappyPack = require('happypack');
05  const webpack = require('webpack');
06
07  module.exports = {
08      // 省略了未修改的代码
09      plugins: [
10          new htmlWebpackPlugin(),
11          new addAssetHtmlPlugin([{
12              filepath: path.resolve(__dirname, './dll/vendor.js')
13          }]),
14          new HappyPack({
15              id: 'styles',
16              loaders: ['style-loader', 'css-loader']
17          }),
18          new webpack.DllReferencePlugin({
19              manifest: require(path.join(__dirname, './dll/manifest.json')),
20          })
21      ],
22      // 省略了未修改的代码
23  };
```

（8）删除 dist 目录后重新打包项目，具体命令如下：

```
rm -rf dist
npm run build
```

此时可以发现，预先编译和打包好的第三方库未参与到项目实际的构建过程中。

3. 打包分析

完成 Webpack 打包后，还需要对打包输出的结果进行检查和分析。下面使用 webpack-bundle-analyzer 依赖库查看项目各模块的大小，以按需优化。

（1）复制上述动态链接库的例子文件至新文件夹下，具体命令如下：

```
cp -R dllplugin analyzer
cd analyzer
```

（2）安装 webpack-bundle-analyzer 依赖库，具体命令如下：

```
npm install --save-dev webpack-bundle-analyzer
```

（3）修改项目构建的配置文件 webpack.dev.config.js，具体代码如下：

```
01  const path = require('path');
02  const htmlWebpackPlugin = require('html-webpack-plugin');
03  const BundleAnalyzerPlugin = require('webpack-bundle-analyzer').
BundleAnalyzerPlugin;
```

```
04
05  module.exports = {
06      // 省略了未修改的代码
07      plugins: [
08          new htmlWebpackPlugin(),
09          new BundleAnalyzerPlugin(
10              {
11                  analyzerPort: 9000
12              }
13          ),
14      ],
15      // 省略了未修改的代码
16  };
```

（4）同样，为了开发调试方便，设置一个快捷方式，在 package.json 文件的 npm scripts 中添加如下 NPM 命令：

```
01  "scripts": {
02      "analyze": "webpack --config webpack.dev.config.js --progress",
03  },
```

（5）执行如下命令会自动打开浏览器看到打包文件的分析结果，如图 4.3 所示。

```
npm run analyze
```

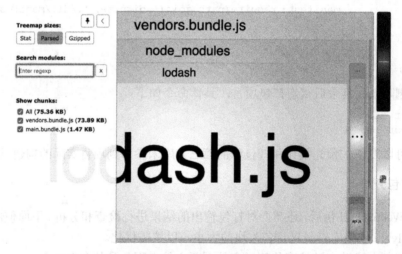

图 4.3　Webpack 打包分析结果

4.2　Nginx 简介

Nginx（发音同 Engine X）是一款轻量级的 Web 服务器、反向代理服务器及电子邮件代理服务器。Nginx 由俄罗斯工程师 Igor Sysoev 创建，并于 2004 年首次公开发布。同名公司（网址为 https://www.nginx.com）成立于 2011 年，以提供完善的技术支持。

通常，我们所使用的都是 Nginx 的开源版本，它依据 BSD 许可证的条款发布。

📖 **小知识**：开源许可证是一种法律许可。版权法默认禁止共享，也就是说没有许可证的软件，就等同于保留版权，虽然开源了，但是只能查看，不能使用，否则就是侵犯版权。因此，软件开源时必须明确地授予用户开源许可证。简单来说，BSD 许可证要求使用 Nginx 开源代码的开发者和企业，在分发软件时必须保留原始的许可证声明（https://github.com/nginx/nginx/blob/master/docs/text/LICENSE）。

Nginx 的特点包括：
- 优雅的设计和实现，保证 Nginx 服务稳定、可靠；
- 占用内存少，响应速度快，并发能力强；
- 模块化设计，便于功能扩展；
- 自由的 BSD 许可证，利于二次开发和分发。

鉴于 Nginx 的上述特点和优势，Nginx 在 Web 服务器市场中的占有率也越来越高。根据 2019 年 Netcraft 的统计，Web 服务器市场占有率如图 4.4 所示。

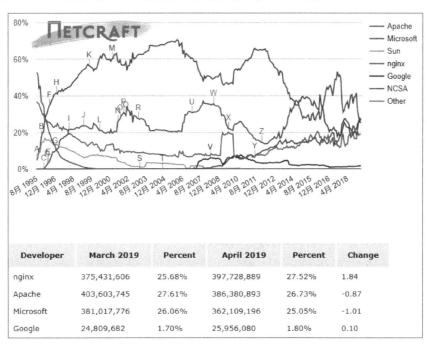

Developer	March 2019	Percent	April 2019	Percent	Change
nginx	375,431,606	25.68%	397,728,889	27.52%	1.84
Apache	403,603,745	27.61%	386,380,893	26.73%	-0.87
Microsoft	381,017,776	26.06%	362,109,196	25.05%	-1.01
Google	24,809,682	1.70%	25,956,080	1.80%	0.10

图 4.4　2019 年 Web Server 市场占有率统计

📖 **小知识**：Netcraft 公司（https://www.netcraft.com/）于 1994 年在英国成立，多年来一直致力于互联网市场及在线安全方面的咨询服务，其中在国际上最具影响力的当属其针对网站服务器、域名解析、主机提供商及 SSL 市场所做的客观、严谨的分析研究。

4.2.1　Nginx 的基本特性

在对 Nginx 有了初步的认知之后，下面详细介绍 Nginx 的基本特性及其原理。

1．I/O 多路复用

提到 Nginx，很多人都会提起它的这些优点：占用内存少、响应速度快、并发能力强。那么 Nginx 是如何做到这些的呢？这得益于 Nginx 使用了最新的 epoll（Linux）和 kqueue（FreeBSD 和 macOS）网络 I/O 模型，即通常所说的 I/O 多路复用。

众所周知，Web 服务的特点是 I/O 操作频繁，大部分时间都在等待 I/O，即读写数据库上。多线程的模型不仅占用更多的内存，而且线程切换也会带来一定的开销。另一方面，多个线程修改共享的数据会产生竞争条件，需要加锁，这就容易导致另一个严重的问题：死锁。而使用事件驱动的 I/O 多路复用则只有一个线程，没有线程切换的开销，效率更高，并且不用考虑竞争条件。

> 📖 **小知识**：Node 及 Redis 内存数据库使用的也是单进程单线程模型，它们都以高效的 I/O 处理能力而被推崇和广泛使用。

下面以 macOS 系统的 kqueue 为例来展示 I/O 多路复用的使用和能力。

```
01  #include <sys/event.h>
02  #include <sys/time.h>
03  #include <fcntl.h>
04  #include <stdio.h>
05  #include <stdlib.h>
06  #include <unistd.h>
07
08  int main(void) {
09      int f, kq, nev;
10      struct kevent change, event;
11
12      kq = kqueue();
13      if (kq == -1) {
14          perror("kqueue");
15      }
16
17      f = open("/tmp/foo", O_RDONLY);
18      if (f == -1) {
19          perror("open");
20      }
21
22      EV_SET(&change, f, EVFILT_VNODE,
23          EV_ADD | EV_ENABLE | EV_ONESHOT,
24          NOTE_DELETE | NOTE_EXTEND | NOTE_WRITE | NOTE_ATTRIB,
```

```
25              0, 0);
26
27      while (1) {
28          nev = kevent(kq, &change, 1, &event, 1, NULL);
29          if (nev == -1) {
30              perror("kevent");
31          } else if (nev > 0) {
32              if (event.fflags & NOTE_DELETE) {
33                  printf("File deleted\n");
34                  break;
35              }
36              if (event.fflags & NOTE_EXTEND ||
37                  event.fflags & NOTE_WRITE) {
38                  printf("File modified\n");
39              }
40              if (event.fflags & NOTE_ATTRIB) {
41                  printf("File attributes modified\n");
42              }
43          }
44      }
45
46      close(kq);
47      close(f);
48
49      return EXIT_SUCCESS;
50  }
```

上述代码基于 C 语言实现，经过编译、链接生成可执行的二进制文件。其中：

- I/O 多路复用的 kqueue 及事件驱动编程的 kevent 都声明在头文件<sys/event.h>中；
- kevent 是基于非阻塞式事件驱动的编程模型,这样在没有创建多进程/线程的情况下可以支持对多事件的处理，这也是 I/O 多路复用和传统的多进程/线程模型的重要区别。

编译、链接上述程序，生成二进制可执行文件，具体命令如下：

```
gcc kqueue.c -o kqueue
```

小知识：C 语言是一种通用的、面向过程式的计算机程序设计语言，系统和底层开发大多基于 C 语言。gcc 编译器是 macOS 系统下默认的 C/C++编译器。

另外，添加测试文件，具体命令如下：

```
echo '1' >> /tmp/foo
```

运行二进制可执行文件，更新并删除测试文件，具体命令如下：

```
./kqueue
echo '2' >> /tmp/foo
rm /tmp/foo
```

最终，输出结果如下：

```
File modified
File deleted
```

2．模块化

高度模块化的设计是 Nginx 的架构基础，Nginx 服务器被分解为多个模块，每个模块就是一个功能模块，负责自身的功能，模块之间严格遵循"高内聚、低耦合"的原则。

按照功能，Nginx 模块分为以下几类。

- Handlers：直接处理请求，并进行输出内容和修改 headers 信息等操作；
- Filters：主要对其他处理器模块输出的内容进行修改操作，最后由 Nginx 输出；
- Proxies：Nginx 的 HTTP Upstream 之类的模块，这些模块主要与后端一些服务如 FastCGI 等进行交互，实现服务代理和负载均衡等功能。

按照结构，Nginx 模块分为。

- 核心模块：HTTP 模块、Event 模块和 Mail 模块；
- 基础模块：HTTP Access 模块、HTTP FastCGI 模块、HTTP Proxy 模块和 HTTP Rewrite 模块；
- 第三方模块：HTTP Upstream Request Hash 模块、Notice 模块和 HTTP Access Key 模块。

📖 小知识：CGI（Common Gateway Interface，通用网关接口）是 HTTP Server 和一个独立进程之间的协议。CGI 把 HTTP Request 的 Header 设置成进程的环境变量，把 HTTP Request 的正文设置成进程的标准输入，而进程的标准输出就是 HTTP Response，包括 Header 和正文。FastCGI（Fast Common Gateway Interface，快速通用网关接口）是 CGI 的增强版本，通过进程/线程池等优化方法提升了服务性能。

关于 Nginx 模块的详细介绍，请参考官方文档，在此不再赘述。

- 内置模块的官方文档，网址是 http://nginx.org/en/docs/；
- 第三方模块的官方文档，网址是 https://www.nginx.com/resources/wiki/modules/。

3．进程工作模式

当启动 Nginx 服务后，通过如下命令可以查看当前运行的 Nginx 进程：

```
ps -ef | grep nginx | grep -v grep
```

想要理解上述命令，需要从以下 3 个方面切入。

- ps 命令：用于显示当前进程（process）的状态，参数-e 表示列出所有进程，参数-f 表示显示 UID、PID、父 PID、CPU 使用率、进程开始时间等信息；
- grep 命令：Global Regular Expression Print，即全面搜索正则表达式并把行打印出来，它是一个功能强大的文本搜索工具，能使用正则表达式搜索文本，并把匹配的行打印出来。参数-v 表示显示不包含匹配文本的所有行，即不显示包含 grep 的行；

- 管道 pipe：在两个命令之间使用管道 "|" 操作符，将第一个命令的标准输出指向第二个命令的标准输入。通过管道及诸多命令工具，可以自由实现更复杂的功能。

在理解上述命令后，执行命令后可以查看运行的 Nginx 进程信息，输出结果如下：

```
nobody   10833 14446  0 Sep04 ?        00:00:13 nginx: worker process
nobody   10834 14446  0 Sep04 ?        00:00:15 nginx: worker process
nobody   10835 14446  0 Sep04 ?        00:00:21 nginx: worker process
nobody   10836 14446  0 Sep04 ?        00:00:29 nginx: worker process
root     14446 1  0 Aug09 ?            00:00:00 nginx: master process /opt/
                                       services/nginx/sbin/nginx
```

通过上述输出可以发现，Nginx 服务由一个主进程和多个子进程组成，如图 4.5 所示。

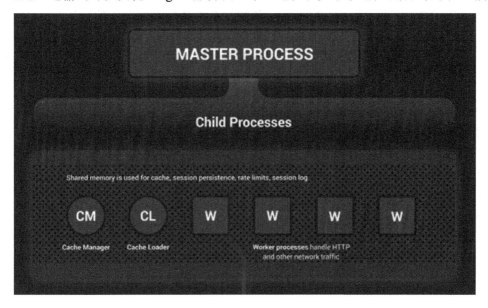

图 4.5　Nginx 进程工作模式

其中：

- master process（主进程）执行特权操作，如读取配置和绑定端口，还负责创建和管理工作进程；
- cache loader process（缓存加载进程）在启动时运行，把基于硬盘的缓存加载到内存中，然后退出；
- cache manager process（缓存管理进程）周期性运行，以削减硬盘缓存，使其保持在配置范围内；
- worker process（工作进程）是执行所有实际任务的进程，如处理网络连接、在硬盘上读取和写入内容、与上游服务器通信等。

提示：多数情况下，Nginx 建议每一个 CPU 核心都运行一个工作进程，使硬件资源得到最有效的利用。工作进程处理并发请求的原理，即是基于 I/O 多路复用模型。

4.2.2 Nginx 的安装

在熟悉了 Nginx 的特性及原理之后，想必读者已经对 Nginx"跃跃欲试"了。别急，在正式开始使用 Nginx 之前，还需要掌握 Nginx 的安装和基本命令。

1. 系统包管理器

（1）以 Ubuntu 1604（LTS）为例，基于 APT 进行包管理。

📖 **小知识**：LTS（Long Term Support，长期技术支持版本）是一种软件产品的生命周期政策，特别是开源软件，它增加了软件开发过程及软件版本周期的可靠度。在软件开发过程中，如果没有特殊原因，通常优先采用 LTS 或 Stable 的版本。

APT（Advanced Packaging Tools，高级打包工具）是 Debian 及其衍生的 Linux 软件的包管理器。APT 可以自动下载、配置、安装二进制或者源代码格式的软件包，简化了 Linux 系统上管理软件的过程。

更新系统，具体命令如下：

```
sudo apt update && sudo apt upgrade -y
```

使用 APT 包管理安装 Nginx，具体命令如下：

```
sudo apt install nginx -y
```

确认 Nginx 安装并启动成功，具体命令如下：

```
sudo service nginx status
```

输出结果如下：

```
● nginx.service - A high performance web server and a reverse proxy server
    Loaded: loaded (/lib/systemd/system/nginx.service; enabled; vendor
preset: enabled)
    Active: active (running) since Thu 2019-09-05 18:10:16 CST; 1 months 3
days ago
```

（2）以 macOS 系统为例，基于 Homebrew 进行包管理。

Homebrew 是一款自由及开放源代码的软件包管理系统，用以简化 macOS 系统上的软件安装过程，最初由马克斯·霍威尔（Max Howell）开发。Homebrew 以 Ruby 语言写成，默认安装在/usr/local 下。

使用 Homebrew 安装 Nginx 非常简单，命令如下：

```
brew install nginx
```

在安装成功后，确认 Nginx 服务的状态，命令如下：

```
brew services list | grep nginx
```

如果 Nginx 服务状态为 stopped，则使用以下命令将其启动：

```
sudo brew services start nginx
```

这里使用 sudo 启动 Nginx 服务，是因为 Nginx 默认会占用 80（HTTP）及 443（HTTTPS）端口，而 1024 以下的端口号，即端口号 1~1023，通常是系统保留的端口号，只有具有超级用户特权的进程才允许给它分配一个保留端口号。

2．源码编译安装

以 Ubuntu 1604（LTS）为例，基于源码的 Nginx 编译安装过程如下：

（1）更新系统，命令如下：

```
sudo apt update && sudo apt upgrade -y
```

（2）准备好 Nginx 源码的编译环境，命令如下：

```
sudo apt install build-essential libtool -y
```

（3）除了安装以上必要的编译工具之外，还需要安装 Nginx 所依赖的 SSL 库，命令如下：

```
sudo apt install openssl libssl-dev -y
```

（4）下载 Nginx 源码及相关依赖包的源码，命令如下：

```
cd /usr/src

curl -O http://nginx.org/download/nginx-1.12.2.tar.gz \
&& curl -O ftp://ftp.csx.cam.ac.uk/pub/software/programming/pcre/pcre-
8.40.tar.gz \
&& curl -O http://www.zlib.net/zlib-1.2.11.tar.gz

tar -xf nginx-1.12.2.tar.gz \
&& tar -xf pcre-8.40.tar.gz \
&& tar -xf zlib-1.2.11.tar.gz
```

🗒提示：虽然源码下载到哪里都是可行的，但是按照 Linux 规范，推荐下载至/usr/src 下。

（5）根据自己的需要进行编译配置，这里我们需要打开 ssl 和 nginx 状态功能，对应的编译选项分别如下：

```
--with-http_ssl_module
--with-http_stub_status_module
```

（6）编译命令如下：

```
cd /usr/src/nginx-1.12.2

./configure --sbin-path=/usr/local/nginx/nginx \
--conf-path=/usr/local/nginx/nginx.conf \
--pid-path=/usr/local/nginx/nginx.pid \
--with-http_ssl_module \
--with-http_stub_status_module \
```

```
--with-pcre=/usr/src/pcre-8.40 \
--with-zlib=/usr/src/zlib-1.2.11

make && make install
```

（7）在编译和安装成功后，就可以在/usr/local/nginx 下找到安装的 Nginx。

虽然通过源码编译安装 Nginx 相比包管理器方式更复杂，但是从上述源码编译安装过程中可以发现源码安装的一大优势，即可以自己定制 Nginx 的功能和扩展。

3．常用命令

Nginx 不仅安装方便，使用方法和操作命令也很简单、易懂。

查看 Nginx 的版本信息，命令如下：

```
nginx -v
# nginx version: nginx/1.12.2
```

查看 Nginx 完整的配置信息，命令如下：

```
nginx -V
# nginx version: nginx/1.12.2
# built by clang 9.0.0 (clang-900.0.39.2)
# built with OpenSSL 1.0.2n  7 Dec 2017 (running with OpenSSL 1.0.2s  28 May
2019)
# TLS SNI support enabled
# configure arguments: --prefix=/usr/local/Cellar/nginx/1.13.9
```

🔔提示：上述 Nginx 信息会随着系统、版本及编译配置等不同而不同。

想要启动 Nginx 服务，直接使用如下命令即可：

```
nginx
```

在修改了 Nginx 配置文件之后，可以使用如下命令进行验证：

```
nginx -t
# nginx: the configuration file /usr/local/etc/nginx/nginx.conf syntax is ok
# nginx: configuration file /usr/local/etc/nginx/nginx.conf test is
successful
```

在验证配置文件通过后，才可以重新加载新的配置文件，命令如下：

```
nginx -s reload
```

如果想要停止 Nginx 服务，可以使用如下命令：

```
nginx -s stop
```

4.2.3　Nginx 的配置

在使用 Nginx 时，常常需要和 Nginx 的配置文件打交道，因此理解 Nginx 常用配置方法是使用 Nginx 的基础和核心。

Nginx 配置文件主要分成以下 4 部分：

- main：全局设置，设置的指令将影响其他部分的设置；
- server：主机设置，主要用于指定虚拟主机域名、IP 和端口；
- upstream：上游服务器设置，主要为反向代理、负载均衡相关配置；
- location：位置设置，用于匹配网页位置，如根目录"/""/images"等。

它们之间的关系如下：

- server 继承 main；
- location 继承 server；
- upstream 既不会继承指令也不会被继承，它有自己的特殊指令。

在理解了 Nginx 配置的基本概念后，下面通过几个典型案例来详细展示 Nginx 的配置和使用方法。

1．静态资源

对于前端 React 应用的部署来说，通常是配置静态资源，包括 HTML 文件、CSS 文件、JavaScript 文件或者图片资源文件。

对于 HTML 文件，基本的静态资源配置方法如下：

```
01  server {
02      listen 80;
03      server_name site.com;
04
05      location / {
06          root /var/www;
07          index index.html;
08      }
09  }
```

其中，server 表示描述的当前服务，其占用 80 端口，即 HTTP 默认的端口号；服务的域名为 site.com；访问根目录"/"会映射到本地的"/var/www"目录，并返回该目录下的 index.html 文件。

对于 JavaScript、CSS 及图片资源文件，基本的静态资源配置方法如下：

```
01  server {
02      listen 80;
03      server_name assets.com;
04
05      location /js/ {
06          alias /var/www/static/js;
07      }
08
09      location /css/ {
10          alias /var/www/static/css;
11      }
12
13      location /img/ {
14          alias /var/www/static/img;
15      }
16  }
```

此时，不同路径的域名会分别映射到不同的本地目录下，并且依据当前访问的 URI 来匹配该目录下的相应文件。

2. 反向代理

什么是反向代理呢？在了解反向代理之前，有必要先了解一下什么是正向代理。

正向代理是指一个位于客户端和目标服务器之间的代理服务器（中间服务器）。为了从目标服务器获取内容，客户端向代理服务器发送一个请求，并且指定目标服务器，之后代理向目标服务器转交并且将获得的内容返回给客户端。

反向代理与正向代理正好相反。对于客户端来说，反向代理就像目标服务器。客户端向反向代理发送请求，反向代理判断请求走向何处，并将请求转交给客户端，使得这些内容就像来源于反向代理自身一样，因此，客户端并不会感知到反向代理后面的服务，只需要把反向代理当成真正的服务器即可。

正向代理和反向代理示意图如图 4.6 所示。

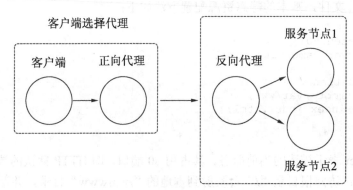

图 4.6　正向代理和反向代理示意图

总之，可以依据是否在客户端时设置了目标服务器来判断是哪种类型的代理：

- 目标服务器不是代理服务器，则属于正向代理；
- 目标服务器即是代理服务器，则属于反向代理。

反向代理是 Nginx 最重要的功能和特性之一，通过 Nginx 反向代理，可以隐藏真正的 Web 服务和架构。

对于基于 PHP 的 Web 服务来说，基本的反向代理配置方法如下：

```
01  server {
02      listen 80;
03      server_name api.com;
04
05      location / {
06          include fastcgi_params;
```

```
07         fastcgi_pass unix:/opt/services/php/var/run/php-fpm.sock;
08         fastcgi_param SCRIPT_FILENAME /var/www/public/index.php;
09     }
10  }
```

其中，需要注意的是 fastcgi_pass 指向的是 php-fpm 的 socket 文件路径。

对于 Java 开发的 Web 服务来说，基本的反向代理配置方法如下：

```
01  server {
02     listen 80;
03     server_name api.com;
04
05     location / {
06         proxy_pass          http://127.0.0.1:8080;
07         proxy_set_header   X-Real-IP          $remote_addr;
08         proxy_set_header   X-Forwarded-For  $proxy_add_x_forwarded_for;
09     }
10  }
```

其中，需要注意的是 proxy_pass 指向的是 Java 开发的 Web 服务地址。

3. 负载均衡

基于反向代理，Nginx 还可以轻松地实现负载均衡。因为对于客户端来说，实际上由哪个 Web 服务处理此次请求完全是不可知的，而且也无须知道。Nginx 可以根据配置，将请求服务的处理分配到多台 Web 服务器上，最终达到负载均衡的效果。基本的负载均衡配置方法如下：

```
01  upstream api.com {
02     server 127.0.0.1:8080 weight=1;
03     server 127.0.0.1:8081 weight=1;
04  }
05
06  server {
07     listen 80;
08     server_name api.com;
09
10     location / {
11         proxy_pass          http://api.com;
12         proxy_set_header   X-Real-IP          $remote_addr;
13         proxy_set_header   X-Forwarded-For  $proxy_add_x_forwarded_for;
14     }
15  }
```

其中，需要注意的是 upstream 的名称需要和 proxy_pass 的指向地址保持一致。同时，upstream 中的 server 不仅可以在同一台服务器上，还可以由多台服务器组成。另外，server 中的 weight 代表某台服务器在负载均衡中的权重，这里设置成了相同的权重，使这两个服务依次处理当前的请求。

4.2.4　Nginx 的高级特性

除了上述介绍的 Nginx 特性和配置之外，本节简要介绍一下 Nginx 常用的高级特性，让读者不仅会使用 Nginx，还会"用好"Nginx。

1. 缓存控制

对于 Web 前端来说，缓存控制是很重要的一个高级技能，也是优化前端性能的一个重要手段。例如，如果 JavaScript 文件没有任何更新，那么完全可以不必每次都重新下载很大的 JavaScript 包从而影响性能并占用网络资源。

这里以使用 HTTP Client 工具 cURL 来访问百度为例，执行命令如下：

```
curl -I baidu.com
```

输出结果如下：

```
HTTP/1.1 200 OK
Date: Sun, 08 Sep 2019 14:06:18 GMT
Server: Apache
Last-Modified: Tue, 12 Jan 2010 13:48:00 GMT
ETag: "51-47cf7e6ee8400"
Accept-Ranges: bytes
Content-Length: 81
Cache-Control: max-age=86400
Expires: Mon, 09 Sep 2019 14:06:18 GMT
Connection: Keep-Alive
Content-Type: text/html
```

这里，curl 命令的-I 参数表示只输出服务器响应的 HTTP 头部信息。

从上述 HTTP 响应头可以看出，有两个与缓存控制相关的 HTTP 头。

- Expires：表示到期时间，允许客户端在这个时间之前不做重复请求。Expires 的一个缺点就是返回的到期时间是服务器端的时间，这样就存在一个问题，如果客户端的时间与服务器的时间相差很大，那么误差就很大。
- Cache-Control：max-age 设置缓存存储的最大周期（单位为 s），超过这个时间缓存被认为已过期。与 Expires 相反，时间是相对于请求的时间。鉴于上述 Expires 的缺点，当 Cache-Control 和 Expires 同时存在时，Cache-Control 会覆盖 max-age。

在理解上述原理和过程后，配置 Nginx 如下：

```
01  server {
02      listen 80;
03      server_name assets.com;
04
05      location /img/ {
06          add_header Cache-Control max-age=10;
07          alias /var/www/static/img;
08      }
09  }
```

此时，使用 Chrome 浏览器访问网址 http://assets.com//img/test.jpg，打开 Chrome 开发者工具的网络调试面板，查看请求、响应的详细信息，如图 4.7 所示。

图 4.7　HTTP 请求、响应的详细信息

2．CORS跨域

CORS（Cross-Origin Resource Sharing，跨源资源共享）是跨域 AJAX 请求的根本解决办法。相比 JSONP 只能发 GET 请求，CORS 允许任何类型的请求。

当一个资源从与该资源本身所在的服务器不同的域、协议或端口请求一个资源时，会发起一个跨域 HTTP 请求。

当跨域发生时，在 HTTP 请求之前会增加一次 HTTP 查询请求，称为预检（Preflight）请求。浏览器先询问服务器，当前网页所在的域名是否在服务器的白名单中（Access-Control-Allow-Origin），以及可以使用哪些 HTTP 动词和头信息字段（Access-Control-Allow-Methods、Access-Control-Allow-Headers）。只有得到肯定答复，浏览器才会发出正式的 HTTP 请求，否则就报错。

提示：安全策略即浏览器同源策略，在第 7 章会详细介绍，本节主要介绍 Nginx 的 CORS 配置。

CORS 跨域需要浏览器和服务器同时支持，目前所有的浏览器都支持该功能，IE 浏览器的版本不能低于 IE 10。想要实现服务器支持，Nginx 配置方法如下：

```
01  server {
02    listen 80;
```

```
03        server_name api.com;
04
05        location / {
06            set $cors "";
07            if ($http_origin ~* (domain1.com|domain2.com)) {
08                set $cors "true";
09            }
10
11            if ($cors = 'true') {
12                add_header 'Access-Control-Allow-Origin' $http_origin;
13                add_header 'Access-Control-Allow-Credentials' 'true';
14                add_header 'Access-Control-Allow-Methods' 'GET, POST';
15                add_header 'Access-Control-Allow-Headers' 'Content-Type';
16            }
17
18            include fastcgi_params;
19            fastcgi_pass unix:/opt/services/php/var/run/php-fpm.sock;
20            fastcgi_param SCRIPT_FILENAME /var/www/public/index.php;
21        }
22    }
```

上述配置允许从源 domain1.com 和 domain2.com 跨域访问 api.com，并且满足如下
条件：

- 请求 GET 和 POST 方法；
- 请求包含 Content-Type 头；
- 请求携带 Cookie 等安全凭证（Access-Control-Allow-Credentials）。

3. OpenResty

4.2.1 节介绍了 Nginx 的模块化特性，基于 Nginx 的模块化设计，衍生出了很多第三
方模块以扩展 Nginx 的能力。其中，有一个"有趣"且影响深远的模块，即 lua-nginx-module。
它把 Lua 解析器内嵌到 Nginx 中，从而可以使用 Lua 语言编程，极大增强了 Nginx 的能力。

📖 **小知识**：Lua 是一种轻量、小巧的脚本语言，用标准的 C 语言编写并以源代码，其设
计目的是为了嵌入应用程序中，从而为应用程序提供灵活的扩展和定制功能。

OpenResty（https://openresty.org/cn/）正是基于 Nginx 与 Lua 的高性能 Web 平台，其
内部集成了大量精良的 Lua 库、第三方模块及大多数的依赖项，用于方便地搭建能够处理
超高并发和扩展性极高的动态 Web 应用、Web 服务和动态网关。

下面以 Ubuntu 1604（LTS）为例，详细介绍 OpenResty 的安装和使用。

（1）安装相关依赖库，命令如下：

```
sudo apt install -y libpcre3-dev libssl-dev perl make build-essential curl
```

（2）从 OpenResty 官方（https://openresty.org/cn/download.html）下载最新的源码包，
并解压、编译和安装，命令如下：

```
wget https://openresty.org/download/openresty-1.13.6.1.tar.gz
tar -xvf openresty-1.13.6.1.tar.gz
```

```
cd openresty-1.13.6.1
./configure -j2
make -j2
sudo make install
```

默认情况下程序会被安装到"/usr/local/openresty"目录下，也可以使用"./configure --help"查看更多的配置选项。

（3）安装成功后，在开始使用 OpenResty 前，新建 Nginx 配置文件 config/nginx.conf，代码如下：

```
01  worker_processes  1;
02  error_log logs/error.log;
03  events {
04      worker_connections 1024;
05  }
06  http {
07      server {
08          listen 9000;
09          location / {
10              default_type text/html;
11              content_by_lua '
12                  ngx.say("<p>Hello, World!</p>")
13              ';
14          }
15      }
16  }
```

上述配置和之前介绍的 Nginx 配置大部分完全相同，只是多了 lua-nginx-module 模块所支持的 content_by_lua 及 Lua 脚本 ngx.say("<p>Hello, World!</p>")。

提示：关于 Lua 语言的介绍和使用，请参考 Lua 官方文档 http://www.lua.org/docs.html。

（4）启动 OpenResty 服务，命令如下：

```
/usr/local/openresty/nginx/sbin/nginx -p `pwd`/ -c conf/nginx.conf
```

如果没有任何输出，说明启动成功，其中参数-p 指定项目目录；参数-c 指定配置文件。

（5）使用 cURL 来访问该服务，命令如下：

```
curl http://localhost:8080/
```

（6）输出结果如下：

```
<p>hello, world!</p>
```

简单来说，OpenResty 是基于 Nginx 的扩展，并且开发语言不再是 Nginx 的 C 语言实现，而是更加简单、易用的 Lua 语言。

4.3　PM2 简介

部署 Node 应用，不仅需要 Nginx 这样的 HTTP 反向代理服务，还需要对 Node 服务的进程进行管理，而 PM2 就是专门针对 Node 开发的一款功能强大的进程管理工具。

4.3.1　守护进程

在介绍 PM2 工具之前，先来理解一下什么是守护进程。

守护进程（Daemon Process）是在后台运行的不受终端控制的进程（如输入、输出等），Web 相关服务（包括 Nginx、PHP-FPM 等）都是以守护进程的方式运行的。

守护进程需要脱离终端，主要有如下两点原因：

- 用来启动守护进程的终端在启动守护进程之后需要执行其他任务；
- 其他用户登录该终端后，以前的守护进程的错误信息不应出现，并且由终端上的一些按键所产生的信号（如中断信号），不应对以前从该终端上启动的任何守护进程造成影响。

4.3.2　进程管理工具对比

主流的守护进程及进程管理工具有如下 4 种：

- Supervisor（http://www.supervisord.org/index.html）：是用 Python 开发的一个 Client/Server 服务，想要实现进程管理，需要编写 supervisord.conf 配置文件；
- Forever（https://github.com/foreversd/forever）：具备 Node 进程管理等基本特性；
- Nodemon（https://github.com/remy/nodemon）：监听 Node 程序改动，自动重启服务，适用于开发调试；
- PM2（http://pm2.keymetrics.io/）：是功能最强大的 Node 进程管理工具，除了进程管理外，还实现了监控、版本控制、负载均衡等特性，适用于生产环境。

其中，PM2 的功能最强大，生态也最完善，因此下面将以 PM2 工具为例，介绍 Node 的守护进程及进程管理。

4.3.3　PM2 的安装和使用

在介绍和使用 PM2 之前，首先需要安装 PM2。安装命令如下：

```
npm install - g pm2
```

查看 PM2 版本，命令如下：

```
pm2 -v
# 4.2.3
```

PM2 安装完成后，下面通过一个每隔 5s 写入日志的 Node 程序来展示 PM2 的能力。新建 app.js 文件，代码如下：

```
01 var fs = require('fs');
```

```
02
03  function writeFile() {
04      file = '/tmp/demo';
05      date = new Date().toLocaleString();
06      options = { 'flag': 'a' }
07
08      console.log(date);
09      fs.writeFile(file, date + "\n", options, function (err) {
10          if (err) {
11              throw err;
12          }
13      });
14  }
15
16  setInterval(writeFile, 5000);
```

1. 基本用法

使用 PM2 启动上述 Node 程序，命令如下：

```
pm2 start app.js
```

成功启动 Node 程序后，输出结果如图 4.8 所示。

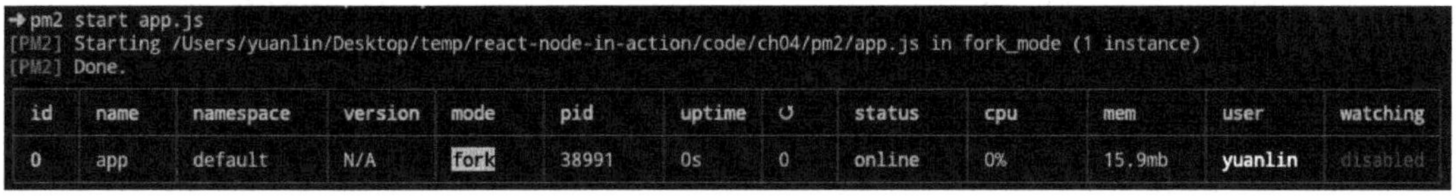

图 4.8　PM2 启动服务

这里需要关注如下关键信息。

- name：应用名称，默认是程序的文件名；
- id：应用 ID，由 PM2 所维护；
- pid：应用进程 ID；
- status：应用状态，包括 online、stopping、stopped、launching 和 errored，这里 online 表示状态正常。

根据提示，查看应用的详细信息，命令如下：

```
pm2 show 0 # pm2 show app
```

输出结果如下：

```
Describing process with id 0 - name app
 Revision control metadata
 Code metrics value
```

Heap Size	11.33 MiB
Heap Usage	69.53 %
Used Heap Size	7.88 MiB
Active requests	0
Active handles	4

```
Event Loop Latency        |  56.03 ms
Event Loop Latency p95     |  74.21 ms
```

```
Divergent env variables from local env
Add your own code metrics: http://bit.ly/code-metrics
Use `pm2 logs app [--lines 1000]` to display logs
Use `pm2 env 0` to display environement variables
Use `pm2 monit` to monitor CPU and Memory usage app
```

限于篇幅，虽然这里省去了部分信息，但仍然可以看到如下 4 类详细信息。

- 应用描述：除了启动服务时的信息，还包括日志、Node 版本等信息；
- 版本控制：版本控制相关信息，这里使用 git；
- 代码指标：堆大小、堆占用及事件循环延迟等；
- 环境变量：本地环境变量相关信息。

根据提示，查看应用的环境变量，命令如下：

```
pm2 env 0
```

输出结果如下：

```
node_version: 12.14.1
PM2_HOME: /Users/yuanlin/.pm2
PWD: /Users/yuanlin/Desktop/react-node-in-action/code/ch04/pm2
SHELL: /bin/zsh
LC_CTYPE: UTF-8
PATH: /usr/local/bin:/usr/local/bin:/usr/bin:/bin:/usr/sbin:/sbin
NVM_DIR: /Users/yuanlin/.nvm
PM2_USAGE: CLI
```

限于篇幅，这里同样省去了部分信息。除此之外，还可以使用监控命令来实时查看所有相关动态数据，命令如下：

```
pm2 monit
```

此时，查看所有应用的监控输出结果如图 4.9 所示。

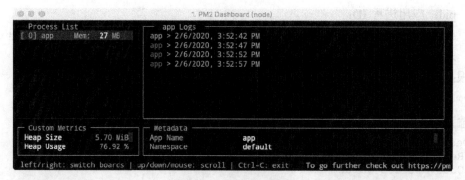

图 4.9　PM2 监控服务

2. 日志访问

为了查看和调试服务，最常用的功能便是查看日志。

其实，在使用如下两个 PM2 命令时，已经接触到了 PM2 日志。

- pm2 show 0：输出日志文件路径和错误日志文件路径；
- pm2 monit：全局日志显示。

另外，使用 PM2 日志命令也可以查看应用的日志，命令如下：

```
pm2 log 0 # pm2 log app
```

查看应用日志的打印输出，结果如下：

```
[TAILING] Tailing last 15 lines for [app] process (change the value with
--lines option)
/Users/yuanlin/.pm2/logs/app-error.log last 15 lines:
/Users/yuanlin/.pm2/logs/app-out.log last 15 lines:
0|app     | 2020-2-6 15:55:22
0|app     | 2020-2-6 15:55:27
0|app     | 2020-2-6 15:55:32
0|app     | 2020-2-6 15:55:37
0|app     | 2020-2-6 15:55:42
0|app     | 2020-2-6 15:55:47
0|app     | 2020-2-6 15:55:52
0|app     | 2020-2-6 15:55:57
0|app     | 2020-2-6 15:56:02
0|app     | 2020-2-6 15:56:07
0|app     | 2020-2-6 15:56:12
0|app     | 2020-2-6 15:56:17
0|app     | 2020-2-6 15:56:22
0|app     | 2020-2-6 15:56:27
0|app     | 2020-2-6 15:56:32
```

同样，也可以直接查看日志文件，命令如下：

```
tail -f -n 15 ~/.pm2/logs/app-out.log
```

其中，命令 tail 会按照要求将指定文件的最后部分输出到标准设备上，并且参数-f 表示监听文件新增的内容；参数-n 15 表示显示文件最后 15 行的内容。

3．服务自启动

当然，上述功能都是查看 PM2 应用的相关信息，PM2 作为 Node 进程管理工具，最重要的功能还是保证服务一直处于运行状态。

下面尝试模拟 Node 程序异常退出的情况。

（1）查看当前 PM2 应用的运行状态，如图 4.10 所示。

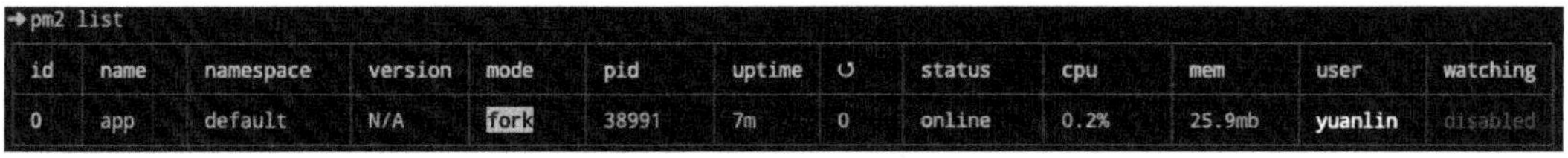

```
pm2 list
```

id	name	namespace	version	mode	pid	uptime	↺	status	cpu	mem	user	watching
0	app	default	N/A	fork	38991	7m	0	online	0.2%	25.9mb	yuanlin	disabled

图 4.10　查看 PM2 应用的状态（杀死进程前）

注意此时 Node 应用的进程号 pid。然后通过命令 kill 杀死上述 pid 进程，命令如下：

```
kill -9 pid
```

（2）查看当前 PM2 应用的运行状态，如图 4.11 所示。

```
pm2 list
```

id	name	namespace	version	mode	pid	uptime	↺	status	cpu	mem	user	watching
0	app	default	N/A	fork	39964	5s	1	online	0%	32.5mb	yuanlin	disabled

图 4.11　查看 PM2 应用的状态（杀死进程后）

注意，此时 Node 应用的进程号 pid 和之前已经不相同。这是因为 PM2 会在 Node 进程异常退出时重新启动新的 Node 服务，保证服务一直持续运行。

除此之外，PM2 还可以实现在系统重启时，让 PM2 所管理的应用随开机自动启动。要实现开机自启动，首先需要保存所有的 PM2 应用，命令如下：

```
pm2 save
```

然后打开 PM2 开机启动的钩子（hook），命令如下：

```
pm2 startup
```

输出结果如下：

```
[PM2] Init System found: launchd
[PM2] To setup the Startup Script, copy/paste the following command:
sudo env PATH=$PATH:/Users/yuanlin/.nvm/versions/node/v12.14.1/bin /Users/
yuanlin/.nvm/versions/node/v12.14.1/lib/node_modules/pm2/bin/pm2 startup
launchd -u yuanlin --hp /Users/yuanlin
```

注意，实现服务开机自启动需要保证成功执行命令：

```
sudo env PATH=$PATH:/Users/yuanlin/.nvm/versions/node/v12.14.1/bin /Users/
yuanlin/.nvm/versions/node/v12.14.1/lib/node_modules/pm2/bin/pm2 startup
launchd -u yuanlin --hp /Users/yuanlin
```

这样，借助系统进程初始化工具 Launchd，就实现了服务的开机自启动能力。

📖 提示：不同操作系统的进程初始化工具也不同，如 macOS 使用 Launchd，Ubuntu 使用 systemd。

4.4　部　　署

开发、打包完项目后，最后一步便是把项目部署上线了。下面分别以 React 和 Node 项目为例来介绍前端和后台项目的部署方法。

4.4.1　React 的部署

针对 React 应用部署，首先需要将打包好的静态资源上传到服务器上。

🔔 **提示**：关于 React 打包的详细介绍，可以参考 4.1 节。

成功上传至 Web Server 后，下面以 Nginx 为例介绍静态资源服务的配置方法。

```
01  server {
02      listen 80;
03      server_name site.com;
04
05      location / {
06          root /path/to/static/;
07          try_files $uri $uri/ /index.html?$query_string;
08      }
09  }
```

考虑到安全性，线上生产环境强烈推荐必须要使用 HTTPS，因此在购买 SSL 证书后，可以配置成如下更安全的 HTTPS 服务：

```
01  server {
02      listen 443 ssl;
03      server_name site.com;
04
05      location / {
06          root /path/to/static/;
07          try_files $uri $uri/ /index.html?$query_string;
08      }
09
10      ssl_certificate /path/to/ssl.pem;
11      ssl_certificate_key /path/to/ssl.ssl;
12      ssl_session_timeout 5m;
13      ssl_ciphers ECDHE-RSA-AES128-GCM-SHA256:ECDHE:ECDH:AES:HIGH:!
            NULL:!aNULL:!MD5:!ADH:!RC4;
14      ssl_protocols TLSv1 TLSv1.1 TLSv1.2;
15      ssl_prefer_server_ciphers on;
16  }
```

上述配置中，ssl_certificate 表示 SSL 证书的公钥，ssl_certificate_key 表示 SSL 证书的私钥。

📖 **小知识**：免费 SSL 证书可以尝试从 https://letsencrypt.org/ 获取。当然，付费 SSL 证书更加安全可靠，常用的网站有 https://www.aliyun.com/product/cas、https://sg.godaddy.com/zh 等。

在修改 Nginx 配置文件后，在加载最新配置之前，不要忘记检查配置：

`nginx -t`

最后，在验证配置文件通过后，使用如下命令重新加载新的配置文件：

```
nginx -s reload
```

4.4.2　Node.js 的部署

针对 Node 项目的部署，需要通过 PM2 进程管理工具配合 Nginx 来完成。

这里以一个简单的 Node 应用为例来介绍 Node 的部署过程。其 app.js 代码如下：

```
01  var http = require('http');
02
03  var server = http.createServer(function (req, res) {
04      res.writeHead(200, { 'Content-Type': 'text/plain' });
05
06      res.end('hello world');
07  });
08
09  server.listen(8080);
```

使用 PM2 启动上述 Node 程序，命令如下：

```
pm2 start app.js
```

成功启动 Node 程序后，配置 Nginx 如下：

```
01  server {
02      listen 443 ssl;
03      server_name site-api.com;
04
05      location / {
06          proxy_pass http://127.0.0.1:8080;
07          proxy_set_header Host $host;
08          proxy_set_header X-Real-IP $remote_addr;
09          proxy_set_header X-Forwarded-For $proxy_add_x_forwarded_for;
10          proxy_set_header X-Forwarded-Proto $scheme;
11          proxy_read_timeout 90;
12      }
13
14      ssl_certificate /path/to/ssl.pem;
15      ssl_certificate_key /path/to/ssl.ssl;
16      ssl_session_timeout 5m;
17      ssl_ciphers ECDHE-RSA-AES128-GCM-SHA256:ECDHE:ECDH:AES:HIGH:!NULL:!
aNULL:!MD5:!ADH:!RC4;
18      ssl_protocols TLSv1 TLSv1.1 TLSv1.2;
19      ssl_prefer_server_ciphers on;
20  }
```

同样，修改 Nginx 配置文件后，在加载最新配置之前不要忘记检查配置：

```
nginx -t
```

当验证配置文件通过后，使用如下命令重新加载新的配置文件：

```
nginx -s reload
```

至此，一个基于 React 和 Node 的完整项目即全部部署成功。

4.5　小　　结

本章主要介绍了 React 和 Node 项目部署所需的工具和步骤，包括：

- Webpack：React 构建和打包工具，其一切皆模块的设计思想，实现了 JavaScript 模块化和工程化，让前端开发复杂的大型应用变得简单；
- Nginx：高性能的 Web 服务器，适用于静态资源、反向代理等服务；
- PM2：功能强大的一款 Node 进程管理工具，守护 Node 进程。

最后，以 React 和 Node 实际项目为例，介绍了一个完整项目的部署过程和方法。

第 5 章　项目实战 1：React+Node.js 实现单页面评论系统

经过前面 4 章的系统学习，读者应该已经掌握了以下知识点：

- React 和 Node 开发环境的搭建；
- React 开发的基本技能；
- Node 开发的基本技能；
- React 和 Node 项目打包和部署。

本章将从零开始实现一个基于 React+Node 的单页面评论系统，以此来介绍项目开发的全过程。

本章主要内容包括：

- 软件项目的研发流程：包含需求分析、产品设计、开发、测试、发布及运维；
- 产品原型：软件项目的定义和描述；
- 技术选型：前后端技术栈的选择；
- 项目开发：前后端实际开发的实现；
- 测试部署：针对后端接口的测试及项目的完整部署。

> 📖 **小知识**：单页面应用（Single-Page Application，SPA）是一种网络应用程序或网站模型，它通过动态重写当前页面来与用户交互，而非传统的从服务器重新加载整个新页面。这种方法避免了由于页面之间的切换而影响用户体验，使应用程序更像一个桌面应用。React 是单页面应用的一个常用开发框架，除此之外还有 Vue.js（https://vuejs.org/）和 AngularJS（https://angular.io/）等框架。

5.1　研　发　流　程

对于一个软件产品来说：

- 在项目进入开发阶段之前，需要进行大量的准备工作；

- 在软件开发阶段结束之后，仍然有很多后续工作。

因此，读者有必要了解完整的软件产品的研发流程。通常，软件产品的研发流程如图 5.1 所示。

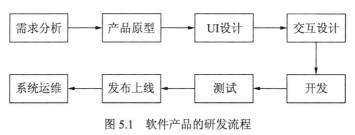

图 5.1　软件产品的研发流程

5.2　产品原型

在软件产品的研发流程中，和开发关系密切的是产品的原型。产品原型是产品设计、开发、测试乃至整个团队沟通的基石。

因此，在正式进行产品开发前，有必要明确该项目产品原型的主要内容。

- 文章列表页：用于所有文章的展示和交互；
- 文章详情与评论页：文章详情的展示和交互，同时可以对该篇文章发表评论；
- 文章编辑页：修改文章的内容。

提示：除了产品原型之外，UI 设计、交互设计、测试和运维也是软件产品研发流程中必不可少的部分。本节以技术开发为主，因此其他技能不再展开介绍。

5.2.1　文章列表页

文章列表页显示所有文章的标题和副标题，并提供访问文章详情的链接。同时，文章列表页还支持按标题和内容进行文章搜索，匹配标题和内容之一就可以显示该篇文章。

文章列表页的产品原型如图 5.2 所示。

提示：在实际研发过程中，产品原型的描述和定义会更加详细和准确。常用的产品原型工具主要有 Axure RP（https://www.axure.com/）和蓝湖（https://lanhuapp.com/）等。

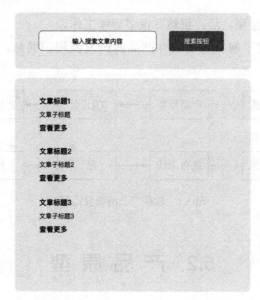

图 5.2　产品原型——文章列表页

5.2.2　文章详情与评论页

文章详情与评论页显示一篇文章的标题、副标题、作者、创建时间、内容和评论。同时，也可以在该页面输入评论内容并提交。

文章详情与评论页的产品原型如图 5.3 所示。

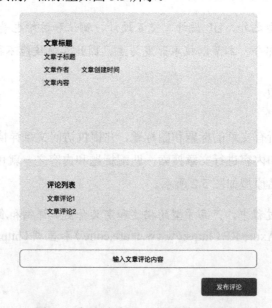

图 5.3　产品原型——文章详情与评论页

5.2.3 文章编辑页

文章编辑页允许用户编辑文章内容并提交，其产品原型如图 5.4 所示。

图 5.4 产品原型——文章编辑页

5.3 技 术 选 型

在理解了产品需求和原型之后，下面可以正式进入开发阶段了，但是这并不意味着立刻进行程序开发。选择适合产品需求和原型的技术是开始编程的必要条件。

5.3.1 前端技术

1．Fetch API

如果读者此前从事过传统的 Web 项目开发，那么对基于 HTTP/HTTPS 的网络请求应该不会陌生。下面的代码是一个使用 AJAX 进行网络请求的例子：

```
01  $.ajax({
02      type: 'GET',
03      url: 'https://www.api.com/',
04      success: function (res) {
05          //...
06      },
07      error: function () { }
08  });
```

📖 小知识：AJAX（Asynchronous JavaScript And XML，异步 JavaScript 和 XML）是一种创建交互式和快速动态网页应用的网页开发技术，在无须重新加载整个网页的情况下，能够更新部分网页。

在 AJAX 请求中，success 对应响应成功的回调函数。如果依次请求多次，需要在 success 回调函数中再进行一次 AJAX 请求，此时回调函数逐级嵌套，就会产生所谓的"回调地狱"问题。例如：

```
01  $.ajax({
02    type: 'GET',
03    url: 'https://www.api.com/,
04    success: function (res) {
05        $.ajax({
06          type: 'GET',
07          url: 'https://www.api.com/,
08          success: function (res) {
09              $.ajax({
10                type: 'GET',
11                url: 'https://www.api.com/,
12                success: function (res) {
13                    //...
14                },
15                error: function () { }
16              });
17          },
18          error: function () { }
19        });
20    },
21    error: function () { }
22  });
```

可以看到，各层回调函数不断嵌套，会导致代码的可读性变差，难以维护。幸运的是，ES 6 带来了新的 Promise 语法，同时也诞生了新的网络请求方式：Fetch API。

🔔提示：关于"回调地狱"和 Promise 的更多介绍，可以参考 3.3.2 节中的详细介绍。

Fetch API 提供了一个获取资源的接口（包括跨域请求）。fetch()必须接收一个参数——资源的路径。无论请求成功与否，它都返回一个 Promise 对象，resolve 对应请求的响应。

```
01  fetch('https://www.api.com/')
02    .then((res) => {
03      //...
04    })
```

以一个常见的 RESTful API 网络请求为例，返回的响应以 JSON 格式进行解析。因为 json()返回的是一个 Promise 对象，所以需要继续调用 then 方法对它进行处理：

```
01  fetch('https://www.api.com/')
02    .then((res) => {
03      return res.json();
04    })
05    .then((json) => {
06      console.log(json);
07    })
```

fetch()还接收可选的第 2 个参数，定义请求中的其他选项，包括请求方式、请求头、请求体等。在使用 fetch()进行复杂请求（如 POST）时，需要在第 2 个参数中进行定义：

```
01  var data = { username: 'test' };
02
03  fetch('https://www.api.com/', {
04      method: 'POST',
05      body: JSON.stringify(data),
06      headers: new Headers({
07          'Content-Type': 'application/json'
08      })
09  }).then((res) => {
10      return res.json()
11  }).then((json) => {
12      console.log(json)
13  });
```

在上述代码中，第 2 个参数的配置选项有：

- method 定义该请求是一个 POST 请求；
- body 定义请求体是 JSON 格式的字符串；
- headers 定义请求头中的 Content-Type 为 application/json。

其中，headers 是请求头的对象，它支持动态添加：

```
01  var content = "Hello World";
02  var myHeaders = new Headers();
03  myHeaders.append("Content-Type", "text/plain");
04  myHeaders.append("Content-Length", content.length.toString());
05  myHeaders.append("X-Custom-Header", "ProcessThisImmediately");
06  fetch('https://www.api.com/', {headers: myHeaders});
```

另外，如果请求携带 Cookie，还需要添加 credentials 配置：

```
01  fetch('https://www.api.com/', {
02      credentials: 'include'
03  })
```

2．Material-UI组件库

为了更快、更便捷地开发 React 应用，除了熟练掌握网络请求外，还需要借助现有的 UI 组件库。React 生态中常用的 UI 组件库如下：

- Ant Design：官方网址是 https://ant.design/；
- Fabric：官方网址是 https://react-fabric.github.io/；
- Material-UI：官方网址是 https://material-ui.com/；
- React-Bootstrap：官方网址是 https://react-bootstrap.github.io/；
- Rebass：官方网址是 https://rebassjs.org/；
- SemanticUI：官方网址是 https://semantic-ui.com/。

在全球范围内，最流行、使用者最多的设计规范当属 Material Design，同时它也是 Android 原生系统的设计语言。Material Design 是 Google 设计师基于传统的设计原则，结合丰富的创意和科学技术所发明的一套全新的界面设计语言，包含视觉、运动、互动效果等特性。

Material-UI 是一款 Material Design 风格的 React 组件库，它是本书介绍的首个基于 React 的 UI 工具集，使用它可以快速搭建出赏心悦目的应用界面。Material-UI 最新的稳定版本是 v4，下面基于该版本进行详细介绍。

（1）使用 create-react-app 工具创建项目，命令如下：

```
create-react-app material-ui
cd material-ui
```

提示：关于 create-react-app 工具的安装和使用，可以参考第 1 章中的相关介绍。

（2）通过 npm 安装 Material-UI，命令如下：

```
npm install --save @material-ui/core
```

此时，就可以在 React 应用程序中使用 Material-UI 了，修改./src/App.js 代码如下：

```
01  import React from 'react';
02  import Button from '@material-ui/core/Button';
03
04  function App() {
05      return (
06          <Button variant="contained" color="primary">
07              Hello World
08          </Button>
09      );
10  }
11
12  export default App;
```

（3）使用如下 npm scripts 运行该项目：

```
npm start
```

服务启动后会在浏览器中自动打开 http://localhost:3000，效果如图 5.5 所示。

图 5.5　Material-UI 的使用效果

提示：关于 Material-UI 的更多组件和用法，可以参考官方网站 https://material-ui.com/zh/。

5.3.2　后端技术

1. 脚手架 Express

随着越来越多的项目开发者选择使用 Node 进行服务器端的开发，相继涌现出了一大批优秀的开发框架，包括：

- Egg：官方网址为 https://eggjs.org/；
- Express：官方网址为 http://expressjs.com/；
- Koa：官方网址为 https://koajs.com/；
- LoopBack：官方网址为 https://loopback.io/；
- ThinkJS：官方网址为 https://thinkjs.org/；
- Sails：官方网址为 https://sailsjs.com/。

其中，Express 的使用频率最高，也很容易掌握，因为 Express 并不是对 Node 已有的特性进行二次抽象，而是在其之上扩展了 Web 应用所需的基本功能。例如：

- 封装了路由；
- 静态资源托管；
- 中间件；
- 内置 Jade 和 EJS 模板引擎。

Express 的使用步骤如下。

（1）新建项目目录：

```
mkdir express-start
cd express-start
```

（2）初始化项目：

```
npm init
```

（3）安装 Express 依赖包：

```
npm install --save express
```

（4）添加入口文件 index.js，代码如下：

```
01  const express = require('express');
02  const app = express();
03
04  app.get('/', (req, res) => {
05      res.send('Hello World!');
06  });
07
08  app.listen(8080, () => {
09      console.log('Example app listening on port 8080!');
10  });
```

上述代码中，前两行引入了 Express 并新建了一个 HTTP 应用，第 4 行使用 app.get() 处理 GET 请求 "/" 后返回字符串 "Hello World!"，第 8 行启动服务并监听 8080 端口。

（5）启动 Node 服务：

```
node index.js
```

此时，使用 cURL 命令行工具请求地址，结果如下：

```
curl localhost:8080
Hello World!
```

路由是 Express 的核心功能之一。从原理上讲，路由就是通过对 HTTP 方法和 URI 的组合进行映射来实现对不同请求的分别处理。

上述代码中的 app 拓展了很多类似于 RESTful 风格的动词命名的方法，如 get、post、patch、和 delete 等。这些方法接收两个参数：匹配路径和回调函数。其中，回调函数的参数规则如下：

- 如果参数个数为 2，则依次为请求参数（习惯上称为 req）和响应参数（习惯上称为 res）；
- 如果参数个数为 3，则依次为请求参数（习惯上称为 req）、响应参数（习惯上称为 res）和中间件函数的回调参数（习惯上称为 next）；
- 如果参数个数为 4，则依次为错误（习惯上称为 err）、请求参数（习惯上称为 req）、响应参数（习惯上称为 res）和中间件函数的回调参数（习惯上称为 next）。

在监听到 HTTP 请求后，Express 会自上而下地根据请求路径进行严格匹配。如果匹配成功并且结束响应，就不会继续往下匹配了，除非回调函数中调用了 next。

这里以修改 index.js 代码为例：

```
01  const express = require('express');
02  const app = express();
03
04  app.get('/', (req, res) => {
05      res.send('Hello World!');
06  });
07
08  app.get('/hi', (req, res) => {
09      res.send('Hi There!');
10  });
11
12  app.get('/bye', (req, res) => {
13      res.send('See you next time!');
14  });
15
16  app.listen(8080, () => {
17      console.log('Example app listening on port 8080!');
18  });
```

重启服务后访问 localhost:8080/hi，输出结果如下：

```
curl localhost:8080/hi
Hi There!
```

路径的匹配也支持通配符，例如：

```
01  app.get('/hi/:user', (req, res) => {
02      res.send('Hi: ' + req.params.user);
03  });
```

重启服务后访问 localhost:8080/hi/XiaoMing，输出结果如下：

```
curl localhost:8080/hi/XiaoMing
Hi: XiaoMing
```

如果只需要匹配 hi/1001 和 hi/2002 这种参数为数字的路由地址，而忽略其他格式的路由 hi/XiaoMing，还可以使用正则表达式来对路由进行精准匹配。代码如下：

```
01  // 省略了未修改的代码
02
03  app.get(/^\/hi\/(\d+)$/, (req, res) => {
04      res.send('Hi: id=' + req.params[0]);
05  });
06
07  app.get('/hi/:user', (req, res) => {
08      res.send('Hi: ' + req.params.user);
09  });
10
11  // 省略了未修改的代码
```

修改 index.js 代码后重启服务。

访问 localhost:8080/hi/1001，输出结果如下：

```
curl localhost:8080/hi/1001
Hi: id=1001
```

访问 localhost:8080/hi/XiaoMing，输出结果如下：

```
curl localhost:8080/hi/XiaoMing
Hi: XiaoMing
```

注意：因为 Express 会自上而下地根据请求路径进行匹配，所以这里的正则匹配定义在前面。

请求体可以通过 Express 的 req.body 进行访问，但是需要使用请求体解析的中间件，否则会得到 undefined 值。中间件是 Express 中一个非常重要的概念，而 Express 是一个自身功能极简、完全由路由和中间件构成的 Web 开发框架。从本质上说，一个 Express 应用就是在调用各种中间件。从概念上讲，中间件是一种功能的封装方式，具体来说就是封装在程序中处理 HTTP 请求的功能。

为了便于理解，可以把 Express 应用想象成一个送水管道：水从一端注入，到达下游之前会按顺序经过各种仪表和阀门，每一个阀门都会向下游的水流中添加一些新的东西。如果把 HTTP 请求的处理过程比作水流，那么中间件就是这些仪表和阀门。在 Express 中，通过调用 app.use()方法向"管道"中插入中间件。

例如，要对 Express 中的每一个请求进行记录并打印日志，可以选择在每一个定义的路由中编写 console.log()语句：

```
01  app.get('/hi/:user', (req, res) => {
02      console.log('request log ' + new Date());
03      res.send('Hi: ' + req.params.user);
04  });
```

但是，如此一来就需要在所定义的每一个路由中都插入同样的输出语句，这在增加工作量的同时也会造成代码难以维护的问题。试想如果某天需要改变输出日志的内容，那么开发者需要对每一个路由进行修改。

如果使用中间件，上述问题解决起来就会方便很多。

```
01  const express = require('express');
02  const app = express();
03
04  app.use(function (req, res, next) {
05      console.log('request log ' + new Date());
06      next();
07  });
08
09  // 省略了未修改的代码
```

这里需要注意的是中间件需要调用 next，否则，"管道"将在当前中间件终止。Express 中解析请求体的中间件很多，这里推荐使用 body-parser，安装命令如下：

```
npm install --save body-parser
```

然后使用 app.use()注册 body-parser 中间件。

之后就可以通过 req.body 获取请求体中的数据了。

```
01  const express = require('express');
02  const app = express();
03  const bodyParser = require('body-parser');
04
05  app.use(bodyParser());
06
07  app.use(function (req, res, next) {
08      console.log('request log ' + new Date());
09      next();
10  });
11
12  app.get('/', (req, res) => {
13      res.send('Hello World!');
14  });
15
16  app.get('/hi', (req, res) => {
17      res.send('Hi There!');
18  });
19
20  app.post('/hi', (req, res) => {
21      res.send('Hi: ' + JSON.stringify(req.body));
22  });
23
24  // 省略了未修改的代码
```

重启服务后，使用 cURL 访问请求地址 localhost:8080/hi，请求方式为 POST，请求体内容为 JSON 格式的数据。

```
curl localhost:8080/hi -X POST -H "Content-Type: application/json" -d
'{ "name": "XiaoMing" }'
```

请求发送后，可以看到 Node 服务的输出结果如下：

```
request log Mon Aug 10 2020 20:13:56 GMT+0800 (China Standard Time)
Hi: {"name":"XiaoMing"}
```

最后，当网络请求找不到路由匹配时，一个完善的应用通常还要考虑包括 404 在内的异常处理问题。此时可以在路由匹配的最后添加一个处理 404 异常的中间件：

```
01  // 省略了未修改的代码
02
03  app.use(function (req, res, next) {
04      res.send('404 Not Found')
05  });
06
07  app.listen(8080, () => {
08      console.log('Example app listening on port 8080!');
09  });
```

2．数据库lowdb

服务端开发通常需要考虑存储数据的问题，即选择适合的数据库。简单来说，数据库分为两大类：关系型数据库和非关系型数据库。

关系型数据库是指采用了关系模型来组织数据的数据库，它以行和列的形式存储数据，便于用户理解。关系型数据库的这一系列行和列被称为表，一组表组成了数据库。常用的关系型数据库有：

- DB2：官方网址为 https://www.ibm.com/analytics/db2；
- Microsoft SQL Server：官方网址为 https://www.microsoft.com/zh-cn/sql-server/sql-server-2019；
- MySQL：官方网址为 https://www.mysql.com/；
- Oracle Database：官方网址为 https://www.oracle.com/database/；
- PostgreSQL：官方网址为 https://www.postgresql.org/。

非关系型数据库也叫 NoSQL 数据库，即 Not only SQL。NoSQL 数据库可以解决大规模数据集合中存在多种数据类型的问题，尤其是大数据应用的难题。常用的非关系型数据库有：

- HBase：官方网址为 http://hbase.apache.org/；
- Memcached：官方网址为 https://memcached.org/；
- MongoDB：官方网址为 https://www.mongodb.com/；
- Redis：官方网址为 https://redis.io/。

相比于关系型数据库，非关系型数据库更加灵活，易于拓展。

除了上述常用的 NoSQL 数据库外，还有一款轻量级的本地存储 lowdb（下载网址为 https://github.com/typicode/lowdb），它适用于构建不依赖数据库服务器的项目，如 Node、Electron 和浏览器等小型项目。

💡提示：关于常用的 NoSQL 数据库，MongoDB 可以参考第 8 章，Redis 可以参考第 7 章。

这里介绍如何使用 lowdb 来实现该项目。

（1）安装相关的依赖包：

```
npm install --save lowdb
```

（2）新建 demo_file.js 文件，代码如下：

```
01  const low = require('lowdb');
02  const FileSync = require('lowdb/adapters/FileSync');
03
04  const adapter = new FileSync('db.json');
05  const db = low(adapter);
06
07  db.defaults({ posts: [], user: {}, count: 0 })
08      .write()
09
10  db.get('posts')
11      .push({ id: 1, title: 'lowdb is awesome' })
12      .write()
13
14  db.set('user.name', 'XiaoMing')
15      .write()
16
17  db.update('count', n => n + 1)
18      .write()
```

（3）执行上述代码：

```
node demo_file.js
```

此时，生成 db.json 文件：

```
{
    "posts": [
        {
            "id": 1,
            "title": "lowdb is awesome"
        }
    ],
    "user": {
        "name": "XiaoMing"
    },
    "count": 1
}
```

除了上述基于文件的数据存储方式之外，lowdb 还支持基于内存的数据存储方式，代码如下：

```
01  const fs = require('fs')
02  const low = require('lowdb')
03  const FileSync = require('lowdb/adapters/FileSync')
04  const Memory = require('lowdb/adapters/Memory')
05
06  const db = low(
07      process.env.NODE_ENV === 'test'
08          ? new Memory()
09          : new FileSync('db.json')
10  )
```

```
11
12  db.defaults({ posts: [] })
13      .write()
14
15  db.get('posts')
16      .push({ title: 'lowdb' })
17      .write()
```

关于 lowdb 的更多用法，将会在 5.4 节中详细介绍。

5.4　项　目　开　发

在理解了产品需求和原型，做好相应的技术选型之后，现在终于可以进入项目开发阶段了。正式开发之前，请读者再次确认已经准备好了如下环境：

- Node 和 NPM；
- create-react-app 工具。

5.4.1　文章列表

1．后端项目搭建

（1）对于后端项目，可以使用 Express 官方提供的工具 express-generator 来初始化项目：

```
npm install -g express-generator
express website-server
cd website-server
npm install
```

项目初始化成功后，结构如下：

```
01  ├── app.js
02  ├── bin
03  └── www
04  ├── package.json
05  ├── public
06      ├── images
07      ├── javascripts
08      └── stylesheets
09          └── style.css
10  ├── routes
11      ├── index.js
12      └── users.js
13  └── views
14      ├── error.jade
15      ├── index.jade
16      └── layout.jade
```

其中：

- app.js 文件包含应用的主体逻辑；
- bin/www 是项目入口文件，定义了监听端口号等参数；
- routes 存放路由的配置，例如 routes/index.js 的代码如下；

```
01  var express = require('express');
02  var router = express.Router();
03
04  /* GET home page. */
05  router.get('/', function(req, res, next) {
06      res.render('index', { title: 'Express' });
07  });
08
09  module.exports = router;
```

- views 存放页面渲染使用的模板文件，默认基于 Jade 模板引擎。

（2）使用 npm scripts 启动项目。

```
npm start
```

（3）使用 cURL 命令行工具请求地址。

```
curl localhost:3000
```

返回结果如下：

```
01  <!DOCTYPE html>
02  <html>
03
04  <head>
05      <title>Express</title>
06      <link rel="stylesheet" href="/stylesheets/style.css">
07  </head>
08
09  <body>
10      <h1>Express</h1>
11      <p>Welcome to Express</p>
12  </body>
13
14  </html>
```

2．文章列表API

后端项目搭建完毕后，下面开发文章列表 API。

（1）安装相关依赖包。

```
npm install --save lowdb moment
```

📖 小知识：moment.js（http://momentjs.cn/）是一款 JavaScript 日期处理类库，功能非常强大。

（2）新建文章路由文件 routes/articles，代码如下：

```
01  const express = require('express');
02  const router = express.Router();
03
```

```
04  const moment = require('moment');
05
06  const low = require('lowdb');
07  const FileSync = require('lowdb/adapters/FileSync');
08  const adapter = new FileSync('db.json');
09  const db = low(adapter);
10
11  db.defaults({ posts: [] })
12     .write()
13
14  router.get('/', function (req, res, next) {
15     if (req.query.search_text) {
16        const posts = db.get('posts')
17           .find({ content: req.query.search_text })
18           .value()
19        res.send(posts);
20     } else {
21        res.send(db.get('posts'));
22     }
23  });
24
25  router.post('/', function (req, res, next) {
26     const article = {
27        id: db.get('posts').size().value() + 1,
28        created_at: moment().format('YYYY-MM-DD HH:mm:ss').toString(),
29        update_at: moment().format('YYYY-MM-DD HH:mm:ss').toString(),
30        ...req.body
31     }
32     db.get('posts')
33        .push(article)
34        .write()
35
36     res.send(article);
37  });
38
39  module.exports = router;
```

（3）注册文章路由至 app.js：

```
01  // 省略了未修改的代码
02
03  var indexRouter = require('./routes/index');
04  var usersRouter = require('./routes/users');
05  var articlesRouter = require('./routes/articles');
06
07  // 省略了未修改的代码
08
09  app.use('/', indexRouter);
10  app.use('/users', usersRouter);
11  app.use('/articles', articlesRouter);
12
13  // 省略了未修改的代码
```

（4）使用 npm scripts 启动项目。

```
npm start
```

（5）调用新建文章接口，添加数据：

```
curl -X POST 'http://localhost:3000/articles' \
-H 'Content-Type: application/json' \
-d '{
    "title": "title1",
    "subtitle": "subtitle1",
    "content": "content1",
    "comments": [],
    "author": "Jack"
}'
```

添加成功后新建文章接口返回信息如下：

```
{"id":1,"created_at":"2020-04-03 08:59:55","update_at":"2020-04-03 08:59:55",
"title":"title1","subtitle":"subtitle1","content":"content1","comments"
:[],"author":"Jack"}
```

（6）验证文章列表的接口。

```
curl 'http://localhost:3000/articles' | json
```

（7）验证成功后获取文章列表数据：

```
[
    {
        "id": 1,
        "created_at": "2020-04-03 08:59:55",
        "update_at": "2020-04-03 08:59:55",
        "title": "title1",
        "subtitle": "subtitle1",
        "content": "content1",
        "comments": [],
        "author": "Jack"
    }
]
```

📖 **小知识**：这里使用了 JSON（http://trentm.com/json/），它是一款轻量的用于格式化终端 JSON 输出的小工具，使用前需要全局安装，安装命令为 npm install -g json。

3．前端项目搭建

（1）对于前端的项目，这里使用 create-react-app 工具来初始化项目：

```
create-react-app website-client
cd website-client
```

项目初始化成功后，其项目结构如下：

```
01  ├── README.md
02  ├── package.json
03  ├── public
04  │   ├── favicon.ico
05  │   ├── index.html
06  │   ├── logo192.png
07  │   ├── logo512.png
08  │   ├── manifest.json
```

```
09  │      └─ robots.txt
10  ├─ src
11  │      ├─ App.css
12  │      ├─ App.js
13  │      ├─ App.test.js
14  │      ├─ index.css
15  │      ├─ index.js
16  │      ├─ logo.svg
17  │      ├─ serviceWorker.js
18  │      └─ setupTests.js
19  └─ yarn.lock
```

其中：

- public 存放静态资源；
- src 存放待编译的项目代码，包括 JavaScript 和 CSS 文件；
- package.json 和 yarn.lock 是项目配置和依赖管理的相关文件。

（2）由于该项目包含了多个页面，为了更加方便地组织代码，在 src 目录下创建 pages 文件夹，用于存放不同页面对应的 React 组件。同时，在 pages 文件夹下为文章列表页面创建文件夹 Articles。

```
mkdir src/pages
mkdir src/pages/Articles
```

（3）在 Articles 目录下新建一个包含页面组件的 index.js 文件，代码如下：

```
01  import React from 'react';
02
03  class Articles extends React.Component {
04      render() {
05          return <p>Articles</p>
06      }
07  }
08
09  export default Articles;
```

由于该项目包含了多个页面，这里还需要引入 React Router 来管理路由。

React Router 是完整的 React 路由解决方案，作用是保持 UI 与 URL 同步。它拥有简单的 API 与强大的功能。例如，代码缓冲加载、动态路由匹配，以及建立正确的位置过渡处理等。

（4）和其他依赖一样，首先使用 NPM 安装 React Router：

```
npm install --save react-router react-router-dom
```

（5）新建./src/routes.js 文件，代码如下：

```
01  import React from 'react';
02  import { Route, BrowserRouter, Redirect, Switch } from 'react-router-
    dom';
03  import Articles from './pages/Articles';
04
05  const Routes = (props) => (
06      <BrowserRouter {...props}>
```

```
07          <Switch>
08              <Route exact path="/articles" component={Articles} replace />
09              <Redirect to='/articles' />
10          </Switch>
11      </BrowserRouter>
12  );
13
14  export default Routes;
```

（6）修改入口文件./src/index.js。

```
01  import React from 'react';
02  import ReactDOM from 'react-dom';
03  import Routes from './routes';
04
05  ReactDOM.render(
06      <Routes />,
07      document.getElementById('root')
08  );
```

（7）使用如下 npm scripts 运行项目。

```
npm start
```

此时，通过浏览器访问 http://localhost:3000/，会重定向到 http://localhost:3000/articles，并显示 Articles。

📖 **小知识**：作为 Facebook 的官方 React 脚手架工具，create-react-app 工具非常方便易用，这主要得益于其将配置好的如 Webpack、Babel、ESLint 都合并到 react-scripts 的 NPM 包中，实现了开箱即用。例如，对于开发阶段来说，修改完代码可以实现自动加载页面的效果。

4. 文章列表页面

（1）通过 NPM 安装 Material-UI 如下：

```
npm install --save @material-ui/core
```

（2）完善文章列表页面组件，修改./src/pages/Articles/index.js 文件，代码如下：

```
01  import React from 'react';
02  import { Button, Container, Card, CardActions, Grid, TextField } from
    '@material-ui/core';
03
04  export default class Articles extends React.Component {
05      constructor(props) {
06          super(props)
07          this.state = {
08              articles: [{
09                  title: 'title',
10                  subtitle: 'subtitle',
11              }],
12              search_text: '',
```

```
13              }
14          }
15      render() {
16          return (
17              <div>
18                  <Container maxWidth="md">
19                      <Card style={{ padding: '20px' }}>
20                          <Grid container>
21                              <Grid item xs={6}>
22                                  <TextField
23                                      placeholder="搜索标题或内容"
24                                      value={this.state.search_text}
25                                      onChange={e => {
26                                          this.setState({ search_text: e.target.
                                           value });
27                                      }}
28                                  />
29                              </Grid>
30                              <Grid item xs={6}>
31                                  <Button color="primary" variant="contained">
32                                      Search!
33                                  </Button>
34                              </Grid>
35                          </Grid>
36                      </Card>
37                      {
38                          this.state.articles.length ?
39                              this.state.articles.map(item =>
40                                  <Card style={{ padding: '16px' }} key=
                                   {item.id}>
41                                      <p>{item.title}</p>
42                                      <span>{item.subtitle}</span>
43                                      <CardActions>
44                                          <Button size="small">Learn More
                                           </Button>
45                                      </CardActions>
46                                  </Card>
47                              ) : null
48                      }
49                  </Container>
50              </div>
51          )
52      }
53  }
```

上述代码中，按需引入了 Material-UI 的部分组件，分别是 Button（按钮）、Container
（容器）、Card（卡片）、CardActions（卡片动作）、Grid（栅格）和 TextField（文本输入框）。
在组件的 state 中存放文章列表 articles 和搜索字段 search_text。

重新启动服务，文章列表页面效果如图 5.6 所示。

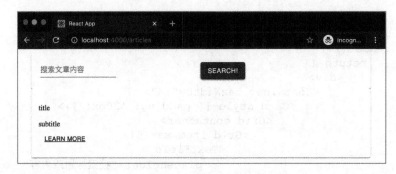

图 5.6　文章列表页面

（3）通过调用接口的方式获取文章列表的数据，在上述组件内加入 fetchArticles()方法：

```
01    fetchArticles() {
02        fetch(`http://localhost:3000/articles?search_text=${this.state.
          search_text}`).then(res => {
03            return res.json()
04        }).then(res => {
05            this.setState({ articles: res });
06        }).catch(e => {
07            alert('获取文章列表失败')
08        })
09    }
```

（4）修改 "SEARCH！" 按钮，添加单击搜索功能。

```
01    <Button onClick={this.fetchArticles.bind(this)} color="primary"
      variant="contained">
02        Search!
03    </Button>
```

（5）在 componentDidMount 生命周期钩子方法中获取文章列表。

```
01    componentDidMount() {
02        this.fetchArticles();
03    }
```

（6）使用如下 npm scripts 运行项目。

```
PORT=4000 npm start
```

💡提示：由于 Node 服务端项目的默认端口是 3000，所以这里将 React 前端项目的端口修改为 4000，以避免服务端口冲突。

文章列表数据未正常显示，检查浏览器的开发者工具，发现了如图 5.7 所示的错误。

图 5.7　文章列表接口错误

原来，在域名为 http://localhost:4000/的前端页面，访问域名为 http://localhost:3000/的

后端接口时违反了浏览器的同源策略，导致 HTTP 请求失败。

　　小知识：同源策略（Same Origin Policy）是一种约定，它规定了从同一个源加载的文档或脚本如何与来自另一个源的资源进行交互，是浏览器最核心、最基本的安全功能。如果两个页面的协议、端口和主机都相同，则两个页面具有相同的源。

5. CORS跨域

解决上述同源策略限制问题有多种方法，其中最常用的是 CORS 跨域。

CORS（Cross-Origin Resource Sharing，跨源资源分享）使用额外的 HTTP 头告诉浏览器，准许运行在一个 origin（domain）上的 Web 应用访问来自不同源服务器上的指定资源。

　　提示：关于同源策略和解决跨域问题的更多介绍，可以参考第 7 章的内容。

（1）在服务端项目中安装 cors 依赖包：

```
npm install --save cors
```

（2）在 app.js 中引入 CORS 中间件并配置参数：

```
01  var createError = require('http-errors');
02  var express = require('express');
03  var path = require('path');
04  var cookieParser = require('cookie-parser');
05  var logger = require('morgan');
06  var cors = require('cors');
07
08  var indexRouter = require('./routes/index');
09  var usersRouter = require('./routes/users');
10  var articlesRouter = require('./routes/articles');
11
12  var app = express();
13
14  // view engine setup
15  app.set('views', path.join(__dirname, 'views'));
16  app.set('view engine', 'jade');
17
18  app.use(cors({
19      origin: ['http://localhost:4000'],
20      methods: ['GET', 'POST', 'PATCH'],
21      allowHeaders: ['Content-Type']
22  }));
23
24  // 省略了未修改的代码
```

上述代码中的 cors 配置分别是：

- origin：指定允许的请求源；
- methods：指定允许的请求类型；
- allowHeaders：指定允许的请求头。

（3）重启服务端 Node 项目，刷新浏览器即可成功获取文章列表，效果如图 5.8 所示。

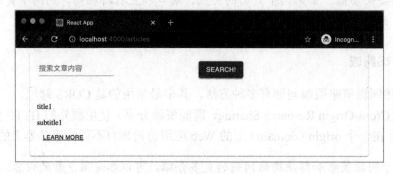

图 5.8　CORS 跨域效果展示

至此，文章列表功能便全部实现了。读者在掌握了前后端开发的完整流程之后，后面的开发将会更加简单、快速。

5.4.2　文章详情与评论

1．文章详情API

想要获取文章详情，可以通过唯一标识符进行查找。本例中唯一的标识符就是数据库中每个文档的 ID。因此在设计文章详情接口时，需要接收这样一个 ID。

（1）在./routes/articles.js 文件中新增文章详情接口：

```
01  // 省略了未修改的代码
02
03  router.get('/:id', function (req, res, next) {
04      const post = db.get('posts')
05          .find({ id: parseInt(req.params.id) })
06          .value();
07      res.send(post);
08  });
09
10  // 省略了未修改的代码
```

需要注意的是，req.params.id 是字符串类型数据，而 lowdb 中存储的 ID 是整型，因此这里需要做类型转换，否则会查找不到文章详情数据。

（2）使用 cURL 工具请求接口。

```
curl localhost:3000/articles/1 | json
```

调用成功后返回文章详情如下：

```json
{
    "id": 1,
    "created_at": "2020-04-03 08:59:55",
    "update_at": "2020-04-03 08:59:55",
    "title": "title1",
    "subtitle": "subtitle1",
    "content": "content1",
    "comments": [],
    "author": "Jack"
}
```

2. 文章详情页面

（1）在 pages 文件夹下为文章详情页面创建文件夹 ArticleDetail。

```
mkdir src/pages/ArticleDetail
```

（2）在 ArticleDetail 目录下新建一个包含页面组件的 index.js 文件，代码如下：

```
01  import React from 'react';
02  import { Container, Card } from '@material-ui/core';
03
04  export default class ArticleDetail extends React.Component {
05      constructor(props) {
06          super(props)
07          this.state = {
08              article: {},
09          }
10      }
11      componentDidMount() {
12          this.fetchArticle()
13      }
14      fetchArticle() {
15          fetch(`http://localhost:3000/articles/${this.props.match.params.
            id}`).then(res => {
16              return res.json()
17          }).then(res => {
18              this.setState({ article: res });
19          }).catch(e => {
20              alert('获取文章详情失败');
21          })
22      }
23      render() {
24          const { article } = this.state;
25          return (
26          <div>
27              <Container maxWidth="md">
28                  <Card>
29                      <h1>{article.title}</h1>
30                      <h5>{article.subtitle}</h5>
31                      <span>---{article.author} at {article.created_at
                        }</span>
32                      <p>{article.content}</p>
33                  </Card>
34              </Container>
35          </div>
```

```
36            )
37        }
38    }
```

（3）在 routes.js 中添加 react-router 配置，使以上文件对应的页面可访问。

```
01  import React from 'react';
02  import { Route, BrowserRouter, Redirect, Switch } from 'react-router-
    dom';
03  import Articles from './pages/Articles';
04  import ArticleDetail from './pages/ArticleDetail';
05
06  const Routes = (props) => (
07      <BrowserRouter {...props}>
08          <Switch>
09              <Route exact path="/articles" component={Articles} replace />
10              <Route exact path="/articles/:id" component={ArticleDetail}
                replace />
11              <Redirect to='/articles' />
12          </Switch>
13      </BrowserRouter>
14  );
15
16  export default Routes;
```

（4）重启服务端 Node 项目，通过浏览器访问 http://localhost:4000/articles/1 即可成功
获取文章详情，效果如图 5.9 所示。

title1

subtitle1

---Jack at 2020-04-03 08:59:55

content1

图 5.9 文章详情页面

（5）还可以修改文章列表页面：当单击 Learn More 按钮时，跳转至相应文章详情页。
这里修改 src/pages/Articles/index.js 文件，代码如下：

```
01  import React from 'react';
02  import { Button, Container, Card, CardActions, Grid, TextField } from
    '@material-ui/core';
03  import { Link } from 'react-router-dom';
04
05  export default class Articles extends React.Component {
06      // 省略了未修改的代码
07
08      render() {
09          return (
10              // 省略了未修改的代码
11
12              <CardActions>
```

```
13                <Link to={`articles/${item.id}`}>
14                    <Button size="small">Learn More</Button>
15                </Link>
16            </CardActions>
17
18            // 省略了未修改的代码
19        )
20    }
21 }
```

3．文章评论API

实现文章详情基本功能后，下面接着为文章添加评论功能。

（1）在./routes/articles.js 文件中新增文章评论的接口：

```
01 // 省略了未修改的代码
02
03 router.post('/:id/comments', function (req, res, next) {
04     const id = req.params.id;
05     const comment = req.body.comment;
06
07     const post = db.get('posts')
08         .find({ id: parseInt(id) });
09     const comments = post.value()['comments'];
10     comments.push(comment);
11     post.assign({ comments }).write();
12     res.send(post);
13 });
14
15 module.exports = router;
```

（2）重启 Node 项目。然后使用 cURL 工具请求接口。

```
curl -X POST 'localhost:3000/articles/1/comments' \
-H 'Content-Type: application/json' \
-d '{
      "comment": "Cool"
}' | json
```

调用成功后返回文章评论如下：

```
{
   "id": 1,
   "created_at": "2020-04-03 08:59:55",
   "update_at": "2020-04-03 08:59:55",
   "title": "title1",
   "subtitle": "subtitle1",
   "content": "content1",
   "comments": [
      "Cool"
   ],
   "author": "Jack"
}
```

4．文章评论页面

由于评论功能会添加至文章详情页面，修改 src/pages/ArticleDetail/index.js 如下：

```
01  import React from 'react';
02  import { Button, Container, Card, Paper, TextField } from '@material-
    ui/core';
03
04  export default class ArticleDetail extends React.Component {
05      constructor(props) {
06          super(props)
07          this.state = {
08              article: {},
09              comment: ''
10          }
11      }
12
13      // 省略了未修改的代码
14
15      commitComment() {
16          fetch(`http://localhost:3000/articles/${this.props.match.
            params.id}/comments`, {
17              method: "POST",
18              body: JSON.stringify({ comment: this.state.comment }),
19              headers: new Headers({
20                  'Content-Type': 'application/json'
21              })
22          }).then(res => {
23              return res.json();
24          }).then(res => {
25              this.setState({ comment: "" });
26              this.fetchArticle();
27          }).catch(e => {
28              alert('提交文章评论失败');
29          })
30      }
31      render() {
32          const { article } = this.state;
33          return (
34              <div>
35                  <Container maxWidth="md">
36                      // 省略了未修改的代码
37
38                      <Paper>评论列表</Paper>
39                      {article && article.comments ?
40                          article.comments.map((item) =>
41                              <Card>
42                                  <p>{item}</p>
43                              </Card>
44                          )
45                          : null}
46                      <TextField
47                          style={{ marginTop: 16 }}
```

```
48                    value={this.state.comment}
49                    placeholder="请输入评论"
50                    fullWidth
51                    onChange={e => {
52                        this.setState({ comment: e.target.value })
53                    }}
54                  />
55                  <Button
56                    style={{ float: "right", marginTop: 16 }}
57                    color="primary"
58                    onClick={this.commitComment.bind(this)}
59                  >
60                    发表评论
61                  </Button>
62               </Container>
63           </div>
64       )
65     }
66 }
```

上述文章评论页面分为两个部分：评论列表和发表评论。

此时，通过浏览器刷新 http://localhost:4000/articles/1 即可成功查看文章评论，效果如图 5.10 所示。

图 5.10　文章评论页面

5.4.3　文章编辑

前面完成了文章列表、文章详情与评论的功能。本小节来实现文章编辑的功能。

1．文章编辑API

（1）仍然是在./routes/articles.js 文件中新增文章编辑的接口：

```
01  // 省略了未修改的代码
02
03  router.patch('/:id', function (req, res, next) {
04      const id = req.params.id;
05      const content = req.body.content;
06
07      const post = db.get('posts')
08          .find({ id: parseInt(id) })
09      post.assign({ content })
10          .write()
11      res.send(post);
12  });
13
14  // 省略了未修改的代码
```

> 提示：按照 RESTful 架构风格，这里的文章编辑接口使用了 patch 方法，相比 put 方法的全部更新，patch 适用于部分更新。关于 RESTful 架构风格的更多介绍，可以参考第 3 章的内容。

（2）重启 Node 项目。然后使用 cURL 工具请求接口。

```
curl -X PATCH 'localhost:3000/articles/1' \
-H 'Content-Type: application/json' \
-d '{
        "content": "new content"
}' | json
```

调用成功后返回文章编辑后的内容如下：

```
{
    "id": 1,
    "created_at": "2020-04-03 08:59:55",
    "update_at": "2020-04-03 08:59:55",
    "title": "title1",
    "subtitle": "subtitle1",
    "content": "new content",
    "comments": [
        "Cool"
    ],
    "author": "Jack"
}
```

2．文章编辑页面

文章编辑页面是一个全新的页面。
（1）仍然是在 pages 文件夹下为文章编辑页面创建相应的文件夹。

```
mkdir src/pages/ArticleEdit
```

（2）在 ArticleEdit 目录下新建一个包含页面组件的 index.js 文件，代码如下：

```
01  iimport React from 'react';
02  import { Button, Card, Container, Paper, TextareaAutosize } from
    '@material-ui/core';
03
04  export default class ArticleEdit extends React.Component {
05      constructor(props) {
06          super(props)
07          this.state = {
08              article: {}
09          }
10      }
11      componentDidMount() {
12          this.fetchArticle()
13      }
14      fetchArticle() {
15          fetch(`http://localhost:3000/articles/${this.props.match.
            params.id}`).then(res => {
16              return res.json()
17          }).then(res => {
18              this.setState({ article: res });
19          }).catch(e => {
20              alert('获取文章详情失败');
21          })
22      }
23      editArticle() {
24          fetch(`http://localhost:3000/articles/${this.props.match.
            params.id}`, {
25              method: "PATCH",
26              body: JSON.stringify({ content: this.state.article.content }),
27              headers: new Headers({
28                  'Content-Type': 'application/json'
29              })
30          }).then(res => {
31              return res.json();
32          }).then(res => {
33              this.props.history.push(`/articles/${this.props.match.
                params.id}`)
34          }).catch(e => {
35              alert('编辑文章内容失败');
36          })
37      }
38      render() {
39          const { article } = this.state;
40          return (
41              <div>
42                  <Container maxWidth="md">
43                      <Card>
44                          <Paper style={{ marginBottom: 16 }}>{article.
                            title}</Paper>
45                          <TextareaAutosize
46                              style={{ width: "100%" }}
47                              value={article.content}
48                              onChange={e => {
```

```
49                              this.setState({ article: { ...article,
                             content: e.target.value } })
50                          }}
51                      />
52                      <Button
53                          style={{ float: "right", marginTop: 16 }}
54                          color="primary"
55                          onClick={this.editArticle.bind(this)}
56                      >
57                          提交
58                      </Button>
59                  </Card>
60              </Container >
61          </div >
62      )
63  }
64 }
```

（3）在 routes.js 中添加 react-router 配置，使以上文件对应的文章编辑页面可以访问。

```
01 import React from 'react';
02 import { Route, BrowserRouter, Redirect, Switch } from 'react-router-
   dom';
03 import Articles from './pages/Articles';
04 import ArticleDetail from './pages/ArticleDetail';
05 import ArticleEdit from './pages/ArticleEdit';
06
07 const Routes = (props) => (
08     <BrowserRouter {...props}>
09         <Switch>
10             <Route exact path="/articles" component={Articles} replace />
11             <Route exact path="/articles/:id" component={ArticleDetail}
               replace />
12             <Route exact path="/articles/:id/edit" component={ArticleEdit}
               replace />
13             <Redirect to='/articles' />
14         </Switch>
15     </BrowserRouter>
16 );
17
18 export default Routes;
```

（4）在浏览器中访问 http://localhost:4000/articles/1/edit 即可进行文章编辑，效果如图 5.11 所示。

图 5.11　文章编辑页面

至此，一个简单但功能完整的单页面评论系统即开发完毕。

5.5 测 试 部 署

如 5.1 节介绍的，开发阶段完成之后，还需要测试、部署、上线才算完成完整的研发生命周期。

📖 **小知识**：敏捷开发（Agile Development）现在越来越流行，虽然其主张快速迭代开发的思想，目的是实现尽早交付或持续交付以降低风险，但是 5.1 节的内容仍然是基础。

5.5.1 接口测试

测试是一项很庞大且复杂的工作，简单来说：
- 按照测试方法分类，测试分为白盒测试和黑盒测试等；
- 按照测试阶段分类，测试分为单元测试、集成测试、系统测试和回归测试等；
- 按照测试内容分类，测试分为功能测试、性能测试、负载测试、安全性测试和兼容性测试等。

由于篇幅限制，本章只介绍接口测试，也可以称之为单元测试。

对于 Node 开发的服务端项目，可选的接口测试工具有很多，包括：
- Jest（https://jestjs.io/）；
- Mocha（https://mochajs.org/）；
- Jasmine（https://jasmine.github.io/index.html）。

这里基于 Mocha 介绍 Node 项目的接口测试，其他测试框架大同小异。

Mocha 是一个功能丰富的 JavaScript 测试框架，运行在 Node 和浏览器中，使异步测试变得简单、有趣。

1. 测试接口的功能

（1）通过 NPM 安装相关依赖包：

```
npm install --save-dev mocha chai chai-http
```

由于需要测试 HTTP 接口，所以同时安装了 HTTP 断言工具 chai 和 chai-http。

（2）新建测试目录 test，同时新建测试文件./test/articles.spec.js，代码如下：

```
01  let chai = require('chai');
02  let chaiHttp = require('chai-http');
03  let app = require('../app');
04
```

```
05    let should = chai.should();
06    chai.use(chaiHttp);
07
08    describe('App', () => {
09        it('should respond status 200', (done) => {
10            chai.request(app)
11                .get('/articles')
12                .end((err, res) => {
13                    res.should.have.status(200);
14                    done();
15                });
16        });
17    });
```

（3）编辑 package.json 文件，新增测试 NPM 脚本。

```
01    {
02        // 省略了未修改的代码
03
04        "scripts": {
05            "start": "node ./bin/www",
06            "test": "mocha"
07        },
08
09        // 省略了未修改的代码
10    }
```

（4）执行接口测试如下：

```
npm run test
```

此时，接口测试报告如图 5.12 所示。

2．测试接口的代码覆盖率

除了测试接口的功能，还可以测试接口的代码覆盖率。这里需要用到另外一个工具 nyc（https://istanbul.js.org/）。

```
npm install --save-dev nyc
```

修改 package.json 文件中的 NPM 脚本：

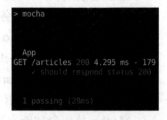

图 5.12　接口测试报告

```
01    {
02        // 省略了未修改的代码
03
04        "scripts": {
05            "start": "node ./bin/www",
06            "test": "nyc mocha"
07        },
08
09        // 省略了未修改的代码
10    }
```

再次执行接口测试如下：

```
npm run test
```

此时接口测试报告更加丰富，还包括代码覆盖率，效果如图 5.13 所示。

```
> nyc mocha



  App
GET /articles 200 3.288 ms - 179
    ✓ should respond status 200


  1 passing (24ms)

-------------------------|---------|----------|---------|---------|-------------------------
File                     | % Stmts | % Branch | % Funcs | % Lines | Uncovered Line #s
-------------------------|---------|----------|---------|---------|-------------------------
All files                |    66.2 |        0 |   11.11 |    66.2 |
 website-server          |   82.76 |        0 |       0 |   82.76 |
  app.js                 |   82.76 |        0 |       0 |   82.76 | 36,42-47
 website-server/routes   |   54.76 |      100 |   14.29 |   54.76 |
  articles.js            |   46.88 |      100 |      20 |   46.88 | 19-22,26-33,37-47,51-59
  index.js               |      80 |      100 |       0 |      80 | 6
  users.js               |      80 |      100 |       0 |      80 | 6
-------------------------|---------|----------|---------|---------|-------------------------
```

图 5.13　包含代码覆盖率的接口测试报告

5.5.2　项目部署

在项目部署之前，需要做好以下开发环境和工具的准备工作。

- Linux 服务器：这里推荐 Ubuntu Server（https://ubuntu.com/download/server）；
- Node 环境：搭建步骤参考第 1 章；
- PM2 和 Nginx：安装步骤参考第 4 章。

开发环境准备好后，还需要确定服务的域名。

- 后端服务域名：reactnode-api.com；
- 前端服务域名：reactnode.com。

同时，修改项目中的域名地址：

- Node 项目 app.js 中的 CORS 跨域 origin 修改为 reactnode.com；
- React 项目中的接口域名 localhost:3000 修改为 reactnode-api.com。

1．后端部署

（1）使用 PM2 启动 Node 服务。

```
pm2 start bin/www
```

（2）验证 Node 服务启动是否成功。

```
curl localhost:3000/articles | json
```

接口获取成功时返回结果如下：

```
[
    {
```

```
        "id": 1,
        "created_at": "2020-04-03 08:59:55",
        "update_at": "2020-04-03 08:59:55",
        "title": "title1",
        "subtitle": "subtitle1",
        "content": "new content",
        "comments": [
            "Cool"
        ],
        "author": "Jack"
    }
]
```

（3）修改 Nginx 配置文件：

```
01  server {
02      listen 80;
03      server_name reactnode-api.com;
04
05      location / {
06          proxy_pass http://localhost:3000;
07      }
08  }
```

🔔提示：如果使用 Ubuntu 的 APT 包管理工具安装 Nginx，那么 Nginx 配置文件默认位于 /etc/nginx 下。

（4）测试 Nginx 配置文件并重新加载配置。

```
nginx -t
nginx -s reload
```

（5）修改本地的/etc/hosts 文件解析上述域名。

```
127.0.0.1 reactnode-api.com
```

（6）测试域名接口：

```
curl reactnode-api.com/articles | json
```

接口获取成功时返回结果如下：

```
[
    {
        "id": 1,
        "created_at": "2020-04-03 08:59:55",
        "update_at": "2020-04-03 08:59:55",
        "title": "title1",
        "subtitle": "subtitle1",
        "content": "new content",
        "comments": [
            "Cool"
        ],
        "author": "Jack"
    }
]
```

2．前端部署

（1）打包前端项目：

```
npm run build
```

（2）将编译后的文件复制至指定文件夹中。

```
cp -R build/* /opt/sites
```

（3）修改 Nginx 配置文件：

```
01  server {
02      listen 80;
03      server_name reactnode.com;
04
05      location / {
06          root /opt/sites/;
07          try_files $uri $uri/ /index.html?$query_string;
08      }
09  }
```

（4）测试 Nginx 配置文件并重新加载配置。

```
nginx -t
nginx -s reload
```

（5）修改本地的/etc/hosts 文件解析上述域名。

```
127.0.0.1 reactnode.com
```

（6）使用浏览器打开 http://reactnode.com，成功访问文章列表页面，说明整个项目部署成功。

5.6　小　　结

本章以实现一个文章评论的小型项目为主线，介绍了以下内容：

- 软件研发的流程，主要包括产品设计、技术选型、项目开发及测试部署；
- 项目开发所使用的技术栈，主要包括 Fetch API、Material-UI、Express、lowdb 及常用的 CORS 跨域；
- 接口测试和后端、前端部署，主要包括 Mocha 接口测试方案、后端 PM2 和 Nginx 配置，以及前端打包和 Nginx 配置。

经过环境搭建、React 开发、Node 开发及测试部署和项目实战的练习，相信读者已经具备 React 和 Node 开发的基本能力了，后续将进入进阶学习。

第 3 篇
React 和 Node.js 进阶

第 6 章　React 进阶

此前，第 2 章介绍了以下内容：
- React 所基于的 JSX 语法；
- React 组件的定义及高阶组件；
- React 数据流，包括属性（Props）、状态（State）及状态管理 Redux 和 MobX；
- React 生命周期，包括挂载、卸载及状态更新。

接着通过第 5 章的实例，介绍了 React 项目开发的基本流程和方法。在掌握上述知识的前提下，本章会对 React 做更深一步的介绍，内容包括：
- 虚拟（Virtual）DOM：利用 JavaScript 对象来方便地表示 DOM 结构；
- React Diff 算法：针对虚拟 DOM 的一种稳定、高效的 Diff 算法；
- React Fiber：一种能够彻底解决主线程长时间占用问题的机制；
- Immutable.js：不可变数据集合的实现，用于改善 React 应用的性能；
- React Hook：React 16.8 版本新增的特性，可以让 Function 组件使用 State 和其他 React 功能。

6.1　虚拟 DOM

React 的一个优点就是使用了虚拟 DOM，与传统 DOM 相比，虚拟 DOM 性能更"快"。那么虚拟 DOM 为什么比传统 DOM 快呢？React 又是如何实现虚拟 DOM 的呢？

在介绍虚拟 DOM 之前，有必要先了解一下浏览器的渲染流程，具体如下：

（1）浏览器接收到一个 HTML 文件，渲染引擎会立即解析它，并将其 HTML 元素一一对应生成 DOM 节点，组成 DOM 树。

（2）浏览器解析来自 CSS 文件和元素上内联的样式，然后根据这些样式信息和上一步创建的 DOM 树再创建一棵渲染树。

（3）浏览器引擎根据渲染树计算出每个节点在其屏幕上应该出现的精确位置，并分配这组坐标，这样的过程称为"布局"。

（4）浏览器遍历渲染树，调用每一个节点的 paint 方法来绘制这些渲染对象，通过绘制过程，最终在屏幕上展示内容。

可以看到，一旦 DOM 树发生了更改，接下来的构建渲染树、布局和渲染的过程将会完全重做一遍。在单页面应用中，经常涉及大量的 DOM 操作，由此会引起多次计算。由于每一次 DOM 的操作都会触发以上流程，假设某个事件需要修改 30 个节点，那么浏览器将不可避免地需要重复 30 次以上流程（考虑在传统前端开发中，DOM 操作不会累计进行），造成巨大的性能损耗。

传统前端开发中，直接进行 DOM 操作的另一个弊端是 DOM 元素是很庞大的，例如打印一个简单的 div 标签，就可以看到真正的 DOM 元素非常庞大，这是其设计标准决定的。

相比 DOM 对象，JavaScript 对象处理起来更快、更简单。DOM 对象可以很容易地用 JavaScript 对象来表示。例如以下这段简单的 HTML 代码：

```
<p id='text'>Hello,<span class='textRed'>World!</span></p>
```

可以使用如下的 JavaScript 对象来表示：

```
01  var element = {
02      tagName: 'p',                    // 节点标签名
03      props: {                         // DOM 的属性，用一个对象存储键值对
04          id: 'text'
05      },
06      children: [                      // 该节点的子节点
07          "Hello,"
08          {
09              tagName: 'span',
10              props: { class: 'textRed' },
11              children: ["World!"]
12          },
13      ]
14  }
```

根据上述表示方式，所有的 DOM 节点都可以通过 JavaScript 对象来表示。这个过程在 React 中对应了 JSX 语法转换为 JavaScript 对象的过程。

例如在 React 项目中输出一段 JSX：

```
01  let dom = <p id="text">Hello,<span className="textRed">World!</span></p>
02  console.log(dom)
```

在浏览器控制台查看结果，如图 6.1 所示。

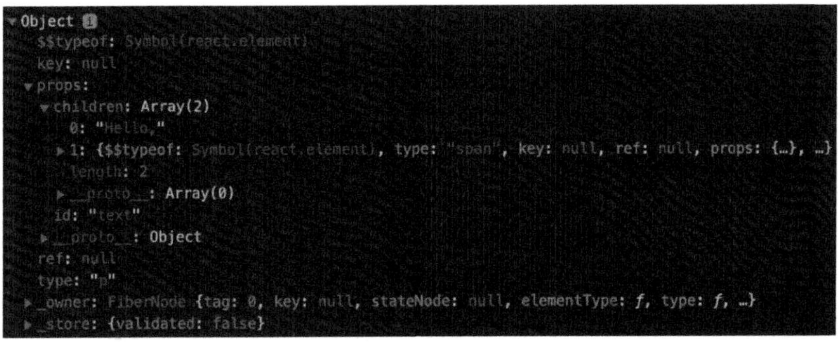

图 6.1　JSX 输出结果

🔔**注意**：注意图 6.1 中控制台查看的 DOM 对象中有一个\$\$typeof 属性，它的作用是使用
Symbol 类型进行校验以防止网络攻击者利用 React 的 dangerouslySetInnerHTML
API 进行 XSS 攻击（跨站脚本攻击）。Symbol 是 ES 6 中新增的基本数据类型，
常用于标识对象的属性名，以保证每个属性名都是独一无二的，避免属性名冲突。
更多关于 Symbol 的知识，可以参考 MDN 文档中的 Symbol 章节。

观察 props 中的内容结构，可以发现其和上文中的 element 对象十分相似。将 JSX 转
换为 JavaScript 对象是 Babel 编译器做的。反过来，也可以使用该 JavaScript 对象创建一棵
真正的 DOM 树，该过程是由 ReactDOM.render()实现的，具体如下：

```
01  let dom = <p id="text">Hello,<span className="textRed">World!</span>
    </p>
02  ReactDOM.render(dom, document.getElementById('root'));
```

启动项目并打开浏览器，可以看到"Hello,World!"被成功渲染了出来，在浏览器"元
素"（Elements）面板查看结构，如图 6.2 所示。

这种用 JavaScript 对象表示 DOM 树的模式就
称之为虚拟 DOM。使用虚拟 DOM 后，前文中事
件触发导致的 DOM 树重构、渲染树重构、布局和
渲染的过程得到了简化。当页面需要更新时，新的
执行过程如下：

图 6.2　JavaScript 对象渲染后的页面结构

（1）当状态变更时，得到一个新的 JavaScript 对象结构。

（2）采用 React Diff 算法比较新旧两个 JavaScript 对象，记录它们的差异。

（3）将上一步记录的差异应用到页面上的 DOM 树，更新视图。

🔔**提示**：React Diff 算法将在 6.2 节详细介绍。

综上所述，由于 JavaScript 直接操作 DOM 效率不高，所以在二者之间增加了一个类
似缓存的虚拟 DOM。JavaScript 只操作虚拟 DOM，最后再把变更写入 DOM。虚拟 DOM
变更时，对比新旧两个 JavaScript 对象的过程叫"协调"，其中涉及的 Diff 算法将在 6.2 节
介绍。

虚拟 DOM 可以将多次 DOM 操作整合成一次，提高了渲染效率。对于开发者来说，
它也将管理 DOM 这件事情自动化了，开发者只需要专注于编写状态对应的 DOM 结构，
不需要花费太多的精力关注修改 DOM 的过程，后者通常是烦琐且容易出错的。

6.2　Diff 算法

当页面更新时，其中一个步骤是 React 会对新旧虚拟 DOM 树进行比较，计算出两棵
树的差异，再针对真正的 DOM 树进行更新。其中比较两棵树的差异的算法便是 React Diff

算法。

　　然而基于传统的 Diff 算法，在比较两棵树的差异时，复杂度甚至能达到 O(n^3)，其中 n 代表节点数。又因为每次更新都是整体更新，即每次比较都需要对两棵树进行完整的比较，这就意味着如果节点有 1000 个时就要进行数十亿次的比较。如此大的计算量显然会对性能产生极大的影响，反应在用户体验上就是页面卡顿，这是任何前端框架都无法接受的。

　　要解决这种性能上的问题，就必须降低 Diff 算法的复杂度，但同时也要保证准确性。而 React 将传统 Diff 算法的复杂度从 O(n^3)优化到了 O(n)。这么大的性能提升，React 是如何做到的呢？

　　React 的优化主要基于以下两个假设：

- 两个不同类型的元素会产生不同的树；
- 对于同一层级的一组子元素，它们可以通过唯一 ID 进行区分。

　　实践中发现，这两个假设几乎在所有的场景下都成立。

6.2.1　Tree Diff 简介

　　基于 Web 页面上 DOM 节点跨层级移动比较少的情况，对比较树的算法进行了优化，即只对两棵树的同层次节点进行比较。在进行差异比较的过程中，React 对虚拟 DOM 节点进行了层级标记，只对比同一父节点下的子节点。如果在当前层级中找不到某个节点，则视为该节点已被删除，不再进行进一步的比较。Tree Diff（树差异）可以只通过一次循环就能比较整个 DOM 树。

　　在 React 中，树的 Diff 算法比较简单，即两棵树只会进行同层次节点的比较，如图 6.3 所示。

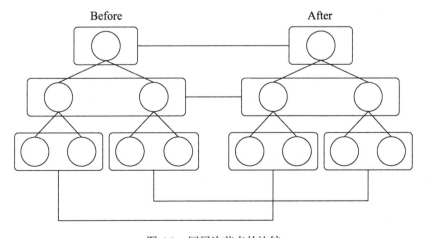

图 6.3　同层次节点的比较

在进行 Tree Diff 比较的过程中，React 对虚拟 DOM 节点进行了层级标记，只对比相同颜色框内的 DOM 节点，即同一个父节点下的所有子节点。如果在当前层级中找不到某个节点，则视为该节点及其子节点已被删除，不会进一步进行比较。而 Tree Diff 可以对树只进行一次遍历就能比较整个 DOM 树。

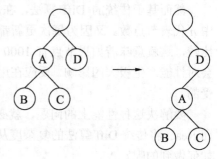

假如出现如图 6.4 所示的情况，将 A 节点及其子节点整体移到 D 节点下，其他不变。要完成这个操作，还是要进行完全删除和完全新建的过程，效率很低。所以官方建议不要进行 DOM 节点的跨层级移动操作。

图 6.4　跨层级节点的 DOM 操作

6.2.2　Component Diff 简介

相同组件生成相似的 DOM 结构，不同组件生成不同的 DOM 结构。当进行差异比较时，React 会根据是否是同一类型的组件采取不同的处理。

- 如果是相同的组件，按照原策略会继续比较虚拟 DOM 树；
- 如果是不同的组件，则不再进一步比较，而是删除原组件的节点，再新增新组件及其子组件的节点。

同时为了优化组件的差异比较时间，React 为用户提供了 shouldComponentUpdate()生命周期钩子，如果它返回 false，通常说明 DOM 并不需要更新，React 协调器也会跳过这一部分的差异比较，在某些场景下它可以节省大量时间。

6.2.3　Element Diff 简介

当节点处于同一层级时，React Diff 提供了插入、移动和删除 3 种操作。

- 插入：新的节点不在旧的节点集合里，需要对新节点进行插入操作；
- 移动：在旧的节点集合中含有新的节点类型，且 element 是可更新的类型，这种情况下可以复用以前的 DOM 节点，就需要进行移动操作；
- 删除：旧的节点在新的节点集合中不存在，或者其对应 element 是不可更新的类型导致不能直接复用，这种情况下需要进行删除操作。

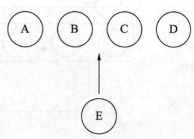

例如，如图 6.5 所示，尝试在 A-B-C-D 顺序的树中插入 E 节点，变为 A-B-E-C-D 顺序的新树。

这时的更新过程是将 C 更新成 E，D 更新成 C，

图 6.5　插入新的节点

最后再插入一个 D 节点，效果如图 6.6 所示。

可以看到，React 会逐个对节点进行更新，转换成新树中的节点，最后再插入节点 D。只是新增一个节点就涉及如此多的 DOM 操作。

为了优化这样的场景，React 提出了进一步的优化策略，即对同一层级的节点，可以添加唯一标识 key 进行区分。这样在比对时 React 就能找到正确的位置从而插入新节点，如图 6.7 所示。

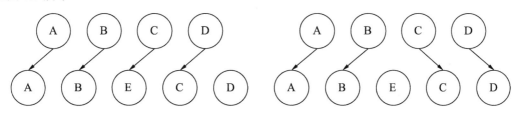

图 6.6　插入节点的过程　　　　　　　　　图 6.7　插入节点优化

可以看出，对同一层级下的节点添加唯一标识 key 可以优化 React Diff 的效率。

⚠ **注意**：在遍历渲染组件树时（如在 JSX 中对数组使用 map），不要使用其序号作为 key。

至此我们已经介绍了 React Diff 的三大策略，分别是 Tree Diff、Component Diff 和 Element Diff。在实际运行的时候，React 会从根节点开始根据这些规律递归地执行 Diff 算法，收集所有需要执行的真实 DOM 操作，然后执行这些 DOM 操作。

📋 **小知识**：程序调用自身的编程技巧称为递归（Recursion）。一个过程或函数在其定义或说明中有直接或间接调用自身的一种方法，它通常把一个大型复杂的问题层层转化为一个与原问题相似的规模较小的问题来求解，递归策略只需少量的程序就可描述出解题过程所需的多次重复计算，大大地减少了程序的代码量。

基于上述三大 Diff 策略，开发 React 应用时应注意以下几点：
- 避免进行 DOM 节点的跨层级移动操作；
- 相似的 DOM 结构尽量使用相同的组件表示；
- 对于列表等遍历渲染组件，添加唯一标识 key。

有了虚拟 DOM 和合适的 Diff 算法，React 可以将真实的 DOM 元素映射到 JavaScript 对象中，利用高效的 Diff 算法比较新旧虚拟 DOM 树的差异后进行真实的 DOM 操作。

6.3　Fiber 机制

6.2 节介绍的 React Diff 算法基本上是 React 16 之前的版本进行协调（Reconcilation）

的核心思想，其针对虚拟 DOM 树递归调用 Diff 算法。然而 JavaScript 主线程只有一个，它将 GUI 描绘、时间器处理、事件处理、JavaScript 执行及远程资源加载统统放在一起，复杂的递归调用可能长时间占用网页的 JavaScript 主线程，导致其他任务被阻塞。

举个例子，当用户在 input 标签中输入文字时，一定希望立即得到 UI 响应，如果此时 JavaScript 主线程在忙于处理大量的差异比较，就会导致 UI 响应不及时，极大地影响用户的体验。

为了解决这样的问题，从 React 16 开始使用新的协调器（Reconciler）Fiber Reconciler。根据官方介绍，相对于之前的栈协调器（Stack Reconciler），Fiber Reconciler 是一种能够彻底解决主线程长时间占用问题的机制。

首先，我们来认识一下栈协调器。当在进行差异比较时会递归地调用函数，这就意味着随着对虚拟 DOM 树进行更深节点的比较，函数调用栈也在不断累加。简单来说就是依次入栈的操作。随着不同深度的子节点比较结束，再依次出栈，直到回到根节点，差异比较过程结束。栈协调器将整棵树的比较都放在了一个栈中，只有当所有比较都结束之后才会释放这个栈去做其他任务，如图 6.8 所示。

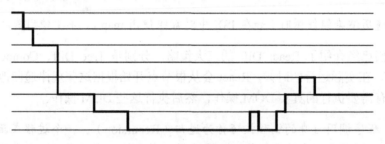

图 6.8　栈协调器的执行过程

而 Fiber 协调器的基本思想是把整个差异比较、渲染和更新的过程拆分成小任务，拆分的粒度称为 Fiber。每一个 Fiber 对应一个虚拟 DOM 节点。通过合理的调度机制来达到更强的控制力。简单地说，每个小任务完成后确认是否还有时间继续下一个任务，若有则继续，若时间不足则将下一个任务挂起，主线程不忙的时候再继续执行，效果如图 6.9 所示。

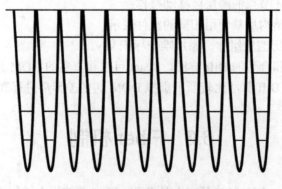

图 6.9　Fiber 协调器的执行过程

6.3.1　Fiber 树

相比于早期的栈协调器，Fiber 在虚拟 DOM 树的基础上构建了 Fiber 树。在 Fiber 树的每一个节点中存储了很多内容，包含但不限于如下内容：

- stateNode：状态节点；
- return：该节点的父级 Fiber 节点引用；
- child：该节点的第一个子 Fiber 节点引用；
- sibling：当前层级的下一个兄弟 Fiber 节点。

有了这些属性，可以将虚拟 DOM 树转换成类似于链表的结构，如图 6.10 所示，为实现断点和断点恢复提供了可能性。

React 首次渲染后会生成并暂存一个 Fiber 树（下文中将以 current 树指代这个 Fiber 树），它反映了当前真实的 DOM 树的结构信息，如图 6.11 所示。

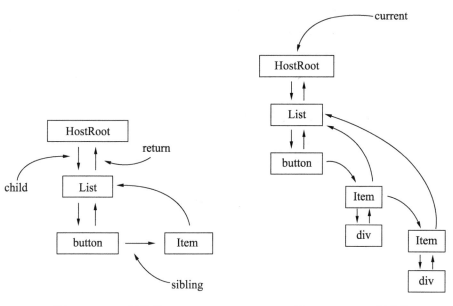

　　　　图 6.10　Fiber 树结构　　　　　　　　图 6.11　current 树结构

当组件状态发生改变时，React 会新生成一个对应的树来生成状态更新后的 Fiber 树并保存这些变化，称为 WorkInProgress 树。

6.3.2　Reconciliation 阶段

在 WorkInProgress 树中，由根节点开始按照一定顺序为每一个 Fiber 进行变化对比：如果新旧节点没有变化，则复制 current 树上的相应节点至 WorkInProgress 树中；如果对比旧的节点有变化，则记录该变化并将变化推入 effectList 链表中。每完成一次对比，都检查一下当前帧是否还有剩余时间，如果有则进行下一个节点的对比工作，如果剩余时间为 0，则标记当前节点并使用 window.requestIdleCallback() 将该节点注册至下一次浏览器空闲时的回调函数中，等下一次被唤起时继续进行或重新开始。

小知识：window.requestIdleCallback()是一个较新的浏览器 API，用于在浏览器空闲时执行回调函数。一般情况下，回调函数会根据先进先出的队列模型，按照注册的顺序来执行。如果队列中的某些回调函数指定了执行时间，可能是为了提高总体执行效率而打乱顺序执行的次序。该 API 使开发者能在主事件循环内执行低的优先级操作，而不会影响更高优先级的事件（如动画和输入响应）。

在 WorkInProgress 树中，每一个节点对比完毕之后按照以下规则查找下一个节点：

- 如果当前节点存在 sibling，则以 sibling 指向的节点作为下一个工作单元；
- 如果当前节点不存在 sibling，但存在尚未完成对比的 child，则以 child 指向的节点作为下一个工作单元；
- 如果当前节点既不存在 sibling，也不存在尚未完成对比的 child，则以 return 指向的节点作为下一个工作单元；
- 如果当前节点是 HostRoot，则不存在下一个工作单元，完成当前操作后进入 pendding-Commit 阶段。

图 6.12 展示了 WorkInProgress 树的结构及它与 current 树的关系。

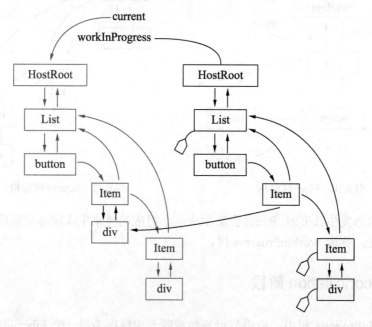

图 6.12　WorkInProgress 树

到此为止，Fiber 协调器的第一个阶段结束。

Fiber 协调器的第一个阶段被称为 Render 阶段或 Reconciliation 阶段。该阶段的任务默认为低优先级，可以被更高优先级的任务中断或暂停。该阶段得到标记了副作用的 Fiber 节点树。副作用表示在下一个阶段需要完成的工作。

📖 **小知识**：副作用（Side Effect）是指函数除了返回一个值之外，造成的其他影响，如修改外部变量、抛出异常、I/O 操作和界面渲染等。上文中所说的副作用主要指对 Fiber 节点进行插入、更新和删除等。

第一个阶段包含的生命周期函数有 componentWillMount()、componentWillReceive-Props()、getDerivedStateFromProps()、shouldComponentUpdate()、componentWillUpdate() 及 render()。

第一阶段的任务随时可能被中断或重来，可控性不高，建议开发者尽量不要在这几个生命周期中做副作用操作。

6.3.3　Commit 阶段

接下来是 Fiber 协调器的第二阶段，被称为 Commit 阶段。此阶段 React 会将上一阶段收集到的 effectList 依次提交给真实的 DOM 操作，触发页面展示的改变。此阶段的任务优先级为同步，也就是说这一系列的 DOM 操作不能被其他任务中断。

第二阶段包含的生命周期函数有 getSnapshotBeforeUpdate()、componentDidMount()、componentDidUpdate() 及 componentWillUnmount()。

第二阶段结束后，能反映真实 DOM 树结构的 Fiber 树是 WorkInProgress 树。而在协调的第一阶段，current 树才对应真实的 DOM 树。所以在第二阶段结束时 React 会把 current 树和 WorkInProgress 树的指针对调，使其符合 current 树反映当前真实的 DOM 树的这一设定。

这意味着 React 可以对旧的对象（如这里的 WorkInProgress 树）进行复用，当下次需要使用 WorkInProgress 树时，React 不需要重新构建它，只需要复制其中的键值即可。该技术被称为双缓存（Double Buffering），它节省了缓存分配和垃圾回收的时间，提高了协调的效率。

6.3.4　React Fiber 小结

React Fiber 可以使 React 应用变得更加流畅，但它不是万能的。以下情形造成的应用卡顿不会因为 React Fiber 的存在而变得更加流畅。

- 生命周期内大量的计算任务：由于 React Fiber 是以 Fiber 节点为最小颗粒（即操作单元）的，无法在生命周期内对任务进行拆分，这些计算任务在执行中途不能被中断；

- 大量真实的 DOM 操作：因为这部分任务在 Fiber 的第二阶段同步执行，无法被打断，过大的 DOM 操作压力只能由浏览器承担。

总体来讲，React Fiber 通过将任务切片，以及采用合适的任务调度机制，解决了高优先级任务被阻塞的问题，使应用的展示和反馈更加顺畅，使复杂应用中的用户体验得到了极大的提升。

6.4　Immutable.js 库

JavaScript 中的数据类型分为基本类型和引用类型，其中基本类型包括 String、Number、Boolean、Null、Undefined 和 Symbol，引用类型主要为 Object。

基本类型的使用比较简单，这里不做过多介绍。引用类型主要为 Object，相比其他语言而言，在 JavaScript 中它更加灵活、多变。这给我们的日常开发带来了很多好处，随之而来的也有一些问题。例如：

```
01  var obj = {
02      count: 1
03  };
04  var clone = obj;
05  clone.count = 2;
06  console.log(obj.count) // 2
07  console.log(clone.count) // 2
```

通过上面的代码可以发现，对复制后的引用类型即对象 clone 修改后，却影响了原有对象 obj。

这是由于引用类型的副作用，而且不知道是否还有其他变量引用这份数据。解决这个问题涉及对象拷贝的相关知识，分别是浅拷贝和深拷贝。

6.4.1　浅拷贝

浅拷贝是将对象的第一层键值进行独立的复制，简单的实现代码如下：

```
01  function shallowCopy(src) {
02      var dst = {};
03      for (var prop in src) {
04          if (src.hasOwnProperty(prop)) {
05              dst[prop] = src[prop];
06          }
07      }
08      return dst;
09  }
```

当然，对象拷贝的功能在很多第三方类库中已经有了完整实现方式。在实际开发中，可以直接使用相关依赖库，如 lodash（https://lodash.com/）。

（1）安装依赖库 lodash，命令如下：

```
npm install --save lodash
```

（2）新建示例文件 shadow_copy.js，代码如下：

```
01  var _ = require('lodash');
02
03  var obj = {
04      a: {
05          count: 1
06      },
07      b: 1
08  };
09  var clone = _.clone(obj);
10  clone.a.count = 2;
11  clone.b = 2;
12
13  console.log(obj);
```

（3）执行上述脚本，命令如下：

```
node shallow_copy.js
```

输出结果如下：

```
{
    a: {
        count: 2
    },
    b: 1
}
```

可以看出，使用浅拷贝处理深度对象时，当属性为引用类型的时候，会产生一处修改，多处受影响的问题。

6.4.2　深拷贝

深拷贝即完全独立出一份对象的拷贝，也就是对对象的所有键值对进行独立复制。那么它是如何实现的呢？其实根据浅拷贝的思路，使用递归调用即可。例如：

```
01  function deepCopy(src) {
02      var dst = {};
03      for (var prop in src) {
04          if (src.hasOwnProperty(prop)) {
05              if (src[prop] && typeof src[prop] == 'object') {
06                  dst[prop] = deepCopy(src[prop])
07              } else {
08                  dst[prop] = src[prop]
09              }
10          }
11      }
12      return dst;
13  }
```

更简单的方法是利用 JSON 的方式实现，代码如下：

```
01  function deepCopy(src) {
02      return JSON.parse(JSON.stringify(src));
03  }
```

但是上述 JSON 方式实现的深拷贝虽然简单却会受到一些限制。例如，由于 JSON 的特性，它无法处理 undefined 及函数表达式，同时 Symbol 类型的值也无法处理。

同样，也可以直接使用 lodash 提供的深拷贝函数。

（1）新建示例文件 deep_copy.js，代码如下：

```
01  var _ = require('lodash');
02
03  var obj = {
04      a: {
05          count: 1
06      },
07      b: 1
08  };
09  var clone = _.cloneDeep(obj);
10  clone.a.count = 2;
11  clone.b = 2
12
13  console.log(obj)
```

（2）执行上述脚本，命令如下：

```
node deep_copy.js
```

输出结果如下：

```
{
    a: {
        count: 1
    },
    b: 1
}
```

深拷贝彻底解决了对象共享引用的问题。然而，由于涉及多次的内存分配，深拷贝会消耗更多资源和性能。

6.4.3　Immutable.js 简介

通过前面的介绍，我们已经知道，浅拷贝由于只对对象结构的第一层进行了复制，导致深层引用属性仍然是可变的；深拷贝由于对对象结构的所有层级都进行复制，导致性能较差。

那么，有没有方法可以解决引用类型的副作用，并且性能也更优呢？这就是下面要介绍的一个解决方案——Immutable.js（https://immutable-js.github.io/immutable-js/）。

Immutable.js 是一个由 Facebook 开源的项目，目的就是为了解决 JavaScript 不可变数据（Immutable Data）的问题。下面通过实际的案例来解释 Immutable.js 的作用。

假设有一个普通的 JavaScript 对象如下：

```
01  const data = {
02      to: 7,
03      tea: 3,
```

```
04      ted: 4,
05      ten: 12,
06      A: 15,
07      i: 11,
08      in: 5,
09      inn: 9
10  }
```

那么，将它的结构转换成数据树，效果如图 6.13 所示。

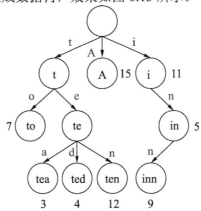

图 6.13　JavaScript 对象转换成数据树

此时，查找值时可以通过根节点沿着路径获得想要的值。例如，要获取 data.tea 的值，从根节点开始，沿着 t→te→tea 就可以到达值为 3 的节点。

另外，修改值时，Immutable.js 会新建一棵树并尽可能地重用已经存在的节点。图 6.14 展示了将 data.tea 的值 3 修改成 14 的过程。

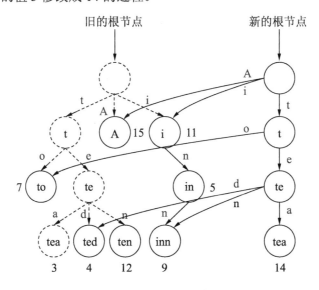

图 6.14　修改数据树的过程

图 6.14 中虚线的节点失去索引，将被回收。在新树中，对于不受影响的子节点树，将复用原有的引用；对于被修改节点及其相关的节点，将使用新的引用。通过充分利用按需复制的思想，Immutable.js 提高了复制的性能。

（1）要使用 Immutable.js，首先需要安装依赖包，具体命令如下：

```
npm install --save immutable
```

（2）新建示例文件 immutable_example.js，代码如下：

```
01  const Immutable = require('immutable');
02
03  var obj = {
04      count: 1,
05      list: [1, 2, 3, 4, 5]
06  }
07  var map1 = Immutable.fromJS(obj);
08  var map2 = map1.set('count', 2);
09
10  console.log(map1 === map2);
11  console.log(map1.list === map2.list);
```

（3）执行上述脚本，命令如下：

```
node immutable_example.js
```

输出结果如下：

```
false
true
```

上述代码中，对于 count 属性，由于对其做了修改，所以已经指向了不同的引用；对于 list 属性，由于没有对它进行改变，所以指向的仍然是同样的引用。

通过第 2 章的学习，相信读者已经知道对于 React 组件，只要 Props 或 State 发生改变，组件就可能调用 render()方法，继而重新发生渲染。

然而以下情况可能导致性能浪费。

（1）Props 或 State 的值发生改变，但改变后的值和原来的值是一样的。

例如下面的例子中，首次渲染之后在 componentDidMount()中调用了 setState()方法，然后触发重新渲染。但 count 的值都是 0，没有改变，第二次渲染显得有些"多余"了。

```
01  class Counter extends React.component {
02      constructor(props) {
03          super(props);
04          this.state = {
05              count: 0
06          }
07      }
08
09      componentDidMount() {
10          this.setState({ count: 0 });
11      }
12
13      render() {
```

```
14          return (
15              <div>
16                  {this.state.count}
17              </div>
18          )
19      }
20  }
```

（2）拥有很多节点的树形组件，当更改某一个叶子节点的状态时，整个树形都会重新渲染，即使是那些状态没有更新的节点。如果这样的组件树足够复杂，将带来大量的重复渲染。

对于上面提到的性能问题，React 推出了 PureComponent 组件。PureComponent 组件实现了 shouldComponentUpdate()方法并在其中对新旧 state 和 props 进行了浅比较，实现代码如下：

```
01  const hasOwn = Object.prototype.hasOwnProperty;
02  function is(x, y) {
03      if (x === y) {
04          return x !== 0 || y !== 0 || 1 / x === 1 / y
05      } else {
06          return x !== x && y !== y
07      }
08  }
09  export default function shallowEqual(objA, objB) {
10      if (is(objA, objB)) return true
11
12      if (typeof objA !== 'object' || objA === null || typeof objB !==
    'object' || objB === null) {
13          return false
14      }
15
16      const keysA = Object.keys(objA)
17      const keysB = Object.keys(objB)
18
19      if (keysA.length !== keysB.length) return false
20
21      for (let i = 0; i < keysA.length; i++) {
22          if (!hasOwn.call(objB, keysA[i]) || !is(objA[keysA[i]], objB
    [keysA[i]])) {
23              return false
24          }
25      }
26
27      return true
28  }
```

PureComponent 组件确实可以避免不必要的渲染，但同时也会带来一些问题。假如 Props 中某个属性的值是一个对象，在这个对象中的某一个属性发生了改变，然而由于对象是引用类型，在进行浅比较时总是会得出结果 true，从而不会触发渲染。也就是说，使用 PureComponent 组件可能会遗漏一些应有的重新渲染。示例如下：

```
01  var objA = {
```

```
02      a: {
03          count: 1
04      }
05  }
06  var objB = objA;
07  objB.a.count++;
08  console.log(objB.a.count); // 2
09  console.log(objA.a === objB.a); // true
```

上述代码中，objA 代表旧 Props，objB 代表新 Props，并将 count 的值加 1。通过输出结果知道，count 的值已经改变，但新旧 Props 中比较 a 的结果仍然为 true。

针对上述问题，另一种解决方式是使用深拷贝彻底分离新旧对象，但就像前文中讲到的，这同样会带来性能问题。

相较以上两者，Immutable.js 无疑是一种更优的解决方式。它的 is 方法可以完全比较两个对象是否"真正相等"，结合 shouldComponentUpdate()方法可以在保证渲染正确性的前提下最大程度地避免不必要的渲染。代码如下：

```
01  import { is } from 'immutable';
02
03  shouldComponentUpdate (nextProps = {}, nextState = {}) => {
04      const thisProps = this.props || {};
05      const thisState = this.state || {};
06
07      if (Object.keys(thisProps).length !== Object.keys(nextProps).
        length ||
08          Object.keys(thisState).length !== Object.keys(nextState).
          length) {
09          return true;
10      }
11
12      for (const key in nextProps) {
13          if (thisProps[key] !== nextProps[key] || !is(thisProps[key],
          nextProps[key])) {
14              return true;
15          }
16      }
17
18      for (const key in nextState) {
19          if (thisState[key] !== nextState[key] || !is(thisState[key],
          nextState[key])) {
20              return true;
21          }
22      }
23      return false;
24  }
```

使用 Immutable.js 可以节省对引用类型变量的复制和比较成本，同时因为结构共享的特征，它在一定程度上也节省了内存。

然而，并不是任何情况下都适合引入 Immutable.js。当对象没有那么复杂，以至于完全可以承受深拷贝所导致的性能轻微下降时，就没有必要使用 Immutable.js 了，毕竟加载依赖资源会增加应用的"体积"。另外，学习新 API 产生的成本，以及容易与原生对象产生混淆等问题也是进行 Immutable.js 相关技术选型时需要考虑的。

6.5　Hook 特性

2.2 节介绍了定义 React 组件的 3 种方式，具体如下。

- React.createClass：React 定义组件的传统方法，已逐步废弃；
- ES 6 Class：面向对象风格，但仍未改变 JavaScript 原型的本质；
- JavaScript Function：定义组件最简单的方式，但无法进行状态管理。

其中，ES 6 Class 支持内部状态 State 并有丰富的生命周期函数，而 JavaScript Function 函数组件的功能则显得十分受限，根据传递给它的 Props 属性展示即可。

在 React 16.8 版本中，推出了新特性——Hook。Hook 是一个特殊的函数，它可以让你"钩入"React 的特性，即在函数组件中也可以使用 State 及其他的 React 特性，不必定义 Class 组件。

提示：React 16.8.0 是第一个支持 Hook 特性的版本。版本升级时，需要注意更新所有与 React 相关联的包。

6.5.1　State Hook 简介

State Hook 让函数组件可以实现对自身内部状态的管理。例如，以下是一个计数器组件的 ES 6 Class 写法：

```
01  class Example extends React.Component {
02      constructor(props) {
03          super(props);
04          this.state = {
05              count: 0
06          };
07      }
08
09      render() {
10          return (
11              <div>
12                  <p>You clicked {this.state.count} times</p>
13                  <button onClick={() => this.setState({ count: this.state.
                    count + 1 })}>
14                      Click me
15                  </button>
16              </div>
17          );
18      }
19  }
```

State 的初始值为 { count: 0 }，当单击按钮后，通过 this.setState()将 state 中的 count 值

加 1。

使用 State Hook 可以将上述例子改写成函数组件，代码如下：

```
01  import React, { useState } from 'react';
02
03  function Example() {
03      const [count, setCount] = useState(0);
04      return (
05          <div>
06              <p>You clicked {count} times</p>
07              <button onClick={() => setCount(count + 1)}>
08                  Click me
09              </button>
10          </div>
11      );
12  }
```

上述代码中，首先从 React 中引入 useState()，其中，useState()的用法如下：

```
const [state, setState] = useState(initialState);
```

useState()的返回结果是一个含有两个元素的数组，即当前 State 及更新 State 的函数，对应上述示例中的 count 和 setCount()。这与 Class 组件中的 this.state.count 和 this.setState()类似，唯一的区别就是这里需要成对地获取。

同时，给 useState()方法传递了参数值 0，这个参数的作用就是初始化 State，也是 useState()方法的唯一参数。

如果需要在 State 属性中定义多个变量，可以多次使用 useState()方法，例如：

```
const [count, setCount] = useState(0);
const [timer, setTimer] = useState(null);
```

另外，为了保证 Hook 正常使用，编写代码时需要遵守如下原则：

- 只能在函数最外层调用 Hook，不要在循环、条件判断或者子函数中调用；
- 只能在 React 的函数组件中调用 Hook。

6.5.2　Effect Hook 简介

当 React 组件是 Class 组件时，可以在生命周期中进行一些副作用操作，如数据获取、设置订阅及手动更改组件中的 DOM 等。而 Effect Hook 就是让开发者可以在函数组件中进行同样操作的另一个 Hook。

还是以 6.5.1 节的计数器组件为例，添加一个功能：修改 document.title 即文档标题，其内容为包含了单击次数的提示。

实现此功能的 ES 6 Class 组件的代码如下：

```
01  class Example extends React.Component {
02      constructor(props) {
03          super(props);
04          this.state = {
```

```
05                count: 0
06            };
07        }
08
09        componentDidMount() {
10            document.title = `You clicked ${this.state.count} times`;
11        }
12
13        componentDidUpdate() {
14            document.title = `You clicked ${this.state.count} times`;
15        }
16
17        render() {
18            return (
19                <div>
20                    <p>You clicked {this.state.count} times</p>
21                    <button onClick={() => this.setState({ count: this.
                        state.count + 1 })}>
22                        Click me
23                    </button>
24                </div>
25            );
26        }
27    }
```

很多情况下，希望在组件挂载和更新之后执行一些逻辑代码。因此在 Class 组件中，需要在 componentDidMount()和 componentDidUpdate()函数中编写同样的代码。而同一个 componentDidMount()函数中可能还会有其他逻辑代码，若在其中设置事件监听，则需要在 componentWillUnmount()中清除相应的事件监听。

相同的代码被拆分到不同生命周期中，而不相关的代码又被组合在同一个生命周期中。随着组件逐渐复杂，组件将变得难以理解，很容易产生缺陷。而 Effect Hook 可以帮助我们完美地解决这个问题。

使用 Effect Hook 重写上述计数器组件的功能，实现代码如下：

```
01    import React, { useState, useEffect } from 'react';
02
03    function Example() {
04        const [count, setCount] = useState(0);
05        useEffect(() => {
06            document.title = 'You clicked ${count} times`;
07        });
08
09        return (
10            <div>
11                <p>You clicked {count} times</p>
12                <button onClick={() => setCount(count + 1)}>
13                    Click me
14                </button>
15            </div>
16        );
17    }
```

上述代码中，与 State Hook 类似，先从 React 中导入 useEffect()方法，接着将进行相关操作的函数作为 useEffect()方法的参数。默认情况下，进行相关操作的函数在第一次渲染和每次更新之后都会执行。与 ES 6 Class 组件相比，这种写法十分简单。

有些情况下，每次渲染后都执行副作用可能会影响性能。在 Class 组件中，可以在 componentDidUpdate()函数中添加对 prevProps 或 prevState 的比较逻辑来解决这个问题。代码如下：

```
01  componentDidUpdate(prevProps, prevState) {
02    if (prevState.count !== this.state.count) {
03      document.title = `You clicked ${this.state.count} times`;
04    }
05  }
```

那么使用 useEffect()是如何解决类似问题的呢？实现代码如下：

```
01  useEffect(() => {
02    document.title = `You clicked ${count} times`;
03  }, [count]);
```

其中，useEffect()方法还接收第二个参数，其以数组形式传入一个或多个变量。当组件更新时，会比较变化前后该数组中的变量是否相等。如果数组中所有变量都相等，则跳过该次更新。在上面的代码中，假如更新前的 count 是 5，更新后的 count 是 6，那么将进行[5]和[6]的比较，显然比较的结果是不相等，那么 React 会调用 useEffect()；反之，假如更新前后的 count 都是 5，那么此时 useEffect()不会执行。

当然，副作用的种类还有很多，有些副作用是需要清除的，如消息订阅、定时器。在 Class 组件中，可以在组件将要销毁时，即在 componentWillUnmount()生命周期中做相关操作，如取消订阅和清空定时器。在 Effect Hook 中，如果 Effect 返回一个函数，React 将会在执行清除操作时调用它。

例如，有这样一个模块 ChatAPI，它提供订阅朋友的在线状态，基于 Effect Hook 实现的订阅和取消订阅的组件代码如下：

```
01  import React, { useState, useEffect } from 'react';
02
03  function FriendStatus(props) {
04    const [isOnline, setIsOnline] = useState(null);
05
06    useEffect(() => {
07      function handleStatusChange(status) {
08        setIsOnline(status.isOnline);
09      }
10
11      ChatAPI.subscribeToFriendStatus(props.friend.id, handleStatusChange);
12      return function cleanup() {
13        ChatAPI.unsubscribeFromFriendStatus(props.friend.id, handleStatusChange);
14      };
15    });
```

```
16
17      if (isOnline === null) {
18          return 'Loading...';
19      }
20      return isOnline ? 'Online' : 'Offline';
21  }
```

上述代码中，FriendStatus 组件订阅了监听好友在线状态的 API 并实时展示，在组件销毁时会调用 cleanup()函数清除订阅。

Effect Hook 在某种程度上实现了生命周期的功能，为组件提供了方便而简约的副作用调用方式。为了更好理解，可以将 useEffect()看作是以下 3 个生命周期的结合：

- componentDidMount();
- componentDidUpdate();
- componentWillUnmount()。

6.5.3　自定义 Hook

假设在上述例子的相同应用中还有一个聊天室列表，当用户在线时需要把名字设置为绿色。通过复制上述例子的逻辑，可以在新组件中用同样的方式获取用户状态，代码如下：

```
01  import React, { useState, useEffect } from 'react';
02
03  function FriendListItem(props) {
04      const [isOnline, setIsOnline] = useState(null);
05
06      useEffect(() => {
07          function handleStatusChange(status) {
08              setIsOnline(status.isOnline);
09          }
10
11          ChatAPI.subscribeToFriendStatus(props.friend.id, handleStatus
            Change);
12          return () => {
13              ChatAPI.unsubscribeFromFriendStatus(props.friend.id, handle
                StatusChange);
14          };
15      });
16
17      return (
18          <li style={{ color: isOnline ? 'green' : 'black' }}>
19              {props.friend.name}
20          </li>
21      );
22  }
```

但是，相同的代码在两个组件中写了两遍，十分冗余，这样的解决方案并不是十分理想。

通常，在多个组件之间共享逻辑时，会把共享的逻辑提取到另一个函数中。而组件和 Hook 都是函数，所以也同样适用这种方式。

因此，可以自定义 Hook 函数如下：

```
01  import React, { useState, useEffect } from 'react';
02
03  function useFriendStatus(friendID) {
04      const [isOnline, setIsOnline] = useState(null);
05
06      useEffect(() => {
07          function handleStatusChange(status) {
08              setIsOnline(status.isOnline);
09          }
10
11          ChatAPI.subscribeToFriendStatus(friendID, handleStatusChange);
12          return () => {
13              ChatAPI.unsubscribeFromFriendStatus(friendID, handleStatus
                Change);
14          };
15      });
16
17      return isOnline;
18  }
```

上述代码中，useFriendStatus() 函数是一个自定义 Hook，其特征是名称以 use 开头。

此时，只需要调用这个自定义 Hook，便能实现公共逻辑的复用。基于 useFriendStatus() 自定义 Hook 来重写 FriendStatus 和 FriendListItem 组件，代码实现如下：

```
01  // FriendStatus 组件
02  function FriendStatus(props) {
03      const isOnline = useFriendStatus(props.friend.id);
04
05      if (isOnline === null) {
06          return 'Loading...';
07      }
08      return isOnline ? 'Online': 'Offline';
09  }
10
11  // FriendListItem 组件
12  function FriendListItem(props) {
13      const isOnline = useFriendStatus(props.friend.id);
14
15      return (
16          <li style={{ color: isOnline ? 'green' : 'black' }}>
17              {props.friend.name}
18          </li>
19      );
20  }
```

重写后的 FriendStatus 和 FriendListItem 组件与之前相比更加简洁、清晰。

最后需要说明的是，不同组件中使用相同的自定义 Hook 并不会共享 State（即 useState() 函数的返回值），它们都是独立的，并且在同一个组件中每次调用 Hook 都会获取独立的 State。

6.5.4 其他 Hook

除了上述介绍的 Hook，React 还包含许多其他 Hook，其中比较常见的一个便是 useContext()。

例如 2.2 节介绍的 Context，可以使组件树上的各组件方便地获取一些全局属性，而不必烦琐地进行 Props 层层传递。而 useContext()是一个可以获取 Context 的 Hook，它比 Class 组件中的 Context 用法更加简单，示例代码如下：

```
01  const themes = {
02      light: {
03          foreground: "#000000",
04          background: "#eeeeee"
05      },
06      dark: {
07          foreground: "#ffffff",
08          background: "#222222"
09      }
10  };
11
12  const ThemeContext = React.createContext(themes.light);
13
14  function ThemedButton() {
15      const theme = useContext(ThemeContext);
16
17      return (
18          <button style={{ background: theme.background, color: theme.
              foreground }}>
19              I am styled by theme context!
20          </button>
21      );
22  }
```

需要注意的是，useContext()的参数是 Context 对象本身，下面的用法是错误的：

```
useContext(ThemeContext.Provider);
useContext(ThemeContext.Consumer);
```

除此之外，函数组件还有一些其他 Hook 函数，如 useReducer()、useCallback()、useMemo()、useImperativeHandle()、useLayoutEffect()及 useDebugValue()等。关于它们的详细信息，可以参考 React 官方网站（https://reactjs.org/docs/hooks-intro.html）。

综合来看，由于 React Hooks 便于减小代码体积和对 TypeScript 友好等原因，函数组件将是接下来一段时间的发展趋势。因此，学习和掌握 React Hooks 具有很重要意义。

📖 小知识：TypeScript 是 JavaScript 的超集，因此现有的 JavaScript 代码可与 TypeScript 一起工作，无须任何修改。TypeScript 扩展了 JavaScript 的语法，通过类型注解提供编译时的静态类型检查。TypeScript 的设计目标是用于开发大型应用。

6.6 小 结

通过本章的学习，读者应该对 React 有了更深的了解。本章的主要内容如下：

- 虚拟 DOM 存在的意义和大致的实现方式；
- 用于优化虚拟 DOM 比对的 React Diff 算法；
- 最新协调器 React Fiber 的实现机制，为何它可以使应用运行得更顺畅；
- 不可变数据集合 Immutable.js 在提升 React 性能的应用；
- 使用 React Hooks 在函数组件中实现状态管理、副作用等功能，扩充函数组件的功能。

正如前端开发技术这一日新月异的领域，React 自身和相关生态的发展也十分迅速。作为 React 开发者，应该经常浏览相关论坛或官方会议 React Conf 来获取 React 的最新消息。

小知识：从 2015 年起，React 官方每年会举办一系列线下大会，其中质量最高、最能反映 React 发展方向的就是 React Conf。它每年举办一次，到目前为止最近的一次是在美国内华达州举办的 React Conf 2019。如果想要了解关于 React Conf 的更多内容，可以访问网址 https://reactjs.org/community/conferences.html。

第 7 章　Node.js 进阶

在第 3 章中已经介绍过以下知识点：
- Web 开发中需要掌握的 HTTP 知识；
- Node 模块化、事件驱动特性及常用模块。

在第 5 章中介绍了 Node 项目开发的基本流程和方法。

本章在上述概念和实战知识的基础上，将进一步介绍 Node 开发。涉及的知识点包括：
- 跨域：介绍跨域问题的由来，即同源策略，以及常用的跨域方案；
- 鉴权：介绍鉴权的常用方案，包括 Session 和 JWT（JSON Web Token）；
- 缓存：常见的缓存服务 Redis 的相关概念和使用，以及基于 Redis 实现的 SSO（Single Sign On，单点登录）；
- ORM（Object Relational Mapping，对象关系映射）它是现在 Web 开发中实现数据库操作的更高效方法，包括关系型数据库（如 PostgreSQL、MySQL 和 MariaDB）和非关系型数据库（如 MongoDB）。

7.1　跨　　域

关于跨域问题，通过对前面内容的学习，想必读者已经有了初步的了解和认识。但是作为 Web 开发中的常见问题，系统地理解和彻底解决跨域问题，却并不是一件简单的事情。本节将详细地介绍跨域问题，让读者知其然，更知其所以然。

7.1.1　同源策略

同源策略（Same Origin Policy）是由 Netscape 提出的一个著名的安全策略，它限制了从同一个源加载的文档或脚本如何与来自另一个源的资源进行交互。同源策略是浏览器最核心和最基本的安全功能，如果缺少了同源策略，浏览器的正常功能可能会受到影响。可以说，Web 是构建在同源策略基础之上的，浏览器只是针对同源策略的一种实现。

💡说明：很多读者可能对 Netscape 充满好奇。Netscape 既是公司名也是其浏览器产品的名称。早期，Netscape 浏览器在浏览器市场的占有率最高，遗憾的是后来被微软公司的 IE（Internet Explorer）所取代。

1．同源的定义

如果两个页面的协议、端口和主机都相同，则认为这两个页面具有相同的源，即同源。利用数学描述，也可以把它称为"协议/主机/端口 tuple"。其中，tuple 即"元"，它是指一些事物组合在一起形成一个整体，比如(1,2)叫二元，(1,2,3)叫三元。因此，同源策略可以表示为（协议、主机、端口）三元相同。

表 7.1 给出了相对 http://login.site.com/index.html 同源检测的示例。

表 7.1　同源策略检测示例

URL	结　果	原　因
http://login.site.com/register.html	成功	只有路径不同
http://login.site.com/verify/email.html	成功	只有路径不同
https://login.site.com/index.html	失败	不同协议（HTTP和HTTPS）
http://news.site.com/index.html	失败	不同域名（login.site.com和news.site.com）
http://login.site.com:8000/index.html	失败	不同端口（HTTP默认80和8000）

2．同源的意义

清楚了同源的定义后，需要了解同源策略如何保证浏览器的安全。下面我们以浏览器常用的 Cookie 为例，介绍没有同源策略的可怕后果。

📖 **小知识**：HTTP Cookie 也叫浏览器 Cookie，是服务器发送到用户浏览器并保存在本地的一小块数据，它会在浏览器下次向同一服务器再次发起请求时被携带并发送到服务器上。Cookie 通常用于告知服务端两个请求是否来自同一个浏览器，如保持用户的登录状态。Cookie 使基于无状态的 HTTP 记录稳定的状态信息成为可能。

首先，用户成功登录某银行的网站 A，用户的登录状态使用 Cookie 来保存。其次，用户又去浏览其他网站，如网站 B，此时网站 B 可以读取银行网站 A 的 Cookie。结果是，其他网站 B 就可以冒充用户进行非法操作，如向指定账号进行转账等。整个过程，如图 7.1 所示。

由此可见，同源策略是必须要实施的，否则 Cookie 可以共享，互联网就毫无安全可言了。

3．限制范围

除了限制 Cookie 的访问外，同源策略的安全限制还包含如下 3 个方面：

• LocalStorage、SessionStorage 和 IndexDB 无法读取；

- DOM 对象模型无法获取；
- AJAX 请求不能发送。

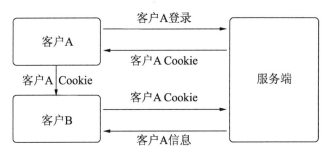

图 7.1　没有同源策略的 Cookie

7.1.2　跨域方案

在实际开发中，难免会遇到以下情景：
- JavaScript、CSS 和图片等引用了其他域名的资源；
- React 前后端分离，Web 域名和 API 接口域名不同；
- 复杂网站模块化设计，使用了多个子域名。

因此，还需要在安全可控的前提下实现跨域限制。本书是基于前后端分离的 Web 架构，因此将重点介绍 AJAX 请求的跨域方案。

1．JSONP方案

HTML 中有一部分用于获取资源的标签是允许跨域的，如 script、img、link 和 iframe。这里以 iframe 标签为例进行讲解，示例代码如下：

```
01  <!DOCTYPE html>
02  <html lang='en'>
03
04  <head>
05      <meta charset='UTF-8'>
06      <title></title>
07  </head>
08
09  <body>
10      <iframe src='http://www.baidu.com' width='100%' height='600'>
        </iframe>
11  </body>
12
13  </html>
```

将代码保存为 HTML 文件，使用浏览器打开，效果如图 7.2 所示。

图 7.2　允许跨域的 iframe 标签

于是"聪明"的开发者们便想到基于这些允许跨域的标签实现跨域。其中，JSONP（JSON with Padding）利用\<script>标签实现跨域的过程如下：

（1）将\<script>标签的 src 属性设置为一个回传 JSON 的 URL。

（2）服务器会在传给浏览器前将 JSON 数据填充到回调函数中。

（3）浏览器得到的回应已不是单纯的数据而是一个脚本。

基于 Node 的服务端程序代码如下：

```
01  var http = require('http');
02  var url = require('url');
03
04  http.createServer(function (request, response) {
05      var parsedUrl = url.parse(request.url, true);
06      var queries = parsedUrl.query;
07      var str = queries.callback + '(' + JSON.stringify({ 'hello':
        'world' }) + ')';
08      response.end(str);
09  }).listen(8080);
10
11  console.log('Server running at http://127.0.0.1:8080/');
```

基于 jQuery 的 Web 前端 HTML 代码如下：

```
01  <!DOCTYPE html>
02  <html lang='en'>
03
04  <head>
05      <meta charset='UTF-8'>
06      <title></title>
07  </head>
08
09  <body>
```

```
10      <button id="btn_id">JSONP 跨域获取数据</button>
11      <script src="https://cdn.bootcss.com/jquery/3.4.1/jquery.min.js">
        </script>
12      <script>
13          function cbFunction(data) {
14              alert('data: ' + JSON.stringify(data));
15          }
16
17          $("#btn_id").click(function () {
18              $("head").append("<script src='http://localhost:8080/
                ?callback=cbFunction'><\/script>");
19          });
21      </script>
22  </body>
23
24  </html>
```

小知识：jQuery（https://jquery.com/）是一套跨浏览器的 JavaScript 库，它简化了 HTML 与 JavaScript 之间的操作。这里引用 jQuery 是为了简化操作 HTML 的执行逻辑和代码。

（1）启动 Node 服务：

node server.js

（2）使用浏览器打开上述 HTML 文件，然后单击"JSONP 跨域获取数据"按钮，可以看到获得的数据效果，如图 7.3 所示。

图 7.3　JSONP 跨域获取数据

JSONP 虽然可以实现跨域，但是却有明显的缺点：
- 对于请求的失败处理不完善；
- 只支持读取资源的 GET 请求；
- 最致命的是安全性不高，容易被攻击者所利用。

2. CORS方案

鉴于原有跨域方案有局限性，功能性、可靠性及安全性都更高的 CORS 方案已经成为主流的跨域解决方案。

CORS（Cross-Origin Resource Sharing，跨源资源分享）使用额外的 HTTP 头来告诉浏览器，让运行在一个 origin（domain）上的 Web 应用被准许访问来自不同源服务器上的指定资源。

当发生 CORS 跨域请求时，浏览器会发出一个 Options 的预检（Preflight）请求。预检请求包含如下 3 个关键的头信息：

- Origin：请求源；
- Access-Control-Request-Method：浏览器的 CORS 请求会用到的 HTTP 方法；
- Access-Control-Request-Headers：浏览器的 CORS 请求会额外发送的头信息字段。

服务端接收到预检请求后会检查上述请求头，确认允许跨域请求并做出响应。响应中包含如下 3 个关键的头信息：

- Access-Control-Allow-Origin：允许的请求源；
- Access-Control-Allow-Methods：允许浏览器的 CORS 请求的 HTTP 方法；
- Access-Control-Allow-Headers：允许浏览器的 CORS 请求的 HTTP 头信息字段。

当浏览器接收到服务器没有通过预检的请求时，就会产生跨域访问限制的错误，如图 7.4 所示。

图 7.4　CORS 跨域失败

当浏览器接收到服务器通过了预检的请求时，就会发送出 CORS 请求。

基于 Node 的服务端程序代码如下：

```
01  var http = require('http');
02
03  http.createServer(function (request, response) {
04      response.writeHead(200, {
05          'Access-Control-Allow-Origin': '*',
06          'Access-Control-Allow-Methods': 'GET,PUT,POST,DELETE',
07          'Access-Control-Allow-Headers': 'Content-Type'
08      });
09      response.end("success");
10  }).listen(8080);
11
12  console.log('Server running at http://127.0.0.1:8080/');
```

基于 jQuery 的 Web 前端 HTML 代码如下：

```
01  <!DOCTYPE html>
02  <html lang='en'>
03
04  <head>
05      <meta charset='UTF-8'>
06      <title></title>
07  </head>
08
09  <body>
```

```
10      <button id="btn_id">CORS 跨域获取数据</button>
11      <script src="https://cdn.bootcss.com/jquery/3.4.1/jquery.min.js">
        </script>
12      <script>
13          $("#btn_id").click(function () {
14              $.ajax({
15                  url: "http://localhost:8080",
16                  success: function (data) {
17                      alert('data: ' + JSON.stringify(data));
18                  }
19              });
20          });
21      </script>
22  </body>
23
24  </html>
```

3．Proxy方案

除了 JSONP 和 CORS 跨域方案外，还有一种绕过浏览器跨域限制的思路，即通过代理（Proxy）转发。

Proxy 的原理是通过一个同域的 Web 服务来接收前端的 AJAX 请求，然后将其转发到目标 Web 服务上，整个过程如图 7.5 所示。

图 7.5　Proxy 跨域的原理

Proxy 应用于如下场景：
- 代理转发的需求；
- React 开发环境中；
- 前后端分离的 Web 应用，通常基于 Node 开发的后端服务。

7.2　鉴　　权

在 Node 进阶开发中，除了上述一开始就会遇到的跨域问题外，还有一个常见的功能需求：对接口访问进行账号认证，即用户鉴权。

主流的用户鉴权方法有如下两种：
- 基于 Session 的用户鉴权；
- 基于 Token 的用户鉴权。

本节以常用的 JWT（JSON Web Token）为例进行讲解。下面详细介绍这两种方法，供开发者在实际项目中按需选择。

7.2.1　Session 机制

HTTP（准确地说是 HTTP 1.X）是无状态（Stateless）协议，即它的每个请求都是完全独立的，每个请求包含处理这个请求所需的完整数据，发送请求不涉及状态变更。

但是在实际应用场景中，某些请求却依赖于上一次操作的结果。例如，在线购物的网站：

首先，用户打开登录页面，然后输入账号密码，验证成功后开始购物并下单。此时，下单支付等信息需要和账号信息关联起来。如果验证失败，将无法下单支付，因为无法获取当前下单支付的账号信息。

这里，不同页面和请求之间，基于账号验证状态需要产生关联。

为了解决上述问题，Session（会话）作为一种服务端记录用户状态的机制，成为 Web 开发的必备技能。

Session 的原理和执行过程大致如下，示意图如图 7.6 所示。

（1）当用户从客户端访问服务器时，服务器把用户状态以某种形式记录在服务器上，此时记录的内容就是 Session 的内容。

（2）同时，客户端会从服务器上获取一个凭证，并将该凭证存储在浏览器上，此时存储的内容就是 Cookie 的内容。

（3）当客户端再次访问服务器时，需要携带之前的凭证（Cookie），然后服务器从 Session 中查找该用户保存的状态就可以了。

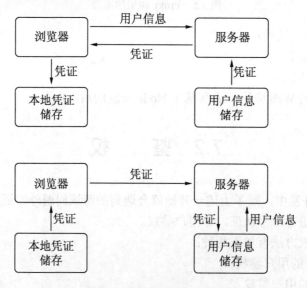

图 7.6　Session 原理示意图

下面，基于 Express 框架来实现 Session 的功能。

（1）使用 Express 应用程序生成器初始化一个项目，命令如下：

```
express server
cd server
```

提示：关于 Express 框架及工具的详细介绍，可以参考第 5 章。

（2）安装相关依赖包，其中包括 express-session。

```
npm install
npm install --save express-session
```

（3）修改 app.js 以支持 express-session，代码如下：

```
01  var createError = require('http-errors');
02  var express = require('express');
03  var session = require('express-session');
04
05  // 省略了未修改的代码
06
07  var app = express();
08
09  // 省略了未修改的代码
10
11  app.use(session({
12      secret: 'session_secret',
13      saveUninitialized: true,     // 是否保存未初始化的 session
14      resave: true,                // 是否保存 session 至存储
15      cookie: {
16          expires: new Date(Date.now() + 1000 * 60 * 60 * 24)
            // session 过期时间为 1 天
17      }
18  }))
19
20  app.use('/', indexRouter);
21  app.use('/users', usersRouter);
```

提示：关于 express-session 的更多介绍，可以参考网站 https://github.com/expressjs/session。

（4）添加用户登录和注销的接口，修改 routes/users.js 文件代码如下：

```
01  var express = require('express');
02  var router = express.Router();
03
04  rout er.post('/login', function (req, res) {
05      if (req.body.name === 'admin'
06          && req.body.password === 'admin') {
07          req.session.user = req.body.name;
08          res.json({ code: 0, msg: '登录成功' });
09      } else {
10          res.json({ code: 1, msg: '账号或密码错误' });
11      }
12  });
13
14  router.get('/logout', function (req, res) {
```

```
15      req.session.destroy();
16      res.json({ code: 0, msg: '注销成功' });
17  });
18
19  module.exports = router;
```

（5）添加接口验证，修改 routes/index.js 文件代码如下：

```
01  var express = require('express');
02  var router = express.Router();
03
04  function requireLogin(req, res, next) {
05      if (!req.session.user) {
06          res.json({ code: 2, msg: '未登录' });
07      } else {
08          next();
09      }
10  };
11
12  router.get('/', requireLogin, function (req, res, next) {
13      res.json({ code: 0, msg: '访问首页' });
14  });
15
16  module.exports = router;
```

（6）启动 Node 服务：

```
npm start
```

（7）使用接口调试工具 Postman 来验证上述 Session 的实现。

🔔提示：关于接口调试工具 Postman 的详细介绍，可以参考第 1 章。

直接访问首页 http://127.0.0.1:3000/（GET 请求），返回未登录信息：

```
{
    "code": 2,
    "msg": "未登录"
}
```

（8）登录 http://127.0.0.1:3000/users/login（POST 请求），请求体添加 JSON 数据：

```
{
    "name": "admin",
    "password": "admin"
}
```

此时，登录成功，返回结果如下：

```
{
    "code": 0,
    "msg": "登录成功"
}
```

（9）再次访问首页 http://127.0.0.1:3000/（GET 请求），返回首页信息：

```
{
```

```
    "code": 0,
    "msg": "访问首页"
}
```

（10）注销 http://127.0.0.1:3000/users/logout（GET 请求），如果注销成功，返回结果如下：

```
{
    "code": 0,
    "msg": "注销成功"
}
```

（11）重新访问首页 http://127.0.0.1:3000/（GET 请求），又会返回未登录信息：

```
{
    "code": 2,
    "msg": "未登录"
}
```

7.2.2　JWT 标准

JWT（JSON Web Token）是一套开放的标准，它定义了安全传输信息的方法，传输内容基于 JSON 格式。

JWT 通常由 3 部分组成，即消息体（payload）、头信息（header）和签名（signature）。

1．消息体

消息体即需要传输的内容，基于 JSON 格式，例如：

```
{
    "sub": "3252",
    "name": "Test",
    "iat": 1528516800,
    "exp": 1528603200
}
```

JWT 构造时会对消息体进行 Base64 编码，即消息体=base64_encode(JSON Content)。

📖 小知识：Base64 是一种基于 64 个可打印字符来表示二进制数据的方法。很多人认为 Base64 是一种加密安全方法，其实不然，Base64 只起到编码作用，并不能用来加密。

```
01  var content = {
02      "sub": "3252",
03      "name": "Test",
04      "iat": 1528516800,
05      "exp": 1528603200
06  };
07  var buffer = new Buffer(JSON.stringify(content));
08  var payload = buffer.toString('base64');
09  console.log(payload);
```

此时，使用 Base64 编码后的消息体如下：

```
node payload.js
eyJzdWIiOiIzMjUyIiwibmFtZSI6IlRlc3QiLCJpYXQiOjE1Mjg1MTY4MDAsImV4cCI6MTU
yODYwMzIwMH0=
```

2. 头信息

头信息指定了该 JWT 使用的签名算法，例如：

```
{
    "typ": "JWT",
    "alg": "HS256"
}
```

上述 HS256 表示使用了 HMAC-SHA256 算法来生成签名。

JWT 构造时同样会对头信息进行 Base64 编码，即头信息=base64_encode(JSON Content)。

```
01  var content = {
02      "typ": "JWT",
03      "alg": "HS256"
04  };
05  var buffer = new Buffer(JSON.stringify(content));
06  var header = buffer.toString('base64');
07  console.log(header);
```

此时，使用 Base64 编码后的头信息如下：

```
node header.js
eyJ0eXAiOiJKV1QiLCJhbGciOiJIUzI1NiJ9
```

3. 签名

签名是针对消息体和头信息而言，使用方法如下：

```
01  var payload = new Buffer(JSON.stringify({
02      "sub": "3252",
03      "name": "Test",
04      "iat": 1528516800,
05      "exp": 1528603200
06  })).toString('base64');
07
08  var header = new Buffer(JSON.stringify({
09      "typ": "JWT",
10      "alg": "HS256"
11  })).toString('base64');
12
13  var algo = require('jwa')("HS256");
14  var secret = 'mystar';
15  var signature = algo.sign(header + '.' + payload, secret);
16  console.log(signature);
17
18  var jwt = header + '.' + payload + '.' + signature;
19  console.log(jwt);
```

这里使用了一个依赖包 jwa，它包含了 JSON Web 的相关算法，如 HMAC-SHA256。

```
npm install --save jwa
```

此时，结合上述生成的消息体、头信息和签名，就得到了完整的 JWT，如下：

```
node signature.js
eyJ0eXAiOiJKV1QiLCJhbGciOiJIUzI1NiJ9.eyJzdWIiOiIzMjUyIiwibmFtZSI6IlRlc3
QiLCJpYXQiOjE1Mjg1MTY4MDAsImV4cCI6MTUyODYwMzIwMH0=.-C46PmPVQZt8hCEy0RQ8
bmB0jzwXOx4FHw7Yqx8WA7w
```

理解了 JWT 的原理之后，仍然和 Session 一样，通过一个 Express 项目来展示 JWT 的开发和使用。

（1）使用 Express 应用程序生成器初始化一个项目，命令如下：

```
express server
cd server
```

（2）安装相关依赖包，其中包括 express-jwt，命令如下：

```
npm install
npm install --save express-jwt
```

（3）添加基于 JWT 的用户登录和校验接口，修改 routes/users.js 文件代码如下：

```
01  var express = require('express');
02  var jwt = require('express-jwt');
03  const sign = require('jsonwebtoken').sign;
04  var router = express.Router();
05
06  router.post('/login', function (req, res, next) {
07      res.json({
08          code: 0,
09          token: sign({ name: req.body.name }, 'jwt_secret', {
10              expiresIn: "600s"
11          }),
12      })
13  });
14
15  router.post('/validate', jwt({ secret: 'jwt_secret' }), function (req,
    res, next) {
16      res.json({ code: 0, msg: JSON.stringify(req.user) });
17  });
18
19  module.exports = router;
```

（4）启动 Node 服务：

```
npm start
```

这里使用 cURL 命令行工具来验证上述 JWT 的实现。

（5）登录 http://127.0.0.1:3000/users/login（POST 请求）：

```
curl -X POST 'http://127.0.0.1:3000/users/login' \
-H 'Content-Type: application/json' \
-d '{
```

```
    "name": "admin"
}'
```

此时登录成功，返回结果如下：

```
{
    "code": 0,
    "token": "eyJhbGciOiJIUzI1NiIsInR5cCI6IkpXVCJ9.eyJuYW1lIjoiYWRtaW4iL
CJpYXQiOjE1Nzk1OTg3NjgsImV4cCI6MTU3OTU5OTM2OH0.pO1TiidSITDAjwABi6qT8mh6
EfAPk_JR0LZTqmsLSIg"
}
```

（6）使用校验接口 http://127.0.0.1:3000/users/validate（POST 请求）验证 JWT：

```
curl -X POST 'http://127.0.0.1:3000/users/validate' \
-H 'Authorization: Bearer eyJhbGciOiJIUzI1NiIsInR5cCI6IkpXVCJ9.eyJuYW1lI
joiYWRtaW4iLCJpYXQiOjE1Nzk1OTg3NjgsImV4cCI6MTU3OTU5OTM2OH0.pO1TiidSITDA
jwABi6qT8mh6EfAPk_JR0LZTqmsLSIg'
```

（7）校验成功，返回结果如下：

```
{
    "code": 0,
    "msg": "{\"name\":\"admin\",\"iat\":1579598768,\"exp\":1579599368}"
}
```

通过上述示例，想必读者已经感受到了 JWT 相比 Session 的优势，如下：
- JWT 存储在客户端，可以缓解服务器 Session 的存储压力；
- JWT 存储在客户端，更易于水平扩展，从而实现单点登录（SSO）。

但是 JWT 也有很大的隐患和不足，如下：
- JWT 信息经过 Base64 编码后很容易解码，因此信息不会被加密，只能通过签名防止篡改，因此必须使用 HTTPS 来加密通信过程，否则信息完全会被泄露；
- JWT 存储在客户端，并且包含有效期，因此服务器无法控制数据过期。

因此，JWT 通常并不能取代 Session，它的应用主要包括：
- 用于生成 Token，例如预防 CSRF 攻击 Token，以及鉴权和授权使用 Token；
- 用于签名场景，例如，包含有效期重置密码的链接。

7.3　缓　　存

在系统设计中，缓存是必不可少的模块，它已经成为高并发、高性能架构的关键组件。缓存的应用场景主要包括：
- 有高性能的需求，例如，秒杀活动、解决文件或数据库查询较慢的性能问题；
- 缓解数据库压力，例如，读写频繁且数据量较小的业务，包括评价等；
- 无数据实时性要求，例如，经常读取但很少改变的数据，包括网站配置项。

7.3.1　Redis 方案

主流的缓存解决方案有 Redis 和 Memcached，两者的对比如表 7.2 所示。

表 7.2　Redis和Memcached对比

对　比　项	Redis	Memcached
实现原理	基于key-value内存存储，高性能	基于key-value内存存储，高性能
数据结构	value支持多种数据类型，包括字符串（String）、列表（List）、哈希（Hash）、集合（Set）和有序集合（Sorted Set）等	value支持的数据类型单一
多线程支持	单线程I/O多路复用模型	多线程模型
持久化	支持RDB和AOF持久化	不支持持久化
集群	服务端集群，支持横向扩展及主、备高可用	客户端集群

从表 7.2 中可以看出，无论是数据类型还是持久化和集群管理，Redis 都比 Memcached 更加强大，因此越来越多的开发者将 Redis 作为缓存方案的首选。

1．安装和命令

在介绍Redis使用之前，首先安装Redis。Redis基于典型的C/S架构，即包含Redis Client 和 Redis Server。

首先，安装 Redis Server，以 macOS 系统为例，安装方法如下：

```
brew install redis
```

安装成功后启动 Redis Server，命令如下：

```
brew services start redis
```

📖 **小知识**：Homebrew 是 macOS（或 Linux）上不可缺失的软件包管理器，使用 Homebrew 可以轻松安装 Apple（或 Linux）没有预装但你需要的东西。而且，Homebrew 会将软件包安装到独立目录下，便于管理。更多信息可以参考网址 https://brew. sh/index_zh-cn。

Redis Server 服务默认监听在本地的 6379 端口：

```
lsof -i :6379
COMMAND    PID    USER   FD    TYPE             DEVICE SIZE/OFF NODE NAME
redis-ser 84589 yuanlin  6u   IPv4 0x5332c3e20bd0b75   0t0  TCP localhost:
6379 (LISTEN)
redis-ser 84589 yuanlin  7u   IPv6 0x5332c3e1379d7b5   0t0  TCP localhost:
6379 (LISTEN)
```

通过上述方法安装 Redis Server 的同时，也会安装 Redis Client 命令行工具：

```
redis-cli
127.0.0.1:6379>
lsof -i :6379
```

相比自带的命令行工具，对于新手这里推荐一款强大且易用的 GUI 工具 TablePlus（官方网址为 https://tableplus.com/）。它可以管理多种类型的数据库，如图 7.7 所示。

图 7.7　TablePlus 数据库工具

🔔提示：除了上述基于 Homebrew 的安装方式外，还可以从 Redis 官网下载编译好的安装包，网址是 https://redis.io/download。

安装完成后，下面基于 Redis Client 命令行工具来介绍 Redis 常用命令的使用。

首先介绍最基本的字符串（String）数据类型。

```
# 选择数据库 1
127.0.0.1:6379> SELECT 1
OK
# 设置 key 值 k_str 的 value 为"hello"
127.0.0.1:6379[1]> SET k_str hello
OK
# 读取 key 值 k_str 的 value
127.0.0.1:6379[1]> GET k_str
"hello"
# 读取 key 值 k_str 的 value 数据类型
127.0.0.1:6379[1]> TYPE k_str
string
# 设置 key 值 k_str 的键值对 1s 后过期
127.0.0.1:6379[1]> EXPIRE k_str 1
(integer) 1
# 1s 后发现 key 值 k_str 的键值对已被删除
127.0.0.1:6379[1]> GET k_str
(nil)
# 因为已过期，所以删除 key 值 k_str 的返回值为 0
127.0.0.1:6379[1]> DEL k_str
(integer) 0
```

📖 **小知识**：Redis 命令行对大小写不敏感，使用 Tab 键补齐的时候命令会自动变成大写，当然小写也可以辨识。但是推荐使用大写，这样可以和键值的小写区分开。

其次介绍可以实现消息队列效果的列表（List）数据类型。

```
# 选择数据库 2
127.0.0.1:6379> SELECT 2
OK
# 插入 key 值 k_list 的队列头部（左边）
127.0.0.1:6379[2]> LPUSH k_list redis
(integer) 1
# 插入 key 值 k_list 的队列头部（左边）
127.0.0.1:6379[2]> LPUSH k_list mongo
(integer) 2
# 插入 key 值 k_list 的队列头部（左边）
127.0.0.1:6379[2]> LPUSH k_list mysql
(integer) 3
# 获取列表指定范围内的元素
127.0.0.1:6379[2]> LRANGE k_list 0 2
1) "mysql"
2) "mongo"
3) "redis"
# 移除 key 值 k_list 的队列尾部（右边）
127.0.0.1:6379[2]> RPOP k_list
"redis"
# 获取列表指定范围内的元素
127.0.0.1:6379[2]> LRANGE k_list 0 1
1) "mysql"
2) "mongo"
```

最后介绍一下 Redis 特有的功能强大的有序集合（Sorted Set）数据类型，它具有集合的特性，即不允许重复的元素。同时，每个元素都会关联一个 double 类型的分数，Redis 通过分数来为集合中的元素进行排序。

```
# 选择数据库 3
127.0.0.1:6379> SELECT 3
OK
# 添加分数为 1 的"redis"至 key 值为 k_zset 的有序集合
127.0.0.1:6379[3]> ZADD k_zset 1 redis
(integer) 1
# 添加分数为 2 的"mongo"至 key 值为 k_zset 的有序集合
127.0.0.1:6379[3]> ZADD k_zset 2 mongo
(integer) 1
# 添加分数为 3 的"mysql"至 key 值为 k_zset 的有序集合
127.0.0.1:6379[3]> ZADD k_zset 3 mysql
(integer) 1
# 通过索引区间返回有序集合指定区间内的元素
127.0.0.1:6379[3]> ZRANGE k_zset 0 2
1) "redis"
2) "mongo"
3) "mysql"
# 通过索引区间返回有序集合指定区间内的元素，分数从高到低排序
```

```
127.0.0.1:6379[3]> ZREVRANGE k_zset 0 2 WITHSCORES
1) "mysql"
2) "3"
3) "mongo"
4) "2"
5) "redis"
6) "1"
```

2．开发和应用

上一节"鉴权"中介绍的 Session 就是 Redis 缓存的典型应用，它具有读取频繁但更新较少的特性，使用 Redis 不仅可以提高性能，还可以大大缓解读取 Session 文件或数据库的压力。

下面基于上一节 Session 的案例，介绍 Redis 应用于 Session 的开发实例。

（1）复制 Session 项目如下：

```
cp -R session session-redis
cd session-redis && cd server
```

（2）安装项目依赖包，以及实现 Session 的 Redis 存储的依赖包：

```
npm install
npm install --save redis connect-redis
```

（3）修改 Session 配置使其存储至 Redis 服务中，修改 app.js 文件代码如下：

```
01  // 省略了未修改的代码
02
03  var redis = require('redis')
04  var RedisStore = require('connect-redis')(session)
05  var redisClient = redis.createClient(6379, '127.0.0.1')
06
07  // 省略了未修改的代码
08
09  app.use(session({
10      secret: 'session_secret',
11      saveUninitialized: true,      // 是否保存未初始化的 session
12      resave: true,                 // 是否保存 session 至存储
13      cookie: {
14          expires: new Date(Date.now() + 1000 * 60 * 60 * 24)
            // session 过期时间为 1 天
15      },
16      store: new RedisStore({ client: redisClient })
17  }))
18
19  // 省略了未修改的代码
```

（4）启动 Node 服务：

```
npm start
```

这里使用 cURL 命令行工具来验证上述 Redis 存储 Session 的实现。

```
curl -X POST 'http://127.0.0.1:3000/users/login' \
-H 'Content-Type: application/json' \
```

```
-d '{
    "name": "admin",
    "password": "admin"
}'
```

此时，登录成功，返回结果如下：

```
{
    "code": 0,
    "msg": "登录成功"
}
```

使用 Redis Client 命令行工具连接至 Redis Server，查看当前的 Session 数据：

```
redis-cli
127.0.0.1:6379> KEYS sess:*
1) "sess:Gjs7NCYJuzcNhiMmqGtuWc7es5QxfyZX"
127.0.0.1:6379> GET sess:Gjs7NCYJuzcNhiMmqGtuWc7es5QxfyZX
"{\"cookie\":{\"originalMaxAge\":85953999,\"expires\":\"2020-01-26T10:
43:27.940Z\",\"httpOnly\":true,\"path\":\"/\"},\"user\":\"admin\"}"
```

最终，Session 数据存储到了 Redis 中，从而大大提升了读写 Session 的性能。

> 注意：在使用 Redis 的 KEYS 命令时，需要非常谨慎地使用通配符，如果模糊匹配的键值过多，会导致 Redis 服务压力增大而发生异常。

3. 设计经验和常见问题

在介绍完 Redis 缓存的使用和开发之后，读者可能对 Redis 所谓的高性能好奇和有疑问。最后，我们就谈一谈 Redis 的高性能和实际使用中的一些设计经验。

Redis 的高性能主要基于如下两个方面：

- 基于内存而非硬盘：众所周知，内存的物理读取速度是远远大于硬盘的，因为这是 Redis 性能高的一个基本前提。
- 高性能的设计和实现：例如，基于 I/O 多路复用模型，单线程设计配合内存高速读取满足高并发、高性能需求。在这一点上，Redis 和 Node 的实现思路非常相似。

当然，使用 Redis 提升系统服务性能的缓存，不仅仅有优点，在实际设计和实现中也面临新的问题和挑战：

- 缓存和数据库数据一致性问题：要保证两者的数据一致性，不仅仅是技术问题，也是业务和产品设计中需要厘清的问题。
- 缓存穿透问题：恶意用户模拟请求很多缓存中不存在的数据，导致请求短时间内直接访问数据库，从而造成数据库的压力激增，最终可能使系统出现异常。针对缓存穿透攻击，可以通过严格的参数校验、为空的缓存对象等方法应对。
- 缓存雪崩问题：如果 Redis 服务崩溃或同一时间大量键值对过期，仍然会造成和缓存穿透问题类似的结果，即缓存无效造成数据库压力激增，最终可能导致系统发生异常。针对缓存雪崩问题，可以通过优化策略让过期时间离散、高可用且易于水平扩展的 Redis 集群等方法来应对。

7.3.2　单点登录

单点登录（Single Sign On，SSO）是指在多个应用系统中只需要登录一次，就可以访问其他相互信任的应用系统。

例如，企业的信息化需求使整个办公系统由多个不同的子系统构成，包括办公自动化（Office Automation，OA）系统、财务管理系统、档案管理系统及信息查询系统等。

再比如，不断演进的复杂系统设计，往往经历从刚开始的单个站点单一系统的架构设计，逐渐拆分成多个子系统的服务化设计。

下面基于 7.2 节的 Session 和 JWT 两种鉴权方法，介绍单点登录的不同实现方式。

1．Session单点登录

实现基于 Session 的单点登录，需要依赖 Redis 服务。

```
brew services start redis
```

复制 session-redis 项目如下：

```
cp -R session-redis session-sso
cd session-sso
```

生成两个站点的项目如下：

```
mv server site1
cp -R site1 site2
```

针对上述两个站点 site1 和 site2，安装项目依赖包：

```
npm install
```

最后启动这两个站点的 Node 服务，并且设置不同的监听端口：

```
cd site1
PORT=5001 npm start
cd site2
PORT=5002 npm start
```

在启动完这两个站点的服务后，使用接口调试工具 Postman 来验证上述 SSO 的实现。

（1）站点 1 登录 http://127.0.0.1:5001/users/login（POST 请求），在请求体内添加 JSON 数据如下：

```
{
    "name": "admin",
    "password": "admin"
}
```

如果登录成功，返回结果如下：

```
{
    "code": 0,
    "msg": "登录成功"
}
```

（2）访问站点 1 首页 http://127.0.0.1:5001/（GET 请求），返回首页信息：

```
{
    "code": 0,
    "msg": "访问首页"
}
```

（3）访问站点 2 首页 http://127.0.0.1:5002/（GET 请求），返回首页信息：

```
{
    "code": 0,
    "msg": "访问首页"
}
```

如果此时通过域名 http://localhost:5002/（GET 请求）访问站点 2 首页的话，结果是这样的：

```
{
    "code": 2,
    "msg": "未登录"
}
```

细心的读者可能会好奇：为什么会出现这样的问题呢？要明白上述现象，需要厘清如下几个问题：

问题 1：127.0.0.1 和 localhost 有什么区别？

127.0.0.1 是一个 IP 地址，而 localhost 是一个域名，之所以大家会混淆，是因为系统中域名解析的静态配置文件/etc/hosts 中默认配置了 localhost 域名的解析，如下：

```
127.0.0.1 localhost
```

问题 2：基于 Session 单点登录的客户端原理是什么？

基于 Session 单点登录的客户端凭证默认是基于浏览器 Cookie 实现的，7.1 节介绍了同源策略，其中，Cookie 便有同源限制，即对于 127.0.0.1 下的 Cookie，其他域名如 localhost 是无法访问到的。

2. JWT单点登录

基于 JWT 实现的单点登录相比 Session 更加简单，因为无须依赖于 Redis 等缓存服务做 Session 共享，也无须依赖于 Cookie 的跨域限制和共享机制。

复制 7.2 节的 JWT 项目文件如下：

```
cp -R jwt jwt-sso
cd jwt-sso
```

生成两个站点的项目如下：

```
mv server site1
cp -R site1 site2
```

针对上述两个站点 site1 和 site2，安装项目依赖包：

```
npm install
```

最后启动这两个站点的 Node 服务，并且设置不同的监听端口：

```
cd site1
PORT=5001 npm start
cd site2
PORT=5002 npm start
```

在启动完这两个站点的服务后，使用 cURL 命令行工具来验证上述 SSO 的实现结果。

（1）站点 1 登录 http://127.0.0.1:5001/users/login（POST 请求），请求体添加 JSON 数据：

```
curl -X POST 'http://127.0.0.1:5001/users/login' \
-H 'Content-Type: application/json' \
-d '{
    "name": "admin"
}'
```

如果登录成功，返回结果如下：

```
{
    "code": 0,
    "token": "eyJhbGciOiJIUzI1NiIsInR5cCI6IkpXVCJ9.eyJuYW1lIjoiYWRtaW4iL
CJpYXQiOjE1ODAxODM2NDYsImV4cCI6MTU4MDE4NDI0Nn0.TFOVW76x0QLsNVnrz76--kR8
WZp7s3jdNBtrhpXMDiw"
}
```

（2）对获取的 Token 进行校验，使用 http://127.0.0.1:5002/users/validate（POST）验证 JWT：

```
curl -X POST 'http://127.0.0.1:5002/users/validate' \
-H 'Authorization: Bearer eyJhbGciOiJIUzI1NiIsInR5cCI6IkpXVCJ9.eyJuYW1l
IjoiYWRtaW4iLCJpYXQiOjE1ODAxODM2NDYsImV4cCI6MTU4MDE4NDI0Nn0.TFOVW76x0QL
sNVnrz76--kR8WZp7s3jdNBtrhpXMDiw'
```

（3）如果校验成功，返回结果如下：

```
{
    "code": 0,
    "msg": "{\"name\":\"admin\",\"iat\":1580183646,\"exp\":1580184246}"
}
```

基于 JWT 实现的 SSO，只需要在浏览器端将获取的 token 保存下来，根据不同的业务需求可以保存至 Cookie、SessionStorage 或 LocalStorage 中，然后添加至后续的 HTTP 请求头中，便可以通过校验实现单点登录的效果。

7.4　对象—关系映射

在 Node 实际开发中，绕不开的便是数据库开发：

- 对于 MySQL 等关系型数据库来说，可以使用结构化查询语言（Structured Query Language，SQL）访问和处理数据库。
- 对于 NoSQL 的代表 MongoDB 来说，提供了 JavaScript 语法交互来操作 MongoDB。

随着面向对象的软件开发成为主流开发方法，对数据库的操作也可以通过操作对象的语法实现，这便是对象—关系映射（Object/Relation Mapping，ORM）。

以 MySQL 和 MongoDB 为例，ORM 把数据库映射成对象，三者的关联如表 7.3 所示。

表 7.3　ORM数据库与对象映射关系

对　　象	MySQL	MongoDB
类（Class）	数据库表（Table）	数据库集合（Collection）
对象（Object）	记录行（Row）	文档（Document）
对象属性（Attribute）	字段（Column）	数据域（Field）

7.4.1　Sequelize——关系型数据库的 ORM 实现

为了提升数据库的开发效率，Node 针对关系型数据库有如下几种常见的 ORM 框架：
- Sequelize（https://sequelize.org/）：最老牌的 ORM 框架，支持多种关系型数据库，文档完善，更新频繁；
- BookShelf（https://bookshelfjs.org/）：Sequelize 之后的另一款 ORM 框架，同样支持多种关系型数据库，虽然相比 Sequelize 应用没有那么广泛，但是文档和更新都非常完善；
- TypeORM（https://typeorm.io/）：对 TypeScript 支持较好，如果使用 TypeScript 开发，则推荐使用。

鉴于框架的功能、社区活跃度及可供参考的文档，本节将重点介绍 Sequelize，将其掌握之后，再去学习 BookShelf 或 TypeORM 会更加简单、容易。

Sequelize 是一个基于 Promise 的 Node ORM 框架，目前支持 PostgreSQL、MySQL、MariaDB、SQLite 及 Microsoft SQL Server。它具有强大的事务支持、关联关系、预读和延迟加载、读取复制等功能。

1．连接数据库

在介绍 Sequelize 之前，需要准备一个关系型数据库。这里以 MySQL 为例。

（1）安装 MySQL Server，以 macOS 系统为例，安装方法如下：

```
brew search mysql
brew install mysql@5.7
```

（2）安装成功后启动 MySQL Server，命令如下：

```
brew services start mysql@5.7
```

（3）还需要安装 MySQL Client 工具，命令如下：

```
brew install mycli
```

📖 **小知识**：这里推荐使用的是 mycli 客户端命令行工具，而非 MySQL 官方的客户端工具，是因为 mycli 具有自动完成和语法突出显示功能，便于初学者使用。想要了解 mycli 的更多功能，可以参考其官网，网址是 https://www.mycli.net/。

（4）使用 mycli 命令行工具连接 MySQL Server：

```
mycli -u root
mysql root@localhost:(none)> CREATE DATABASE test_db;
mysql root@localhost:(none)> SHOW DATABASES;
+--------------------+
| Database           |
+--------------------+
| information_schema |
| mysql              |
| performance_schema |
| sys                |
| temp               |
| test_db            |
+--------------------+
6 rows in set
Time: 0.047s
```

（5）数据库创建成功后，新建 Node 数据库测试文件如下：

```
touch db.js
```

（6）修改 db.js 文件，代码如下：

```
01  const Sequelize = require('sequelize');
02
03  const db_name = 'test_db'
04  const username = 'root'
05  const password = '123456'
06
07  const sequelize = new Sequelize(db_name, username, password, {
08      host: 'localhost',
09      port: 3306,
10      dialect: 'mysql',
11      pool: {
12          max: 5,                      // 连接池最大连接数
13          min: 0,                      // 连接池最小连接数
14      }
15  });
16
17  sequelize
18      .authenticate()
19      .then(() => {
20          console.log('数据库连接成功');
21      })
22      .catch(err => {
23          console.error('数据库连接失败：', err);
24      });
```

（7）还需要安装相关的依赖包，命令如下：

```
npm install --save mysql2 sequelize
```

（8）执行 db.js 文件：

```
node db.js
```

此时数据库连接成功，输出结果如下：

数据库连接成功

至此，完成了 Sequelize 连接数据库的操作。

2．数据库表建模

（1）使用 mycli 命令行工具连接 MySQL Server，并在 test_db 数据库中新建 websites 表，代码如下：

```
mycli -u root
mysql root@localhost:(none)> use test_db;
mysql root@localhost:test_db> CREATE TABLE websites (
                        ->     id int unsigned NOT NULL AUTO_INCREMENT,
                        ->     name varchar(255),
                        ->     url varchar(255),
                        ->     alexa bigint,
                        ->     PRIMARY KEY (id)
                        -> ) ENGINE=InnoDB;
mysql root@localhost:test_db> show tables;
+------------------+
| Tables_in_test_db |
+------------------+
| websites         |
+------------------+
1 row in set
Time: 0.054s
```

（2）新建 JavaScript 文件：

```
touch model.js
```

（3）修改 model.js 文件代码如下：

```
01  const Sequelize = require('sequelize');
02  const sequelize = new Sequelize('test_db', 'root', '123456', {
03      host: 'localhost',
04      port: 3306,
05      dialect: 'mysql',
06  });
07
08  class Website extends Sequelize.Model { }
09  Website.init({
10      id: {
11          type: Sequelize.INTEGER.UNSIGNED,
12          allowNull: false,
13          autoIncrement: true,
14          primaryKey: true
15      },
16      name: Sequelize.STRING,
17      url: Sequelize.STRING,
18      alexa: Sequelize.BIGINT
19  }, {
20      sequelize,
21      timestamps: false,
22      tableName: 'websites'
```

```
23    });
24
25    const sites = [
26        {
27            name: '百度',
28            url: 'https://baidu.com',
29            alexa: 200
30        },
31        {
32            name: '淘宝',
33            url: 'https://taobao.com',
34            alexa: 300
35        },
36    ]
37    sites.forEach(function (item) {
38        Website.create(item)
39            .then((result) => {
40                console.log('插入数据成功：', result.id);
41            }).catch(err => {
42                console.error('插入数据失败：', err);
43            });
44    });
```

🔔提示：关于 Sequelize 数据类型和 SQL 的更多映射关系定义，可以参考官方文档，网址为 https://sequelize.org/v5/manual/data-types.html。

（4）执行 model.js 文件：

```
node model.js
```

此时，插入表数据成功，输出结果如下：

```
插入数据成功：  1
插入数据成功：  2
```

（5）使用 mycli 命令行工具验证插入的表数据：

```
mysql root@localhost:test_db> select * from websites;
+----+------+-------------------+-------+
| id | name | url               | alexa |
+----+------+-------------------+-------+
| 1  | 百度 | https://baidu.com | 200   |
| 2  | 淘宝 | https://taobao.com| 300   |
+----+------+-------------------+-------+
```

3．表关联和查询

下面新建一个 access_logs 表来演示表关联的用法。

```
mysql root@localhost:test_db> CREATE TABLE access_logs (
                          ->     id int unsigned NOT NULL AUTO_INCREMENT,
                          ->     site_id int unsigned NOT NULL,
                          ->     count int,
                          ->     date date,
                          ->     PRIMARY KEY (id)
```

```
                   -> ) ENGINE=InnoDB;
mysql root@localhost:test_db> INSERT INTO access_logs (site_id, count,
date)
                   -> VALUES ('1', '100', '2019-12-01');
mysql root@localhost:test_db> INSERT INTO access_logs (site_id, count,
date)
                   -> VALUES ('1', '200', '2019-12-02');
mysql root@localhost:test_db> select * from access_logs;
+----+---------+-------+------------+
| id | site_id | count | date       |
+----+---------+-------+------------+
| 1  | 1       | 100   | 2019-12-01 |
| 2  | 1       | 200   | 2019-12-02 |
+----+---------+-------+------------+
2 rows in set
Time: 0.012s
```

新建 JavaScript 文件：

```
touch association.js
```

修改 association.js 文件，代码如下：

```
01  const Sequelize = require('sequelize');
02  const sequelize = new Sequelize('test_db', 'root', '123456', {
03      host: 'localhost',
04      port: 3306,
05      dialect: 'mysql',
06  });
07
08  class Website extends Sequelize.Model { }
09  Website.init({
10      id: {
11          type: Sequelize.INTEGER.UNSIGNED,
12          allowNull: false,
13          autoIncrement: true,
14          primaryKey: true
15      },
16      name: Sequelize.STRING,
17      url: Sequelize.STRING,
18      alexa: Sequelize.BIGINT
19  }, {
20      sequelize,
21      timestamps: false,
22      tableName: 'websites'
23  });
24
25  class AccessLog extends Sequelize.Model { }
26  AccessLog.init({
27      id: {
28          type: Sequelize.INTEGER.UNSIGNED,
29          allowNull: false,
30          autoIncrement: true,
31          primaryKey: true
32      },
33      site_id: {
```

```
34          type: Sequelize.INTEGER.UNSIGNED,
35          allowNull: false
36      },
37      count: Sequelize.INTEGER,
38      date: Sequelize.DATEONLY
39  }, {
40      sequelize,
41      timestamps: false,
42      tableName: 'access_logs'
43  });
44
45  Website.hasMany(AccessLog, {
46      foreignKey: 'site_id', sourceKey: 'id', as: 'accessLogs'
47  })
48
49  Website.findAll({
50      where: {
51          id: 1,
52      },
53      include: [{
54          model: AccessLog,
55          required: true, // INNER JOIN
56          as: 'accessLogs',
57      }]
58  }).then(result => {
59      console.log('插入数据成功: ', JSON.stringify(result));
60  }).catch(err => {
61      console.error('插入数据失败: ', err);
62  });
```

最后执行 association.js 文件：

```
node association.js
```

此时，查询关联表数据成功，输出结果如下：

```
Executing (default): SELECT `Website`.`id`, `Website`.`name`, `Website`.
`url`, `Website`.`alexa`, `accessLogs`.`id` AS `accessLogs.id`, `accessLogs`.
`site_id` AS `accessLogs.site_id`, `accessLogs`.`count` AS `accessLogs.
count`, `accessLogs`.`date` AS `accessLogs.date` FROM `websites` AS `Website`
INNER JOIN `access_logs` AS `accessLogs` ON `Website`.`id` = `accessLogs`.
`site_id` WHERE `Website`.`id` = 1;
插入数据成功:  [{"id":1,"name":"百度","url":"https://baidu.com","alexa":200,
"accessLogs":[{"id":1,"site_id":1,"count":100,"date":"2019-12-01"},{"id":2,
"site_id":1,"count":200,"date":"2019-12-02"}]}]
```

4. 事务

在创建 MySQL 数据库的 **test_db** 表时设置了 innoDB 引擎，该引擎是支持事务（transaction）的。同样，Sequelize 框架也实现了对事务的操作。

（1）新建 JavaScript 文件：

```
touch transaction.js
```

（2）修改 transaction.js 文件，代码如下：

```
01  const Sequelize = require('sequelize');
02  const sequelize = new Sequelize('test_db', 'root', '123456', {
03      host: 'localhost',
04      port: 3306,
05      dialect: 'mysql',
06  });
07
08  class Website extends Sequelize.Model { }
09  Website.init({
10      id: {
11          type: Sequelize.INTEGER.UNSIGNED,
12          allowNull: false,
13          autoIncrement: true,
14          primaryKey: true
15      },
16      name: Sequelize.STRING,
17      url: Sequelize.STRING,
18      alexa: Sequelize.BIGINT
19  }, {
20      sequelize,
21      timestamps: false,
22      tableName: 'websites'
23  });
24
25  return sequelize.transaction((t) => {
26      return Website.create({
27          name: '腾讯',
28          url: 'https://qq.com',
29          alexa: 40
30      }, { transaction: t }).then((site) => {
31          return site.update({
32              alexa: 400,
33          }, { transaction: t });
34      });
35  }).then((result) => {
36      console.log('事务提交成功: ', JSON.stringify(result));
37  }).catch(err => {
38      console.error('事务操作失败: ', err);
39  });
```

（3）执行 transaction.js 文件：

```
node transaction.js
```

此时，事务操作成功，输出结果如下：

```
Executing (c6bc046c-348e-4757-838f-e570ed2c0a80): START TRANSACTION;
Executing (c6bc046c-348e-4757-838f-e570ed2c0a80): INSERT INTO `websites`
(`id`,`name`,`url`,`alexa`) VALUES (DEFAULT,?,?,?);
Executing (c6bc046c-348e-4757-838f-e570ed2c0a80): UPDATE `websites` SET
`alexa`=? WHERE `id` = ?
Executing (c6bc046c-348e-4757-838f-e570ed2c0a80): COMMIT;
事务提交成功: {"id":8,"name":"腾讯","url":"https://qq.com","alexa":400}
```

5．迁移

对于关系型数据库来说，数据库迁移就像是数据库的版本控制，可以让开发者轻松修改并共享应用程序的数据库结构。使用 Sequelize 命令行工具也可以实现迁移操作。

（1）安装 Sequelize 命令行工具，命令如下：

```
npm install -g sequelize-cli
```

这里使用参数-g 进行全局安装。

（2）安装成功后，使用该命令行工具初始化迁移项目：

```
sequelize-cli init
```

（3）修改配置文件 config/config.json 以操作数据库：

```
{
    "development": {
        "username": "root",
        "password": "123456",
        "database": "test_db",
        "host": "127.0.0.1",
        "dialect": "mysql",
        "operatorsAliases": false
    },
    "test": {
        "username": "root",
        "password": "123456",
        "database": "test_db",
        "host": "127.0.0.1",
        "dialect": "mysql",
        "operatorsAliases": false
    },
    "production": {
        "username": "root",
        "password": "123456",
        "database": "test_db",
        "host": "127.0.0.1",
        "dialect": "mysql",
        "operatorsAliases": false
    }
}
```

需要注意的是，上述配置分为 3 种不同的环境：

- development：用于开发环境；
- test：用于测试环境；
- production：用于用户正式生产环境。

迁移项目的使用过程中，通过环境变量 NODE_ENV 来区分，如果没有设置该环境变量，默认用于开发环境。

（4）在配置好项目后，生成第一个数据库迁移，命令如下：

```
sequelize-cli model:generate --name User --attributes firstName:string,
```

```
lastName:string
```

此时会生成如下两个文件：
- 在 models 文件夹中创建了一个 user.js 的模型文件；
- 在 migrations 文件夹中创建了一个日期时间-User.js 的迁移文件。

（5）运行上述迁移，命令如下：

```
sequelize-cli db:migrate
```

此时可以发现，数据库中新增了两个表，即 Users 和 SequelizeMeta。
其中，SequelizeMeta 表用于记录在当前数据库上运行的迁移。

```
mysql root@localhost:test_db> SELECT * FROM `SequelizeMeta`;
+-----------------------------+
| name                        |
+-----------------------------+
| 20200129110517-create-user.js |
+-----------------------------+
1 row in set
Time: 0.052s
```

上述介绍的 Sequelize 的用法，已经可以满足实际项目开发的基本需求。

🔖提示：如果想要了解更多 Sequelize 的用法，可以参考官方文档，网址为 https://sequelize.
　　　　org/v5/index.html 或者 https://demopark.github.io/sequelize-docs-Zh-CN/。

7.4.2　Mongoose——MongoDB 的 ORM 实现

很多项目使用 MongoDB 也能满足开发需求，而且相比关系型数据库 MySQL 来说，
MongoDB 比 NoSQL 有如下优势：
- MongoDB 是一个面向文档存储的数据库，这里的文档类似于 JSON 对象，操作起来比较简单和容易；
- MongoDB 支持丰富的查询表达式，并且提供了 JavaScript 语法交互；
- MongoDB 是一个基于分布式文件存储的开源数据库系统，易于扩展。

📖 小知识：NoSQL 是对非传统的关系数据库的数据库管理系统的统称。常用的 NoSQL
　　　　　除了 MongoDB 外，还包括 Redis、Memcached、Hbase 及 Cassandra 等。

在 Node 开发中，最常用的 MongoDB 的 ORM 实现便是 Mongoose（官方网址为 https://
mongoosejs.com/）。

1．连接数据库

在介绍 Mongoose 的使用之前，需要准备好 MongoDB 数据库。
（1）安装 MongoDB Server，以 macOS 系统为例，下载安装包，命令如下：

```
wget https://fastdl.mongodb.org/osx/mongodb-macos-x86_64-4.2.7.tgz
```

```
tar -zxvf mongodb-macos-x86_64-4.2.7.tgz
cd mongodb-macos-x86_64-4.2.7
```

（2）安装成功后启动 MongoDB Server 如下：

```
mkdir -p ./data/db
./bin/mongod --dbpath ./data/db
```

（3）安装包同时包含 MongoDB Client 工具：

```
./bin/mongo --host 127.0.0.1 --port 27017
> show dbs;
admin   0.000GB
config  0.000GB
local   0.000GB
> use test_db
switched to db test_db
> db
test_db
```

（4）新建 Node 数据库测试文件如下：

```
touch db.js
```

（5）修改 db.js 文件代码如下：

```
01  const mongoose = require('mongoose');
02
03  const uri = 'mongodb://127.0.0.1/test_db?poolSize=5';
04  mongoose.createConnection(uri, {
05      poolSize: 4
06  }).then(() => {
07      console.log('数据库连接成功');
08  }).catch(err => {
09      console.error('数据库连接失败：', err);
10  });
```

（6）安装相关的依赖包，命令如下：

```
npm install --save mongoose
```

（7）执行 db.js 文件：

```
node db.js
```

此时数据库连接成功，输出结果如下：

数据库连接成功

至此，完成 Mongoose 连接数据库的操作。

2．插入

相对于 MySQL 的数据库表，MongoDB 将数据存储在集合中，并且在操作集合数据时，也需要指定相应的数据库。

（1）新建 JavaScript 文件：

```
touch collection.js
```

（2）修改 collection.js 文件代码如下：

```
01  const mongoose = require('mongoose');
02
03  const uri = 'mongodb://127.0.0.1/test_db?poolSize=5';
04  const connection = mongoose.createConnection(uri);
05
06  const Website = connection.model('Website', {
07      name: String,
08      url: String,
09      alexa: Number
10  });
11
12  const sites = [
13      {
14          name: '百度',
15          url: 'https://baidu.com',
16          alexa: 200
17      },
18      {
19          name: '淘宝',
20          url: 'https://taobao.com',
21          alexa: 300
22      },
23  ]
24  sites.forEach(function (item) {
25      new Website(item).save()
26          .then((result) => {
27              console.log('插入数据成功: ', result.id);
28          }).catch(err => {
29              console.error('插入数据失败: ', err);
30          });
31  });
```

（3）执行 collection.js 文件：

```
node collection.js
```

此时数据库插入成功，输出结果如下：

```
插入数据成功: 5e33f066a4359eadc301def9
插入数据成功: 5e33f066a4359eadc301defa
```

有趣的是，MongoDB 不需要事先新建数据库，如上例中的 test_db 数据库，对于 MongoDB 来说，如果数据库不存在，则创建数据库，否则会切换到指定的数据库。

3. 查询

Mongoose 的查询操作也非常简单、易学。

（1）新建查询示例文件：

```
touch query.js
```

（2）修改 query.js 文件代码如下：

```
01  const mongoose = require('mongoose');
02
```

```
03  const uri = 'mongodb://127.0.0.1/test_db?poolSize=5';
04  const connection = mongoose.createConnection(uri);
05
06  const Website = connection.model('Website', {
07    name: String,
08    url: String,
09    alexa: Number
10  });
11
12  Website.findOne({ name: '百度' })
13    .select('name url alexa')
14    .exec(function (err, site) {
15      if (err) return handleError(err);
16      console.log('%s %s %s', site.name, site.url,
17        site.alexa);
18    });
```

（3）执行 query.js 文件：

```
node query.js
```

此时，数据库查询成功，输出结果如下：

```
百度 https://baidu.com 200
```

4．聚合

MongoDB 中的聚合（Aggregate）主要用于处理数据，如统计平均值、求和等计算，类似 SQL 中的 count(*)等函数操作。不仅如此，MongoDB 还提供类似 UNIX 和 Linux 系统的管道（Pipline）实现了聚合管道（Aggregate Pipline），以支持更加复杂的数据处理流。

📖 **小知识**：管道是 UNIX 和 Linux 系统中历史最悠久的进程间通信方式。管道本质上就是一个文件，前面的进程以写方式打开文件，后面的进程以读方式打开文件。这样前面写完后面读，就实现了通信。

这里结合 Mongoose 来介绍 MongoDB 这一特有的强大特性。
（1）新建 JavaScript 测试文件：

```
touch aggregation.js
```

（2）修改 aggregation.js 文件代码如下：

```
01  const mongoose = require('mongoose');
02
03  const uri = 'mongodb://127.0.0.1/test_db?poolSize=5';
04  const connection = mongoose.createConnection(uri);
05
06  const Website = connection.model('Website', {
07    name: String,
08    url: String,
09    alexa: Number
10  });
11
```

```
12  const aggregate = Website.aggregate([
13     {
14        $match: {
15           alexa: { $gte: 200 }
16        }
17     },
18     {
19        $group: {
20           _id: null, total: { $sum: "$alexa" }
21        }
22     }
23  ]);
24  aggregate.exec(function (err, site) {
25     if (err) return handleError(err);
26     console.log('alexa 总计: ', site[0].total);
27  });
```

上述代码中，方法 aggregate() 的参数是一个数组，即表示多个聚合操作形成的管道，其中：

第一个聚合操作如下：

```
$match: {
   alexa: { $gte: 200 }
}
```

该聚合操作的结果会作为以下第二个聚合操作的输入：

```
$group: {
   _id: null, total: { $sum: "$alexa" }
}
```

（3）执行 aggregation.js 文件：

```
node aggregation.js
```

最终，聚合管道操作的输出结果如下：

```
alexa 总计:  500
```

至此，上述示例介绍的 Mongoose 用法已经可以满足实际项目开发的基本需求了。

提示：如果想要了解更多 Mongoose 的用法和文档，可以参考官方文档 https://mongoosejs.com/docs/guide.html 或者 https://cn.mongoosedoc.top/docs/guide.html。

7.5　小　　结

通过第 3 章的铺垫，以及本章 Node 开发进阶的系统介绍，相信读者已经能够使用 Node 独立解决项目开发中的以下问题了：

- 跨域问题。通过浏览器同源策略限制，我们理解了跨域问题产生的原因，同时了解了解决跨域限制的 3 种常用方法：JSONP、CORS 及 Proxy。

- 鉴权问题。这是基于 Node 的 Web 开发中最基本、最常见同时也是最复杂的一个需求。熟练掌握不同的鉴权实现方案是 Node 进阶的基本功。
- 缓存问题。缓存不仅是优化系统性能的好方法，同时基于 Redis 的多种数据类型，还可以实现各种复杂业务需求，包含消息队列、数据统计等。
- 数据库问题。无论是关系型数据库 MySQL 还是 NoSQL 代表 MongoDB，熟练掌握 Node 开发中要长时间打交道的数据库 ORM 技术也是 Node 进阶的必修课。通过 7.4 节中关于 Sequelize 和 Mongoose 的丰富案例介绍，这个问题也迎刃而解。

至此，Node 开发中的主要技术都已经介绍完毕。下一章将进行更复杂的实战项目演练。

第 8 章 项目实战 2：React+Node.js 实现社区项目从开发到上线

经过前面章节的学习，我们由浅入深地了解了 React+Node 开发的相关知识，并完成了一个简单的实战案例。

本章将使用更加贴近实际工作的技术栈进行一个相对复杂的项目开发，主要知识点包括：
- 产品原型：该项目的产品定义和描述；
- 技术选型：贴近实际开发场景的 MongoDB、Egg.js、Umi.js 及 Ant Design；
- 项目开发：前后端的实际开发实现；
- 测试部署：前后端的部署及 E2E 测试。

8.1 产品原型

8.1.1 注册与登录

注册与登录模块为应用提供注册账号的功能。注册信息包含用户名和密码，同名的用户最多只能存在一个。在该模块中，可以使用已注册的用户信息进行登录。对于没有登录的用户，应用的其他功能不可用。

注册与登录的产品原型如图 8.1 所示。

图 8.1 产品原型：注册与登录

8.1.2　新建主题

新建主题模块允许用户在页面上输入主题的标题和内容并提交一个新的主题。用户提交的信息和用户登录信息一起储存在应用中。

新建主题的产品原型如图 8.2 所示。

图 8.2　产品原型：新建主题

8.1.3　主题列表

主题列表显示所有主题的标题、作者和回复数，并提供访问文章详情的链接。同时，主题列表还支持按标题进行文章搜索，如果标题匹配，则显示该主题。

主题列表的产品原型如图 8.3 所示。

图 8.3　产品原型：主题列表

8.1.4　主题详情

主题详情显示一篇文章的标题、作者、创建时间和内容。主题详情的产品原型如图 8.4 所示。

图 8.4　产品原型：主题详情

8.1.5　评论功能

对于每一篇主题，展示对应的评论列表，其中包括发表评论的用户名称及评论内容。同时，评论功能还提供发表评论的功能，用户输入评论内容即可提交。

主题评论的产品原型如图 8.5 所示。

图 8.5　产品原型：主题评论

8.2　技术选型

在第 5 章的项目 React+Node 实现单页面评论系统中使用了以下技术栈：
- Fetch API：基于 Promise 获取网络资源的接口；
- Material-UI：Material Design 风格的 React 组件库；
- Express：保持最小规模和灵活度的 Node Web 应用程序开发框架；
- Lowdb：轻量级非关系型本地存储数据库。

这些技术栈比较简单，易于上手，但是在实际业务中往往需要选择更加成熟和工程化的技术架构。同时，合适的技术选型还可以提高开发效率，提高代码的质量和可维护性。

8.2.1　服务器端

1. MongoDB数据库

第 5 章已经介绍过，MongoDB 是一种典型的 NoSQL 数据库。同时，MongoDB 也是 Node 开发中最受欢迎的非关系型数据库之一。

MongoDB 官网（https://www.mongodb.com/download-center/community）提供了各平台的安装包。这里，以 macOS 系统为例介绍 MongoDB 的安装过程。

（1）进入/usr/local 目录并下载安装包：

```
cd /usr/local
sudo curl -O https://fastdl.mongodb.org/osx/mongodb-macos-x86_64-4.2.7.tgz
```

💡提示：本书编写时 MongoDB 的最新版本为 4.2.7，因此采用该版本进行演示。读者可以根据自身需求下载相应的版本。

（2）解压安装包并重命名目录名：

```
sudo tar -zxvf mongodb-macos-x86_64-4.2.7.tgz
sudo mv mongodb-macos-x86_64-4.2.7 mongodb
```

（3）将二进制命令文件目录添加到环境变量 PATH 中：

```
export PATH=/usr/local/mongodb/bin:$PATH
```

此时查看 MongoDB 的版本，命令如下：

```
mongod -version
```

显示版本信息如下，说明 MongoDB 已经安装成功。

```
db version v4.2.7
git version: 51d9fe12b5d19720e72dcd7db0f2f17dd9a19212
allocator: system
modules: none
build environment:
    distarch: x86_64
    target_arch: x86_64
```

（4）创建一个目录用于存储数据：

```
mkdir -p ./data/db
```

（5）启动 MongoDB 服务：

```
sudo mongod --dbpath=./data/db
```

为了验证该 MongoDB 服务的功能是否正常，可以使用 MongoDB Client 工具连接服务：

```
mongo
```

显示如下状态信息，说明 MongoDB Client 连接服务成功。

```
MongoDB shell version v4.2.7
connecting
```

```
mongodb://127.0.0.1:27017/?compressors=disabled&gssapi
ServiceName=mongodb
Implicit session: session { "id" : UUID("4db1ba0f-fdb0-4822-901e-0c0117c6
8ebb") }
MongoDB server version: 4.2.7
Welcome to the MongoDB shell.
For interactive help, type "help".
For more comprehensive documentation, see
    http://docs.mongodb.org/
Questions? Try the support group
    http://groups.google.com/group/mongodb-user
```

另一个快速验证 MongoDB 服务是否正常的方法是：使用 cURL 工具访问本地的 27017 端口服务。

```
curl http://localhost:27017
```

如果返回 "It looks like you are trying to access MongoDB over HTTP on the native driver port."，证明该 MongoDB 服务可用。

MongoDB 安装成功后，正式使用之前还需要掌握 MongoDB 的一些基本概念。

- 数据库（Database）：一个 MongoDB 连接中可以建立多个数据库，默认的数据库名为 db；
- 集合（Collection）：存在于数据库中，没有固定的结构，类似于关系型数据库中的表格（Table），用于存放文档；
- 文档（Document）：一组键值对，相当于关系型数据库中的 Row，与关系型数据库不同，MongoDB 的文档不需要设置相同的字段，并且相同的字段不需要相同的数据类型。

🔖提示：Node 开发中使用的 MongoDB 通常都基于 Mongoose ORM。关于 Mongoose 的详细介绍，可以参考 7.4 节。

在进行 MongoDB 的日常开发时，可以使用客户端图形工具，以便于查询和调试。

- Robomongo（https://robomongo.org/）：已改名为 Robo 3T，是一款免费的 GUI 工具；
- Studio 3T（https://studio3t.com/）：功能最强大的 GUI 工具，是收费软件，但是允许免费试用 30 天；
- MongoDB Compass（https://www.mongodb.com/try/download/compass）：MongoDB 官方出品的工具，支持性能监控；
- NoSQL Booster（https://nosqlbooster.com/）：有免费和付费的不同版本，支持性能监控。

这里以免费的 GUI 工具 Robomongo 为例，介绍 MongoDB 客户端工具的使用。

首先下载 Robomongo（https://robomongo.org/download）并安装。安装完成后，新建 MongoDB 连接配置，如图 8.6 所示。

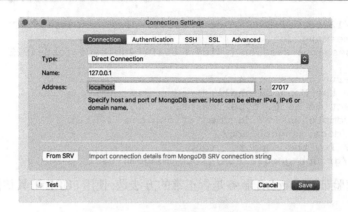

图 8.6　Robomongo 连接配置

配置连接好后，查看数据库下集合的数据，如图 8.7 所示。

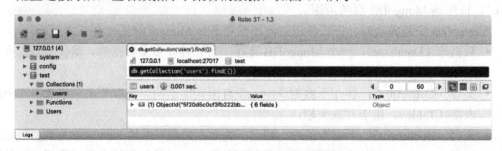

图 8.7　通过 Robomongo 工具查看数据

2. Egg.js框架

关于服务端开发框架，第 5 章使用过 Express，它的特点是简单、易上手，当业务复杂，需要团队协作时，使用 Express 框架还需要考虑引入规范和插件。

本节使用的 Egg.js 作为服务端开发框架，它是基于 Koa 的增强功能。

📖 小知识：Koa 是一款由 Express 原班人马开发的 Web 框架，它和 Express 的设计风格很相似，但在 Context、中间件和异常捕获方面有几点有显著的改进。关于 Koa 的更多信息，可以参考 https://koajs.com/。

相比 Express，Egg.js 奉行"约定大于配置"的原则，可以降低团队协作的成本，并且它拥有丰富的插件生态，其中集成了 ORM、WebSocket 和 Mongoose 等功能。

官方推荐直接使用脚手架进行 Egg.js 项目的初始化。

```
npm init egg --type=simple
mv init egg-example && cd egg-example
npm install
```

项目初始化成功后，使用 tree 工具查看结构：

```
01  .
02  ├── README.md
03  ├── app
04  │   ├── controller
05  │   │   └── home.js
06  │   └── router.js
07  ├── appveyor.yml
08  ├── config
09  │   ├── config.default.js
10  │   └── plugin.js
11  ├── package.json
12  └── test
13      └── app
14          └── controller
15              └── home.test.js
16
17  6 directories, 8 files
```

其中：

- app 是核心目录，存放项目代码；
- config 目录存放项目的配置文件；
- test 目录存放测试用例的文件；
- package.json 是项目配置和依赖管理的相关文件。

在 Egg.js 中，约定 app/router.js 用于统一存放所有路由的规则。该文件主要用来描述请求 URL 和具体承担执行动作的控制器的对应关系。代码如下：

```
01  'use strict';
02
03  /**
04   * @param {Egg.Application} app - egg application
05   */
06  module.exports = app => {
07      const { router, controller } = app;
08      router.get('/', controller.home.index);
09  };
```

上述代码中，第 8 行处理了 GET 请求 "/"，是由 app/controller/home.js 中的 index 方法处理的。查看 app/controller/home.js，代码如下：

```
01  'use strict';
02
03  const Controller = require('egg').Controller;
04
05  class HomeController extends Controller {
06      async index() {
07          const { ctx } = this;
08          ctx.body = 'hi, egg';
09      }
10  }
11
12  module.exports = HomeController;
```

上述文件中，第 7 行所定义的 ctx 变量是 Context 实例，后者是 Egg.js 中的内置对象，继承自 Koa.Context。它是一个请求级别的对象，每收到一次用户请求就会实例化一个 Context 对象，它包含了用户请求信息和设置响应信息的方法。第 8 行设置了内容为"hi, egg"的响应体。

使用 npm scripts 启动项目：

```
npm run dev
```

然后使用 cURL 命令行工具请求地址，输出结果如下：

```
curl localhost:7001
hi, egg
```

8.2.2　Web 前端

1. Dva.js框架

Dva.js（https://dvajs.com/）是一个基于 Redux、Redux-Saga 和 React-Router 的轻量级前端框架，同时它也集成了 Fetch API。

📖 小知识：React-Redux 中的数据流动局限在应用本身，无法实现异步请求等附加作用，而使用 Redux 中间件可以实现这些附加作用。常用的中间件有 Redux-Thunk 和 Redux-Saga，其中 Redux-Saga 的 API 较为丰富，以同步的方式实现异步逻辑。

想要使用 Dva.js，可以通过 NPM 以全局的方式安装 dva-cli 工具。

```
npm install -g dva-cli
```

然后使用 dva-cli 工具初始化项目并启动：

```
dva new dva-example
cd dva-example
npm start
```

此时，使用浏览器访问 http://localhost:8000 会显示欢迎页面，如图 8.8 所示。

Yay! Welcome to dva!

To get started, edit src/index.js and save to reload.
Getting Started

图 8.8　Dva.js 欢迎页面

为了使读者更好地了解 Dva.js 的数据流动，修改 src/routes/IndexPage.js 文件代码如下：

```
01  import React from 'react';
02  import { connect } from 'dva';
03
04  function IndexPage({ dispatch, example }) {
05      const { count } = example;
06      return (
07          <div>
08              <span>{count}</span>
09              <button
10                  onClick={() => {
11                      dispatch({ type: "example/save", payload: { count:
                        count + 1 } });
12                  }}
13              >
14                  +
15              </button>
16          </div>
17      );
18  }
19
20  export default connect(({ example }) => ({
21      example,
22  }))(IndexPage);
```

上述代码中，第 20 行的 connect() 就是 Redux 中的 connect 连接，将 Store 中的数据和 dispatch 方法注入组件的属性中。

然后修改 src/models/example.js 文件代码如下：

```
01  export default {
02      namespace: "example",
03      state: {
04          count: 0,
05      },
06      subscriptions: {
07          setup({ dispatch, history }) { },
08      },
09      effects: {},
10      reducers: {
11          save(state, action) {
12              return { ...state, ...action.payload };
13          },
14      },
15  };
```

- namespace：全局 State 中的 Key；
- state：model 中的数据存放在这里，通过 connect() 暴露给展示层；
- reducers：等同于 Redux 中的 Reducer，接收 Action，同步更新 State；
- effects：用于处理异步逻辑，使用了 Redux-Saga 的 API；
- subscriptions：监听订阅，用于从特定的数据源获取数据，如 WebSocket。

最后，修改 src/index.js 文件如下：

```
01  // 省略了未修改的代码
02
03  // 3. Model
04  app.model(require("./models/example").default);
05
06  // 省略了未修改的代码
```

使用浏览器访问 http://localhost:8000，可以看到一个由显示数字和增加按钮组成的简单计数器，每单击一次加号按钮，显示的数字加 1，效果如图 8.9 所示。

图 8.9　Dva.js 实现的简单计算器

Dva.js 实现了对 React 应用数据流动和数据请求的良好管理，是大型 React 应用开发者的好帮手。

2．Umi.js框架

Umi.js（官方网址为 https://umijs.org/）是一套新兴的企业级前端应用框架，它有如下特点：

- 同时支持配置式路由和约定式路由；
- 拥有丰富、完善的插件体系；
- 覆盖从源码安装到生产构建的整个生命周期。

安装和使用 Umi.js 前需要确保 Node 版本在 10 或以上，并确保已经安装了 YARN。本书使用的 Node 版本为 12.14.1：

```
node --version
v12.14.1
yarn --version
1.17.0
```

首先建立项目文件夹：

```
mkdir umi-example && cd umi-example
```

然后使用官方工具创建项目并安装依赖：

```
yarn create @umijs/umi-app
yarn
```

最后使用 yarn start 命令启动应用，通过浏览器访问 http://localhost:8000，可以看到如图 8.10 所示的页面。

图 8.10　Umi.js 的欢迎页面

Umi.js 脚手架默认内置了@umijs/preset-react，它是 Umi.js 中针对 React 的插件集，其中 plugin-layout 插件为 ant-design-pro 提供了默认布局。

此时，修改.umirc.ts 文件，添加布局配置：

```
01  import { defineConfig } from 'umi';
02
03  export default defineConfig({
04      layout: {},
05      routes: [{ path: '/', component: '@/pages/index' }],
06  });
```

等待增量编译完成后刷新页面，可以看到如图 8.11 所示的效果。

图 8.11　Umi.js 使用 ant-design-pro 布局的效果

一个基础 Umi.js 项目的目录大致如下：

```
01  .
02  ├── package.json
03  ├── .umirc.ts
04  ├── .env
05  ├── dist
06  ├── mock
07  ├── public
08  └── src
09      ├── .umi
10      ├── layouts/index.tsx
11      ├── pages
12      │   ├── index.less
13      │   └── index.tsx
14      └── app.ts
```

其中：

• dist 用于存放编译生成的结果文件；

• mock 用于存放 mock 文件；

- public 用于存放静态资源；
- src 用于存放项目待编译的代码，其中 pages 目录存放所有路由组件，layout 目录存放全局的布局文件，.umi 目录存放临时文件，不要将它提交到代码仓库中。

3．Ant Design组件库

在当今的 React 生态中，Ant Design（https://ant.design/）已经成为最受欢迎的 React 组件库之一，它是一套企业级 UI 设计语言与 React 组件库。

- 对于设计者而言，Ant Design 提供了完善的设计指引、最佳实践、设计资源和设计工具；
- 对于前端开发者而言，Ant Design 提供了一套基于 React 的 UI 组件库，帮助开发者快速构建页面。

📢提示：本书编写时，Ant Design 的最新版本是 4.4.x，因此本节的案例和代码都基于该版本。

（1）使用 create-react-app 工具创建项目，命令如下：

```
create-react-app antd-example
cd antd-example
```

📢提示：关于 create-react-app 工具的安装和使用，可以参考第 1 章的相关内容。

（2）通过 NPM 安装 Ant Design，命令如下：

```
npm install --save antd
```

（3）在 React 应用程序中使用 Ant Design，修改./src/App.js 文件代码如下：

```
01  import React from 'react';
02  import { Button } from 'antd';
03  import './App.css';
04
05  function App() {
06      return (
07          <Button type='primary'>
08              Hello World
09          </Button>
10      );
11  }
12
13  export default App;
```

（4）引入 Ant Design 样式。修改./src/App.css 文件代码如下：

```
@import '~antd/dist/antd.css';
```

（5）运行该项目：

```
npm start
```

此时，服务启动后会在浏览器中自动打开 http://localhost:3000，效果如图 8.12 所示。

图 8.12　引入 Ant Design 的页面效果

8.3　项目开发

在理解产品需求和原型，做好相应的技术选型之后，接着可以正式进入开发阶段了。

正式开发之前，请读者再次确认已经准备好了开发环境：Node、NPM、MongoDB、create-react-app 及 Egg.js。

8.3.1　注册与登录

1. 后端项目搭建

在 8.2 节介绍过 Egg.js 脚手架的搭建，本节依然基于官方脚手架进行开发：

```
npm init egg --type=simple
mv init website-server && cd website-server
npm install
```

本例数据库基于 MongoDB，使用 Egg.js 官方提供的 egg-mongoose 插件安装依赖。

```
npm install --save egg-mongoose
```

然后修改 config/plugin.js 以启动 egg-mongoose 插件：

```
01  'use strict';
02
03  /** @type Egg.EggPlugin */
04  module.exports = {
05      mongoose: {
06          enable: true,
07          package: 'egg-mongoose',
08      },
09  };
10
```

同时，在 config/config.default.js 中添加 Mongoose 配置信息：

```
01  /* eslint valid-jsdoc: "off" */
02
03  'use strict';
04
05  /**
06   * @param {Egg.EggAppInfo} appInfo app info
```

```
07    */
08  module.exports = appInfo => {
09      // 省略了未修改的代码
10
11      config.middleware = [];
12
13      config.mongoose = {
14          client: {
15              url: 'mongodb://127.0.0.1:27017',
16              options: {},
17          }
18      };
19
20      const userConfig = {
21          // myAppName: 'egg',
22      };
23
24      return {
25          ...config,
26          ...userConfig,
27      };
28  };
```

然后启动项目：

npm run dev

在运行 mongod 命令的终端中看到如下打印信息，证明当前 mongo 数据库已被连接。

NETWORK [listener] connection accepted from 127.0.0.1:61263 #1 (1 connection now open)

Egg.js 本身还提供了非常丰富的安全风险解决方案，为了方便开发、调试，修改 config/config.default.js 文件关闭 CSRF 防护。

```
01  // 省略了未修改的代码
02
03  module.exports = appInfo => {
04      // 省略了未修改的代码
05
06      const userConfig = {
07          security: {
08              csrf: {
09                  enable: false
10              }
11          }
12      };
13
14      return {
15          ...config,
16          ...userConfig,
17      };
18  };
```

📖 **小知识**：跨站请求伪造（Cross-Site Request Forgery，CSRF）是一种挟制用户在当前已登录的 Web 应用程序上执行非本意的操作的攻击方法。攻击者诱导受害者进入第三方网站，在第三方网站中向被攻击网站发送跨站请求。

2. 注册API

（1）修改 app/router.js 文件如下：

```
01  'use strict';
02
03  /**
04   * @param {Egg.Application} app - egg application
05   */
06  module.exports = app => {
07      const { router, controller } = app;
08      router.post('/register', controller.user.register);
09  };
```

（2）上述代码中，第 8 行将路由为"/register"的 POST 请求交给 user 控制器中的 register 方法处理，添加 app/controller/user.js 文件如下：

```
01  const Controller = require('egg').Controller;
02
03  class UserController extends Controller {
04      async register() {
05          const { ctx } = this;
06          const { username, password } = ctx.request.body;
07          ctx.body = { username, password };
08      }
09  }
10
11  module.exports = UserController;
```

上述代码第 6 行中，使用 crx.request.body 得到了网络访问的请求体。

（3）使用 cURL 工具访问注册接口 http://localhost:7001/register：

```
curl -X POST http://127.0.0.1:7001/register --data '{"username": "admin",
"password":"123456"}' -H "Content-Type:application/json"
```

接口返回的结果如下：

```
{"username":"admin","password":"123456"}
```

（4）接下来在 Egg.js 项目中定义模型。一般来讲，一个模型对应一个 Mongo 集合。本例的第一个功能是注册和登录，因此需要一个储存用户信息的集合。

由于 egg-mongoose 默认使用 app/model 目录保存模型，Context 实例化时，会自动将这些模型信息挂到实例上。新建 app/model/user.js 文件，代码如下：

```
01  'use strict';
02
03  module.exports = app => {
04      const mongoose = app.mongoose;
05      const Schema = mongoose.Schema;
06
```

```
07     const UserSchema = new Schema({
08         username: { type: String },
09         password: { type: String },
10         create_at: { type: Date, default: Date.now },
11         update_at: { type: Date, default: Date.now },
12     });
13
14     return mongoose.model('User', UserSchema);
15 };
```

（5）在复杂应用中，时常需要将业务逻辑做一些抽象封装。在 Egg.js 中，Service 就提供了这样的功能，它能使 Controller 中的逻辑实现更加简洁，同时也方便同一逻辑模块的重复调用。新建 app/service/user.js 文件，代码如下：

```
01 'use strict';
02
03 const Service = require('egg').Service;
04
05 class UserService extends Service {
06     async register(username, password) {
07         const user = new this.ctx.model.User();
08         user.username = username;
09         user.password = password;
10         return user.save()
11     }
12 }
13
14 module.exports = UserService;
```

（6）上述代码实现了向 user 集合中插入一条数据。在实际项目中，出于数据安全的需要，通常不会将密码以明文的形式存储，这里使用 Node 内置的 crypto 模块对密码进行加密，于是修改上述文件中的 register()方法的实现代码如下：

```
01 'use strict';
02
03 const crypto = require('crypto');
04 const Service = require('egg').Service;
05
06 class UserService extends Service {
07     async register(username, password) {
08         const user = new this.ctx.model.User();
09         const pwd = crypto.createHash('md5').update(password).digest
           ('hex');
10         user.username = username;
11         user.password = pwd;
12         return user.save()
13     }
14 }
15
16 module.exports = UserService;
```

上述代码中，第 9 行对 password 使用 MD5 加密算法生成了一个 Hash 对象，并以 hex 形式返回。

📖 小知识: MD5 信息摘要算法(MD5 Message-Digest Algorithm)是一种被广泛使用的密码散列函数,可以产生出一个 128 位(16 字节)的散列值(Hash Value),用于确保信息传输完整一致。MD5 信息摘要算法广泛应用于密码管理、电子签名和垃圾邮件筛选等领域。

(7)修改 Controller 中的 register()方法:

```
01  const Controller = require('egg').Controller;
02
03  class UserController extends Controller {
04      async register() {
05          const { ctx } = this;
06          const { username, password } = ctx.request.body;
07          await ctx.service.user.register(username, password);
08          ctx.body = { username, password };
09      }
10  }
11
12  module.exports = UserController;
```

(8)使用 cURL 工具访问请求地址 localhost:7001/register,请求方式为 POST,请求体内容为 JSON 格式的数据:

```
curl -X POST http://127.0.0.1:7001/register --data '{"username": "admin",
"password":"123456"}' -H "Content-Type:application/json"
```

最终,接口返回的结果如下:

```
{"username":"admin","password":"123456"}
```

此时使用 Robomono 等工具可以查看到 MongoDB 的 users 集合中新增的 user 数据如图 8.13 所示。

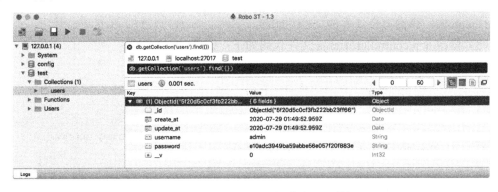

图 8.13 查看 MongoDB 新增的 user 数据

3. 登录API

完成注册接口后,接着实现登录接口。

（1）在 app/router.js 中添加路由：

```
01  // 省略了未修改的代码
02
03  module.exports = app => {
04      const { router, controller } = app;
05      router.post('/register', controller.user.register);
06      router.post('/login', controller.user.login);
07  };
```

（2）修改 app/service/user.js，添加 login()方法：

```
01  // 省略了未修改的代码
02
03  async login(username, password) {
04      const { ctx } = this;
05      let pwd = crypto.createHash('md5').update(password).digest('hex');
06      let user = await ctx.model.User.findOne({ username, password: pwd });
07      return user;
08  }
09
10  // 省略了未修改的代码
```

上述代码中，第 6 行中调用的 findOne()方法是 Mongoose Model 中用于操作数据库的 API。Mongoose 中常用的 Model API 有：

- create：对数据进行保存；
- find：查询符合条件的文档；
- findOne：与 find 相同，但只返回单个文档，也就说当查询到第一个符合条件的数据时，将停止继续查询，并返回查询结果；
- findById：与 findOne 相同，但它只接收文档的_id 作为参数，返回单个文档；
- update：查询符合条件的文档并更新；
- remove：查询符合条件的文档并删除。

（3）修改 app/controller/user.js 文件代码如下：

```
01  // 省略了未修改的代码
02
03  async login(){
04      const { ctx } = this;
05      const { username, password } = ctx.request.body
06      let user = await ctx.service.user.login(username, password);
07      ctx.body = { status: user? 'ok' : 'error' };
08  }
09
10  // 省略了未修改的代码
```

上述代码在 UserController 中添加了 login()方法，它调用了 userService 中的 login()方法，并根据其结果返回 ok 或 error。

除了实现上述登录接口的逻辑，要实现登录功能，鉴权是必不可少的。实现鉴权通常有以下 3 种方式。

- HTTP Basic Authentication：简单且支持广泛，适用于对安全要求不高的网络；
- Session：一种在服务器端保持状态的解决方案；
- Token：常用的有 JSON Web Token（JWT），状态信息保存在 Token 中。

💡提示：关于 Session 和 JWT 原理的详细介绍，可以参考第 7 章的内容。

本例使用 JWT 方式实现鉴权。Egg.js 官方推荐使用 egg-jwt 插件来实现 JWT 鉴权。

（4）使用 NPM 安装 egg-jwt 依赖包：

```
npm install --save egg-jwt
```

修改 config/plugin.js 以启动 egg-jwt 插件。

```
01  'use strict';
02
03  /** @type Egg.EggPlugin */
04  module.exports = {
05      mongoose: {
06          enable: true,
07          package: 'egg-mongoose',
08      },
09      jwt: {
10          enable: true,
11          package: "egg-jwt",
12      },
13  };
```

在 config/config.default.js 中添加 JWT 配置信息。

```
01  // 省略了未修改的代码
02
03  config.jwt = {
04      secret: "jwt_secret"
05  };
06
07  // 省略了未修改的代码
```

上述代码中，JWT 哈希算法（如 HMAC-SHA256）加密时使用配置的 secret 值作为哈希算法使用的密钥。

（5）修改 app/controller/user.js 文件代码如下：

```
01  // 省略了未修改的代码
02
03  async login() {
04      const { ctx } = this;
05      const { username, password } = ctx.request.body
06      const user = await ctx.service.user.login(username, password);
07      if (user) {
08          const token = await ctx.app.jwt.sign(
09              {
10                  username: result.username,
11                  id: result._id
12              },
```

```
13                  this.config.jwt.secret,
14                  {
15                      expiresIn: 3600
16                  }
17              )
18          ctx.body = {
19              status: 'ok',
20              token
21          };
22      } else {
23          ctx.body = {
24              status: 'error',
25          };
26      }
27  }
28
29  // 省略了未修改的代码
```

上述代码中，第 8 行中生成的 Token 包含用户名和用户 ID 信息，并且该 Token 的过期时间是 3600s 即 1h。

（6）使用 cURL 工具访问请求地址 localhost:7001/login，请求方式为 POST，请求体内容为 JSON 格式的数据：

```
curl -X POST http://127.0.0.1:7001/login --data '{"username": "admin",
"password":"123456"}' -H "Content-Type:application/json"
```

接口返回的结果如下：

```
{"status":"ok","token":"eyJhbGciOiJIUzI1NiIsInR5cCI6IkpXVCJ9.eyJ1c2Vybm
FtZSI6ImFkbWluIiwiaWQiOiI1ZjIwZDVjMGNmM2ZiMjIyYmIyM2ZmNjYiLCJpYXQiOjE0O
TYwMDI0NjcsImV4cCI6MTU5NjAwNjA2N30.tYdcopksbmpOc4muFSDulTjApVl6FX8g2566
q8qZxRk"}
```

当客户端收到服务端返回的 JWT，可以有两种处理方式：
- 存储在浏览器的 Cookie 中，之后的每一次请求会自动添加至请求头；
- 存储在 SessionStorage 或 LocalStorage 中，之后放在请求的头信息 Authorization 字段中，格式如下：

```
Authorization: Bearer <Token>
```

第一种方式会受到跨域的限制，本例中采用第二种方式。

由于鉴权是登录后每一次请求都要预先处理的过程，可以使用中间件的形式编写此逻辑，新建 app/middleware/jwt.js 文件，代码如下：

```
01  module.exports = options => {
02      return async function jwt(ctx, next) {
03          const token = ctx.request.header.authorization;
04          if (token) {
05              let decode = ctx.app.jwt.verify(token, options.secret);
06              if (decode.exp > parseInt(new Date().getTime() / 1000)) {
07                  return await next();
08              }
09          }
```

```
10          ctx.status = 401;
11          ctx.body = { };
12          return;
13      };
14  };
```

至此，注册与登录功能的 API 就完成了。

4．前端项目搭建

8.2 节介绍了 React 生态的相关技术，如 Dva.js、Umi.js 及 Ant Design。Ant Design 官方的模板项目 Ant Design Pro 集成了三者，因此，下面就以 Ant Design Pro 最新的 V4 版本作为模板编写前端项目。

（1）使用如下命令初始化项目：

```
npm create umi website-client
```

根据终端提示依次选择模板类型为 ant-design-pro、版本为 Pro V4、语言为 JavaScript、simple 架构复杂度及 antd@4。

初始化后的项目主要文件结构如下：

```
01  ├── config
02  ├── mock
03  ├── public
04  ├── src
05  │   ├── assets
06  │   ├── components
07  │   ├── e2e
08  │   ├── layouts
09  │   ├── models
10  │   ├── pages
11  │   ├── services
12  │   ├── utils
13  │   ├── locales
14  │   ├── global.less
15  │   └── global.jsx
16  ├── tests
17  ├── README.md
18  └── package.json
```

其中：

* config 目录用于存放配置文件；
* src/assets 用于存放本地静态资源；
* src/components 用于存放公共组件；
* src/layouts 用于存放通用布局；
* src/models 与 Dva.js 中的 Model 类似；
* src/pages 用于存放业务页面的入口；
* src/services 用于存放调用后台接口的服务；
* tests 目录用于存放测试文件。

（2）使用 NPM 安装依赖并启动项目。

```
npm install
npm start
```

当项目编译完成时，浏览器会自动打开 http://localhost:8000 网页，效果如图 8.14 所示。

图 8.14　使用 Ant Design Pro 的效果 1

出于产品需求和项目简洁性的考虑，修改 src/layouts/UserLayout.jsx 文件代码如下：

```
01  import { connect } from 'umi';
02  import React from 'react';
03
04  const UserLayout = props => {
05      const { children } = props;
06      return (
07          <div>
08              {children}
09          </div>
10      );
11  };
12
13  export default connect(({}) => ({ }))(UserLayout);
```

Layout 在 umi.js 中是以高阶组件的方式实现的，它的作用是提取出页面的公共部分，并将主题等公用配置传递给视图组件。上述代码中，第 5 行声明的 children 就是应用于这个布局的视图组件。由于本例中 UserLayout 是作用在注册登录页面的，不需要复杂的布局，所以在第 8 行中，children 直接嵌套在简单的 div 中。

（3）简化一下通用页面的布局，修改 src/layouts/BasicLayout.jsx 代码如下：

```
01  import ProLayout from '@ant-design/pro-layout';
02  import React from 'react';
03  import { connect, Link } from 'umi';
04
```

```
05  const BasicLayout = props => {
06      const { dispatch, children, settings } = props;
07      const handleMenuCollapse = payload => {
08          dispatch({
09              type: 'global/changeLayoutCollapsed',
10              payload,
11          });
12      };
13      return (
14          <ProLayout
15              onCollapse={handleMenuCollapse}
16              breadcrumbRender={(routers = []) => routers}
17              menuItemRender={(menuItemProps, defaultDom) => {
18                  return <Link to={menuItemProps.path}>{defaultDom}</Link>;
19              }}
20              {...props}
21              {...settings}
22          >
23              {children}
24          </ProLayout>
25      );
26  };
27
28  export default connect(({ global, settings }) => ({
29      collapsed: global.collapsed, settings
30  }))(BasicLayout);
```

上述代码中：

- 第 1 行引入的 ProLayout 是 Ant Design Pro 内置的布局组件；
- 第 16 行定义了页面内 Breadcrumb 面包屑的展示；
- 第 17 行定义了侧边菜单栏的展示；
- 第 20 行和 21 行分别将 connect 注入的属性和全局设置信息传入视图组件。

（4）保存代码后，使用浏览器打开 http://localhost:8000，效果如图 8.15 所示。

图 8.15　使用 Ant Design Pro 的效果 2

至此，前端项目的搭建与基本配置就完成了。接下来可以着手开发项目功能了。

5．注册与登录页面

与 Egg.js 相似，Ant Design Pro 内部也做了许多"约定"，所以在开发的时候，通常只需要以相对固定的方式修改或新增相应的文件内容即可。在 Ant Design Pro 中新增页面时的大致流程如下：

（1）在 src/services 中添加对应文件或方法以调取新的接口。

（2）在 src/models 中新增页面所需连接的数据模型。

（3）在 src/pages 中新增对应的页面组件文件。

（4）在项目配置文件（config/config.js）中新增对应页面的路由匹配。

按照以上流程，首先应该编写 Service 层的接口定义。由于这是第一个接口，在此之前还需要做一些准备工作。

（1）新建一个单独的文件用来存放并暴露域名信息。这样当因为项目迁移、测试部属或者其他原因造成后端项目的域名更改时，前端项目可以快速调整。本项目中，该文件为 src/utils/apiHost.js，代码如下：

```
01  export default 'http://localhost:7001';
```

现在可以在 Service 层中定义接口了，修改 src/services/login.js 文件代码如下：

```
01  import request from '@/utils/request';
02  import API_HOST from '@/utils/apiHost';
03
04  export async function login(params) {
05      return request(`${API_HOST}/login`, {
06          method: 'POST',
07          data: params,
08      });
09  }
10
11  export async function register(params) {
12      return request(`${API_HOST}/register`, {
13          method: 'POST',
14          data: params,
15      });
16  }
```

上述代码中，第 2 行引入了上文中定义的域名地址，第 4 行和第 11 行分别实现了登录和注册功能的 POST 接口。

（2）由于本例使用了 JWT 的方式进行鉴权验证，所以需要在每一次网络请求中将 Token 信息添加至 HTTP 请求头中，于是修改 src/utils/request.js 文件的相关代码如下：

```
01  // 省略了未修改的代码
02
03  const request = extend({
04      errorHandler,
05      // 默认错误处理
```

```
06      credentials: 'include', // 默认请求是否带上 Cookie
07  });
08
09  request.interceptors.request.use((url, options) => {
10      options.headers = {
11          ...options.headers,
12          Authorization: localStorage.getItem('token'),
13      };
14      return { url, options };
15  });
16
17  export default request;
```

（3）新增页面所需连接的数据模型，修改 src/models/login.js 文件，代码如下：

```
01  import { login as loginService, register as registerService } from
    '@/services/login';
02  import { history } from 'umi';
03  import { message } from 'antd';
04
05  const namespace = 'login';
06  const selectState = state => state[namespace];
07  const Model = {
08      namespace,
09      state: {
10          username: '',
11          password: ''
12      },
13      effects: {
14          *login(_, { call, select }) {
15              const state = yield select(selectState);
16              const result = yield call(loginService, state);
17              if (result.status === 'ok') {
18                  localStorage.setItem('token', result.token)
19                  history.push('/')
20              }
21          },
22          *register(_, { call, select }) {
23              const state = yield select(selectState);
24              const result = yield call(registerService, state);
25              if (result.status === 'ok') {
26                  message.success('register successful');
27              }
28          }
29      },
30      reducers: {
31          overrideStateProps(state, { payload }) {
32              return {
33                  ...state,
34                  ...payload,
35              };
36          },
37      },
38  };
39
40  export default Model;
```

上述代码 Model 中各部分的定义与 8.2 节中介绍的 Dva.js 的 Model 部分相同。其中，overrideStateProps 提供了一个覆盖 State 中一个或多个属性的方法，该方法在接下来的其他 Model 中会重复用到，后续将不再赘述。

（4）新增相应的页面组件文件，新建 src/pages/Login/index.jsx 文件，代码如下：

```
01  import React from 'react';
02  import { connect } from 'dva';
03  import { Input, Button } from 'antd';
04
05  @connect(({ login }) => ({
06      login
07  }))
08  export default class UserLogin extends React.Component {
09      onChange(type, value) {
10          let payload = {};
11          payload[type] = value.target.value;
12          this.props.dispatch({
13              type: 'login/overrideStateProps',
14              payload
15          })
16      }
17      login() {
18          this.props.dispatch({
19              type: 'login/login',
20          })
21      }
22      register() {
23          this.props.dispatch({
24              type: 'login/register',
25          })
26      }
27      render() {
28          const { login } = this.props;
29          const { username, password } = login;
30          return (
31              <div>
32                  username <Input
33                      onChange={this.onChange.bind(this, 'username')}
34                      value={username} />
35                  password <Input.Password
36                      onChange={this.onChange.bind(this, 'password')}
37                      value={password} />
38                  <Button onClick={this.login.bind(this)}> login </Button>
39                  <Button onClick={this.register.bind(this)}> register
                    </Button>
40              </div>
41          );
42      }
43  }
```

上述代码构建了登录注册的展示组件，其中：

- 第 5 行的 connect 装饰器为组件注入了 dispatch 和 login 数据模型；
- 第 9 行定义的 onChange()函数中，通过 dispatch 调用了 Model 层中的方法，目的是在文本框输入时 Model 层数据可以和视图层同步；

- 第 17 行和第 22 行的函数分别调用了 Model 层中登录注册的逻辑模块。

增加一个新页面的最后一步是在 config/config.js 中增加相应的路由匹配。配置项中的 routes 下的内容为路由配置部分，路由匹配规则如下：

- 如果网页路径可以匹配到 path 字段，就渲染 component 字段对应的组件；
- 如果含有下级路由就继续匹配和渲染，并且将下一级匹配的组件传递给上一级匹配组件的 children 属性。

（5）修改 config/config.js 中的路由如下：

```
01  routes: [
02    {
03      path: '/login',
04      component: '../layouts/UserLayout',
05      routes: [
06        {
07          path: '/login',
08          component: './Login',
09        },
10      ],
11    },
12    // 省略了未修改的代码
13  ]
```

（6）上述代码中，/login 路径匹配 src/pages/Login 页面，并且以 UserLayout 为布局。此时，打开浏览器访问 http://localhost:8000/login，效果如图 8.16 所示。

图 8.16　登录注册页面

至此，登录注册的前端页面已经完成。然而，当输入账号密码后登录时，却提示网络错误，检查浏览器的开发者工具，会发现如图 8.17 所示的错误。

```
⊗ Access to fetch at 'http://localhost:7001/login' from origin 'http://loca  login:1
  lhost:8000' has been blocked by CORS policy: Response to preflight request
  doesn't pass access control check: No 'Access-Control-Allow-Origin' header is
  present on the requested resource. If an opaque response serves your needs, set
  the request's mode to 'no-cors' to fetch the resource with CORS disabled.
```

图 8.17　跨域访问错误

这是因为在域名为 http://localhost:8000/的前端页面，访问域名为 http://localhost:7001/的后端接口违反了浏览器的同源策略。要解决同源策略的限制，可以使用 CORS 方法来解决跨域访问错误。

📖提示：关于同源策略和解决跨域的更多介绍，可以参考本书第 7 章。

6.　CORS跨域

egg-cors 是 Egg.js 的官方插件，用于配置跨域信息。使用 NPM 安装 egg-cors：

```
npm install --save egg-cors
```

然后修改 config/plugin.js 以启动 egg-cors 插件：

```
01  // 省略了未修改的代码
02
03  cors: {
04     enable: true,
05     package: "egg-cors",
06  },
07
08  // 省略了未修改的代码
```

接着在 config/config.default.js 中添加跨域的相关配置信息：

```
01  // 省略了未修改的代码
02
03  config.cors = {
04     origin: 'http://localhost:8000',
05     credentials: true,
06     allowMethods: 'GET,HEAD,PUT,POST,DELETE,PATCH'
07  };
08
09  const userConfig = {
10     security: {
11        csrf: {
12           enable: false
13        }
14     },
15     domainWhiteList: ['http://localhost:8000'],
16  };
17
18  // 省略了未修改的代码
```

上述代码中：
- domainWhiteList 指定允许的请求源；
- credentials 指定是否允许携带 Cookie；
- allowMethods 指定允许的请求类型。

此时，再次访问 http://localhost:8000/login 页面，便可以成功进行登录和注册操作。

8.3.2　新建主题

1.　新建主题API

想要新建主题，首先需要定义主题的模型，新建 app/model/topic.js 文件，代码如下：

```
01  'use strict';
02
03  module.exports = app => {
04      const mongoose = app.mongoose;
05      const Schema = mongoose.Schema;
06
07      const TopicSchema = new Schema({
08          title: { type: String },
09          author_name: { type: String },
10          create_at: { type: Date, default: Date.now },
11          update_at: { type: Date, default: Date.now },
12          content: { type: String },
13          reply_count: { type: Number, default: 0 },
14          last_reply_at: { type: Date, default: Date.now },
15      });
16
17      return mongoose.model('Topic', TopicSchema);
18  };
```

然后新建 app/service/topic.js 并定义新增主题的方法，代码如下：

```
01  'use strict';
02
03  const Service = require('egg').Service;
04
05  class TopicService extends Service {
06      async create(body) {
07          const topic = new this.ctx.model.Topic();
08          topic.title = body.title
09          topic.content = body.content
10          topic.author_name = body.author_name
11          return await topic.save()
12      }
13  }
14
15  module.exports = TopicService;
```

由于此处需要使用创建者的用户 ID，因此在 app/service/user.js 中新增如下方法：

```
01  // 省略了未修改的代码
02
03  async getCurrentUser() {
04      const { ctx, config } = this;
05      const token = ctx.request.header.authorization;
06      const decode = ctx.app.jwt.verify(token, config.jwt.secret);
07      return await this.ctx.model.User.findOne({ _id: decode.id }).exec();
08  }
```

```
09
10    // 省略了未修改的代码
```

上述代码通过请求头中的 authorization 属性获得当前登录的用户信息。

接着新建 app/controller/topic.js，调用上述获取登录的用户信息方法：

```
01  'use strict';
02
03  const Controller = require('egg').Controller;
04
05  class TopicController extends Controller {
06      async create() {
07          const { ctx } = this;
08          const { body } = ctx.request;
09          const user = await ctx.service.user.getCurrentUser()
10          await ctx.service.topic.create({ ...body, author_name: user.
            username });
11          ctx.body = {
12              status: 'ok',
13          };
14      }
15  }
16
17  module.exports = TopicController;
```

上述代码中，第 9 行获取当前登录的用户，第 10 行调用创建主题的服务，当创建完成后，接口返回成功状态。

最后在 app/router.js 文件中注册相应的路由。

```
01  // 省略了未修改的代码
02
03  module.exports = app => {
04      const { router, controller } = app;
05      const jwt = app.middleware.jwt(app.config.jwt);
06      router.post('/register', controller.user.register);
07      router.post('/login', controller.user.login);
08      router.post('/topics', jwt, controller.topic.create);
09  };
```

上述代码中，第 8 行为路径是/topics 的接口设置了 JWT 中间件。

至此，新建主题的 API 就编写完成了。

2. 新建主题页面

新建主题的页面逻辑和登录页十分相似：都是通过接口提交用户输入的数据。

首先新建 src/services/topic.js 文件。

```
01  import request from '@/utils/request';
02  import API_HOST from '@/utils/apiHost';
03
04  export async function create(params) {
05      return request(`${API_HOST}/topics`, {
06          method: 'POST',
```

```
07        data: params,
08    });
09 }
```

然后新建 src/models/createTopic.js 文件。

```
01 import { create as createService } from '@/services/topic';
02 import { history } from 'umi';
03
04 const namespace = 'createTopic';
05 const selectState = state => state[namespace];
06 const Model = {
07   namespace,
08   state: {
09     title: '',
10     content: ''
11   },
12   effects: {
13     *create(_, { call, select }) {
14       const state = yield select(selectState);
15       const result = yield call(createService, state);
16       if (result.status === 'ok') {
17         history.push('/')
18       }
19     },
20   },
21   reducers: {
22     overrideStateProps(state, { payload }) {
23       return {
24         ...state,
25         ...payload,
26       };
27     },
28   },
29 };
30
31 export default Model;
```

以上代码中，16～18 行定义了调用创建主题接口成功后的动作：路由跳转到 "/"。
接着新建 src/pages/CreateTopic.js 文件。

```
01 import React from 'react';
02 import { connect } from 'dva';
03 import { Input, Button } from 'antd';
04
05 @connect(({ createTopic }) => ({
06   createTopic
07 }))
```

```
08  export default class CreateTopic extends React.Component {
09      onChange(type, value) {
10          let payload = {};
11          payload[type] = value.target.value;
12          this.props.dispatch({
13              type: 'createTopic/overrideStateProps',
14              payload
15          })
16      }
17      create() {
18          this.props.dispatch({
19              type: 'createTopic/create',
20          })
21      }
22      render() {
23          const { createTopic } = this.props;
24          const { title, content } = createTopic;
25          return (
26              <div>
27                  title <Input
28                      onChange={this.onChange.bind(this, 'title')}
29                      value={title}
30                  />
31                  content <Input.TextArea
32                      onChange={this.onChange.bind(this, 'content')}
33                      value={content}
34                  />
35                  <Button onClick={this.create.bind(this)}> submit </Button>
36              </div>
37          );
38      }
39  }
```

最后，新增 config/config.js 文件定义创建主题页面的路由：

```
01  // 省略了未修改的代码
02
03  {
04      path: '/',
05      component: '../layouts/BasicLayout',
06      routes: [
07          {
08              name: '新建主题',
09              path: '/createTopic',
10              component: './CreateTopic',
11          },
12      ],
13  },
```

```
14
15  // 省略了未修改的代码
```

此时，在浏览器中访问地址 http://localhost:8000/createTopic，即可看到如图 8.18 所示的新建主题页面。

图 8.18　新建主题页面

输入主题的标题和内容，单击 submit 按钮，新建主题成功后，页面跳转至首页 http://localhost:8000/。

8.3.3　主题列表

1．主题列表API

接下来继续实现主题列表 API。首先在 app/service/topic.js 中添加方法：查找主题列表并返回。

```
01  // 省略了未修改的代码
02
03  async query(query = {}, pageSelector = {}) {
04      const { ctx } = this;
05      const querySelector = { };
06      if (query.title) {
07          querySelector.title = { '$regex': query.title };
08      }
09      const total = await ctx.model.Topic.find(querySelector).count();
10      const data_list = await ctx.model.Topic.find(querySelector, '',
            pageSelector);
11      return { total, data_list };
12  }
13
14  // 省略了未修改的代码
```

上述代码中，第 6~8 行使用正则匹配的方式实现对主题标题的模糊查询，之后返回了主题列表和主题个数。

接着修改 app/controller/topic.js 文件，添加 getList()方法。

```
01  // 省略了未修改的代码
02
03  async getList() {
04      const { ctx } = this;
05      const { query } = ctx.request;
06      const options = {
07          sort: '-top -last_reply_at',
08      };
09      ctx.body = await ctx.service.topic.query(query, options);
10  }
11
12  // 省略了未修改的代码
```

最后在 app/router.js 文件中添加相应路由代码如下：

```
01  // 省略了未修改的代码
02
03  module.exports = app => {
04      const { router, controller } = app;
05      const jwt = app.middleware.jwt(app.config.jwt);
06      router.post('/register', controller.user.register);
07      router.post('/login', controller.user.login);
08      router.post('/topics', jwt, controller.topic.create);
09      router.get('/topics', jwt, controller.topic.getList);
10  };
```

至此，主题列表的 API 开发完毕。

2．主题列表页面

首先编写 Service 层代码。由于主题列表也属于"主题"模块，这里不增加新文件，直接在 src/services/topic.js 中新增 getList()方法。

```
01  // 省略了未修改的代码
02
03  export async function getList(params) {
04      return request(`${API_HOST}/topics`, {
05          params,
06      });
07  }
```

然后新建 src/models/topics.js 文件。

```
01  import { getList } from '@/services/topic';
02
03  const namespace = 'topics';
04  const selectState = state => state[namespace];
05  const Model = {
06      namespace,
07      state: {
08          topics: [],
09          title: ''
10      },
11      effects: {
12          *fetchTopics(_, { call, put, select }) {
```

```
13              const { title } = yield select(selectState);
14              const result = yield call(getList, { title });
15              yield put({
16                  type: 'overrideStateProps',
17                  payload: { topics:result.data_list }
18              })
19          },
20      },
21      reducers: {
22          overrideStateProps(state, { payload }) {
23              return {
24                  ...state,
25                  ...payload,
26              };
27          },
28      },
29  };
30
31  export default Model;
```

接着新建 src/pages/Topics/index.jsx 文件。

```
01  import React from 'react';
02  import { connect } from 'dva';
03  import { PageHeaderWrapper } from '@ant-design/pro-layout';
04  import { Input, Card, Table } from 'antd';
05  import { history } from 'umi';
06
07  @connect(({ topics }) => ({
08      topics
09  }))
10  export default class Topics extends React.Component {
11      componentDidMount() {
12          this.props.dispatch({ type: 'topics/fetchTopics' })
13      }
14      onSearch(value) {
15          this.props.dispatch({
16              type: 'topics/overrideStateProps',
17              payload: { title: value }
18          })
19          this.props.dispatch({ type: 'topics/fetchTopics' })
20      }
21      render() {
22          const { topics } = this.props;
23          const columns = [
24              {
25                  title: '标题',
26                  dataIndex: 'title',
27                  key: 'title',
28              },
29              {
30                  title: '作者',
31                  dataIndex: 'author_name',
32                  key: 'author_name',
33              },
```

```
34          {
35              title: '回复数',
36              dataIndex: 'reply_count',
37              key: 'reply_count',
38          },
39          {
40              title: '操作',
41              key: 'operate',
42              render: (record) =>
43                  <a onClick={() => history.push(`/topics/${record._id}`)}>
44                      查看
45          </a>
46          }];
47      const tableProps = {
48          dataSource: topics.topics,
49          columns,
50          pagination: false
51      }
52      return (
53          <PageHeaderWrapper>
54              <Card>
55                  <Input.Search
56                      enterButton="Search"
57                      onSearch={this.onSearch.bind(this)}
58                  />
59              </Card>
60              <Card>
61                  <Table {...tableProps} />
62              </Card>
63          </PageHeaderWrapper>
64      );
65      }
66  }
```

　　上述代码中，在 componentDidMount 生命周期中请求主题列表的数据，并以表格的形式展示在页面上，同时，实现按标题搜索主题的功能。当使用搜索功能时，将搜索框中的状态同步到模型，然后请求列表数据。

📖 **小知识**：React 官方推荐在 componentDidMount 生命周期而非 componentWillMount 生命周期中进行数据初始化获取工作，因为在引入 Fiber 架构之后 component-WillMount 可能执行多次，而 componentDidMount 只会执行一次。此外，由于 constructor 构造函数可以完成状态的初始化，componentWillMount 的使用场景很少，React V16 版本已经为该生命周期加上了 UNSAFE 标识，在此后的大版本中，componetWillMount 生命周期会被替代。

　　修改 config/config.js 文件，配置对应的路由：

```
01  // 省略了未修改的代码
02
03  {
04      path: '/',
```

```
05        component: '../layouts/BasicLayout',
06        routes: [
07            {
08                path: '/',
09                redirect: '/topics',
10            },
11            {
12                name: '主题列表',
13                path: '/topics',
14                component: './Topics',
15            },
16            {
17                name: '新建主题',
18                path: '/createTopic',
19                component: './CreateTopic',
20            },
21        ],
22    },
23
24  // 省略了未修改的代码
```

上述代码将首页配置成主题列表：当路由匹配到"/"时自动重定向到主题列表页面。

此时，在浏览器中刷新 http://localhost:8000/topics 即可展示主题列表，效果如图 8.19
所示。

图 8.19　主题列表页面

8.3.4　主题详情

1. 主题详情API

首先在 app/service/topic.js 中添加方法：查找某一条主题并返回。

```
01  // 省略了未修改的代码
02
```

```
03  async getById(id) {
04      return await this.ctx.model.Topic.findOne({ _id: id }).exec();
05  }
06
07  // 省略了未修改的代码
```

同时修改 app/controller/topic.js 文件，添加 getById()方法。

```
01  // 省略了未修改的代码
02
03  async getById() {
04      const { ctx } = this;
05      const { id } = ctx.params;
06      ctx.body = await ctx.service.topic.getById(id)
07  }
08
09  // 省略了未修改的代码
```

最后在 app/router.js 中添加路由代码如下：

```
01  // 省略了未修改的代码
02
03  module.exports = app => {
04      const { router, controller } = app;
05      const jwt = app.middleware.jwt(app.config.jwt);
06      router.post('/register', controller.user.register);
07      router.post('/login', controller.user.login);
08      router.post('/topics', jwt, controller.topic.create);
09      router.get('/topics', jwt, controller.topic.getList);
10      router.get('/topics/:id', jwt, controller.topic.getById);
11  };
```

至此，主题详情的 API 开发完毕。

2．主题详情页面

首先在 src/services/topic.js 中新增获取主题详情的方法。

```
01  // 省略了未修改的代码
02
03  export async function getDetail(id) {
04      return request(`${API_HOST}/topics/${id}`)
05  }
```

上述代码中，getDetail()方法接收一个 ID 并将此 ID 拼接在 GET 请求的 URL 中。

然后新建 src/models/topicDetail.js 文件，代码如下：

```
01  import { getDetail } from '@/services/topic';
02
03  const namespace = 'topicDetail';
04  const selectState = state => state[namespace];
05  const Model = {
06      namespace,
07      state: {
08          id: null,
09          topic: {},
```

```
10          },
11      effects: {
12          *getDetail(_, { call, select, put }) {
13              const { id } = yield select(selectState);
14              const topic = yield call(getDetail, id);
15              yield put({ type: 'overrideStateProps', payload: { topic } })
16          },
17      },
18      reducers: {
19          overrideStateProps(state, { payload }) {
20              return {
21                  ...state,
22                  ...payload,
23              };
24          },
25      },
26  };
27
28  export default Model;
```

上述代码中，第 15 行定义了当请求文章详情接口返回数据后，覆盖模型中的 topic 属性，从而触发渲染更新。

接着新建 src/pages/TopicDetail/index.js 文件，代码如下：

```
01  import React from 'react';
02  import { connect } from 'dva';
03  import { PageHeaderWrapper } from '@ant-design/pro-layout';
04  import { Card } from 'antd'
05  import moment from 'moment'
06
07  @connect(({ topicDetail }) => ({
08      topicDetail
09  }))
10  export default class Topics extends React.Component {
11      componentDidMount() {
12          this.props.dispatch({
13              type: 'topicDetail/overrideStateProps',
14              payload: {id: this.props.match.params.id}
15          })
16          this.props.dispatch({ type: 'topicDetail/getDetail'})
17      }
18      render() {
19          const { topicDetail } =this.props;
20          const { topic } = topicDetail;
21          return (
22              <PageHeaderWrapper>
23                  <Card
24                      title={topic.title}
25                      extra={`${topic.author_name}(${moment(topic. create_
                        at).format ('YYYY-MM-DD')})`}
26                  >
27                      <p>{topic.content}</p>
28                  </Card>
29              </PageHeaderWrapper>
30          );
```

```
31        }
32    }
```

上述代码中，第 14 行使用 this.props.match.prarms.id 匹配当前路由携带的主题 ID，由于接口返回的时间为 ISO 格式（形如 2020-07-31 12:25:35.689Z），为了提升用户体验，第 25 行使用 moment.js 对返回的时间进行了格式化，最终以"年-月-日"的格式显示。

📖 **小知识**：moment.js（http://momentjs.cn/）是一个 JavaScript 日期处理类库，用于解析、检验、操作及显示日期。

单击主题列表中的查看按钮，进入主题详情页，效果如图 8.20 所示。

图 8.20　主题详情页面

8.3.5　评论功能

1. 评论功能API

首先定义评论的模型，新建 app/model/comment.js 文件，代码如下：

```
01  'use strict';
02
03  module.exports = app => {
04      const mongoose = app.mongoose;
05      const Schema = mongoose.Schema;
06      const ObjectId = Schema.ObjectId;
07
08      const CommentSchema = new Schema({
09          content: { type: String },
10          topic_id: { type: ObjectId },
11          author_name: { type: String },
12          create_at: { type: Date, default: Date.now },
13          update_at: { type: Date, default: Date.now },
14      });
15
16      return mongoose.model('Comment', CommentSchema);
17  };
```

然后新建 app/service/comment.js 文件，代码如下：

```
01  'use strict';
02
03  const Service = require('egg').Service;
04
05  class CommentService extends Service {
06      async getByTopicId(id) {
07          return await this.ctx.model.Comment.find(
08              { topic_id: id },
09              "",
10              { sort: '-top -create_at', }
11          ).exec();
12      }
13
14      async create(id, body) {
15          const author = await this.service.user.getCurrentUser();
16          let comment = this.ctx.model.Comment()
17          comment.author_name = author.username;
18          comment.content = body.content;
19          comment.topic_id = id;
20          return comment.save();
21      }
22  }
23
24  module.exports = CommentService;
```

接着新建 app/controller/comment.js 文件，代码如下：

```
01  'use strict';
02
03  const Controller = require('egg').Controller;
04
05  class CommentController extends Controller {
06      async getList() {
07          const { ctx } = this;
08          const { id } = ctx.params;
09          ctx.body = await ctx.service.comment.getByTopicId(id)
10      }
11
12      async create() {
13          const { ctx } = this;
14          const { id } = ctx.params;
15          const { body } = ctx.request;
16          await ctx.service.comment.create(id, body)
17          ctx.body = { status: 'ok' }
18      }
19  }
20
21  module.exports = CommentController;
```

最后在 app/router.js 文件中增加如下两个路由配置：

```
01  // 省略了未修改的代码
02
03  router.post('/topics/:id/comments', jwt, controller.comment.create);
```

```
04   router.get('/topics/:id/comments', jwt, controller.comment.getList);
05
06   // 省略了未修改的代码
```

至此，评论列表和发表评论两个 API 接口就开发完毕。

2. 评论功能页面

首先在 src/services/topic.js 文件中添加调用上述两个接口的方法：

```
01   // 省略了未修改的代码
02
03   export async function createComment(id, params) {
04       return request(`${API_HOST}/topics/${id}/comments`, {
05           method: 'POST',
06           data: params,
07       })
08   }
09
10   export async function getCommentList(id) {
11       return request(`${API_HOST}/topics/${id}/comments`)
12   }
```

然后修改 src/models/topicDetail.js 文件，代码如下：

```
01   import { getDetail, getCommentList, createComment } from '@/services/
     topic';
02
03   const namespace = 'topicDetail';
04   const selectState = state => state[namespace];
05   const Model = {
06       namespace,
07       state: {
08           id: null,
09           topic: {},
10           comments: [],
11           editingComment: ''
12       },
13       effects: {
14           *getDetail(_, { call, select, put }) {
15               const { id } = yield select(selectState);
16               const topic = yield call(getDetail, id);
17               yield put({ type: 'overrideStateProps', payload: { topic } })
18           },
19           *getComments(_, { call, select, put }) {
20               const { id } = yield select(selectState);
21               const comments = yield call(getCommentList, id);
22               yield put({ type: 'overrideStateProps', payload: { comments } })
23           },
24           *createComment(_, { call, select, put }) {
25               const { id, editingComment } = yield select(selectState);
26               yield call(createComment, id, { content: editingComment });
27               yield put({ type: 'getComments' })
28           },
29       },
30
```

```
31      // 省略了未修改的代码
32    };
33
34  export default Model;
```

接着修改 src/pages/TopicDetail/index.jsx 文件如下：

```
01  import React from 'react';
02  import { connect } from 'dva';
03  import { PageHeaderWrapper } from '@ant-design/pro-layout';
04  import { Button, Card, Input, List } from 'antd';
05  import moment from 'moment';
06
07  @connect(({ topicDetail }) => ({
08      topicDetail
09  }))
10  export default class Topics extends React.Component {
11      componentDidMount() {
12          this.props.dispatch({
13              type: 'topicDetail/overrideStateProps',
14              payload: { id: this.props.match.params.id }
15          })
16          this.props.dispatch({ type: 'topicDetail/getDetail' })
17      }
18      onSubmit() {
19          this.props.dispatch({
20              type: 'topicDetail/createComment',
21          })
22      }
23      onType(e) {
24          this.props.dispatch({
25              type: 'topicDetail/overrideStateProps',
26              payload: { editingComment: e.target.value }
27          })
28      }
29      render() {
30          const { topicDetail } = this.props;
31          const { topic, comments } = topicDetail;
32          return (
33              <PageHeaderWrapper>
34                  <Card
35                      title={topic.title}
36                      extra={`${topic.author_name}(${moment(topic.create_at)
                        .format('YYYY-MM-DD')})`}
37                  >
38                      <p>{topic.content}</p>
39                  </Card>
40                  <Card title='发表评论'>
41                      <Input onChange={this.onType.bind(this)} />
42                      <Button onClick={this.onSubmit.bind(this)}>submit
                        </Button>
43                  </Card>
44                  <Card title='评论列表'>
45                      <List
46                          dataSource={comments}
```

```
47                        itemLayout="horizontal"
48                        renderItem={item => (
49                          <List.Item>
50                            <List.Item.Meta
51                              title={item.author_name}
52                              description={item.content}
53                            />
54                          </List.Item>
55                        )}
56                      />
57                    </Card>
58                  </PageHeaderWrapper>
59              );
60          }
61      }
```

此时，在浏览器中刷新主题详情页面，效果如图 8.21 所示。评论功能已经生效，读者可以尝试新建几条评论。

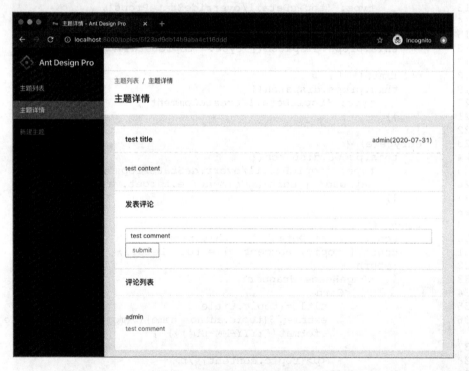

图 8.21　主题详情和评论页面

8.4　项目部署与测试

和第 5 章相同，开发阶段完成之后，还需要测试、部署、上线才算完成完整的研发。

8.4.1　项目部署

在项目部署之前，需要准备好如下环境和工具。
- Linux 服务器：这里推荐 Ubuntu Server（https://ubuntu.com/download/server）；
- Node 环境：搭建步骤参考第 1 章；
- Nginx：安装步骤参考第 4 章。

环境准备完毕后，还需要确定服务的域名：
- 后端服务域名：reactnode-api.com；
- 前端服务域名：reactnode.com。

然后修改项目中的域名地址。
- 将 Node 项目 config.default.js 中的地址 http://localhost:8000 修改为 reactnode.com；
- 将 React 项目 apiHost.js 文件中的请求 API 域名修改为 reactnode-api.com。

1. 后端部署

由于 Egg.js 官方已经集成了 egg-cluster 和 egg-scripts 等模块用于启动进程，可以不使用类似 PM2 的守护进程工具。

（1）想要启动项目，可以运行如下 npm scripts 命令。

```
npm run start
```

（2）想要配置服务端口，还可以在项目目录下输入启动命令。

```
egg-scripts start --port=3000 --daemon --title=website-server
```

（3）验证 Node 服务是否成功启动。

```
curl -X POST http://127.0.0.1:3000/register --data '{"username": "admin1",
"password":"123456"}' -H "Content-Type:application/json"
```

此时，接口获取成功时返回结果如下：

```
{"username":"admin1","password":"123456"}
```

（4）修改 Nginx 配置文件：

```
01  server {
02      listen 80;
03      server_name reactnode-api.com;
04
05      location / {
06          proxy_pass http://localhost:3000;
07      }
08  }
```

（5）测试 Nginx 配置文件并重新加载配置。

```
nginx -t
nginx -s reload
```

（6）修改本地的/etc/hosts 文件解析上述域名。

```
127.0.0.1 reactnode-api.com
```

（7）输入域名接口如下：

```
curl -X POST http://reactnode-api.com/register --data '{"username": "admin2",
"password":"123456"}' -H "Content-Type:application/json"
```

返回如下结果，表明后端项目部署已经完成。

```
{"username":"admin2","password":"123456"}
```

2．前端部署

（1）打包前端项目：

```
npm run build
```

（2）将编译后的文件复制至指定文件夹。

```
cp -R dist/* /opt/sites
```

（3）修改 Nginx 配置文件：

```
01  server {
02      listen 80;
03      server_name reactnode.com;
04
05      location / {
06          root /opt/sites/;
07          try_files $uri $uri/ /index.html?$query_string;
08      }
09  }
```

（4）测试 Nginx 配置文件并重新加载配置。

```
nginx -t
nginx -s reload
```

（5）修改本地的/etc/hosts 文件解析上述域名。

```
127.0.0.1 reactnode.com
```

（6）使用浏览器打开 http://reactnode.com，如果成功跳转至应用注册与登录页面，则整个项目部署成功。

提示：如果页面提示请求错误 500，可以尝试重新登录后再次刷新页面。

8.4.2　E2E 测试

关于 Node 项目的接口测试及测试框架 Mocha 的基本使用，已经在第 5 章中介绍了。但是接口测试并不能保证整个项目的完整性和可靠性。因为除了接口，项目还受到前端页面及前后端接口交互等因素的影响。测试金字塔模型如图 8.22 所示。

图 8.22　测试金字塔模型

因此，成熟的质量体系需要保证端到端的质量，即前端到后端（Frontend to Backend），又称为 E2E。常见的 E2E 解决方案有如下几种：

- Selenium（https://www.selenium.dev/）：基于 WebDriver，是应用范围最广的 Web 自动化测试工具；
- Nightwatch.js（https://nightwatchjs.org/）：完整的端到端测试解决方案，同样是基于 WebDriver；
- Puppeteer（https://pptr.dev/）：由 Chrome 开发团队在 2017 年发布的一个 Node 库，用来模拟 Chrome 浏览器的运行；
- Cypress（https://www.cypress.io/）：自集成的下一代测试工具，支持端到端测试、集成测试及单元测试。

下面基于 Cypress 来介绍 E2E 测试。

（1）通过 NPM 安装相关的依赖包。

```
mkdir website-test && cd website-test
npm install --save-dev cypress
```

（2）修改 package.json 添加 npm scripts 如下：

```
01  {
02      "scripts": {
03          "e2e:open": "cypress open",
04          "e2e:run": "cypress run"
05      },
06      "devDependencies": {
07          "cypress": "^4.11.0"
08      }
09  }
```

（3）运行如下 npm scripts 初始化项目。

```
npm run e2e:open
```

然后初始化 Cypress 项目生成模板文件如下：

- cypress/fixtures：存储测试用例的外部静态数据；
- cypress/integration：测试用例文件；

- cypress/plugins：插件文件用于修改或扩展 Cypress 的内部行为；
- cypress/support：支持文件目录放置可重用配置项，如底层通用函数或全局默认配置。
- cypress.json：Cypress 配置文件。

（4）删除 cypress/integration/examples 文件夹，并新建 cypress/integration/reactnode 文件夹。

```
rm -rf cypress/integration/examples
mkdir cypress/integration/reactnode
```

（5）新建登录页面和功能的测试用例文件 cypress/integration/reactnode/login.spec.js，代码如下：

```
01 /// <reference types="Cypress" />
02
03 context('Login', () => {
04     beforeEach(() => {
05         cy.visit('http://reactnode.com/login')
06     })
07
08     it('login test', () => {
09         cy.get('[type="text"]').type('admin')
10         cy.get('[type="password"]').type('123456')
11         cy.contains('login').click()
12
13         cy.url().should('include', 'http://reactnode.com/topics')
14     })
15 })
```

📖 小知识：Cypress 采纳了 Mocha 的 BDD（Behavior-Driven Development）语法。

上述代码中：
- 第 5 行首先访问登录页面；
- 第 9～11 行分别添加账号密码并单击登录按钮；
- 第 13 行判断登录操作成功后是否确定跳转至指定页面。

（6）运行如下 npm scripts 执行测试用例。

```
npm run e2e:run
```

此时，E2E 测试报告如图 8.23 所示。

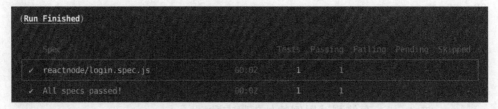

图 8.23　E2E 测试报告

除了上述形式的测试报告，还可以生成更直观的 HTML 格式的测试报告，基于
mochawesome（网址为 https://github.com/adamgruber/mochawesome）。

首先安装依赖包 mochawesome 和 mochawesome-merge。

```
npm install --save-dev mochawesome mochawesome-merge
```

然后修改配置文件 cypress.json。

```
01  {
02      "reporter": "mochawesome",
03      "reporterOptions": {
04          "reportDir": "cypress/report",
05          "html": true,
06          "json": false
07      }
08  }
```

最后重新执行测试用例。

```
npm run e2e:run
```

此时，生成的 HTML 格式测试报告 cypress/report/mochawesome.html 的内容如图 8.24
所示。

图 8.24　HTML 格式测试报告

8.5　小　　结

本章实现了一个相对复杂的社区项目，并通过这个项目介绍了：
- 服务器端 MongoDB 与 Egg.js 的使用；
- 前端框架 Dva.js、Umi.js 和组件库 Ant Design 的使用；
- 鉴权的三种方式（Basic Authentication、Session 及 Token）和基于 JWT 的实现。

经过本章的项目演练，相信读者对于复杂项目的开发流程已经有了更深刻的认识，运
用前面章节的知识，应该可以解决日常工作中遇到的问题。

经验告诉我们：偶尔完成的工作只需找到可行解，日常完成的工作需要找到最优解。
下一章将介绍项目优化的种种技巧，尽可能地接近"最优解"。

第4篇 | 项目优化和服务端渲染

第9章 项目优化

前面各章分别介绍了 React 与 Node 开发的基础和进阶知识，并从零开始完成了两个实战项目，相信读者已经掌握基于 Node 的全栈开发技术了。

📖 小知识：所谓全栈工程师（Full Stack Developer）是指掌握多种技能，并能利用多种技能独立完成产品的人。对于 Web 项目来说，狭义上的全栈是指掌握前端和后端开发的能力，广义上全栈的能力要求更高，还包括产品、设计、运维、团队甚至行业等。

本章主要介绍 React 和 Node 项目中常用的优化方法，帮助读者完成从开发项目到开发好项目的"进化"。具体包括：

- 浏览器缓存：减少服务器请求和压力，推升用户体验；
- 压缩：前端压缩（uglify）及服务压缩（gzip）；
- 懒加载：又称延时加载，即真正使用时才进行加载；
- 按需引入：只引入真正需要并使用的代码或模块；
- 负载均衡：水平扩展（Scale Out）服务端的性能，同时保证高可用；
- CDN（Content Delivery Network）：内容分发网络介绍。

9.1 浏览器缓存

浏览器缓存是前端性能优化最简便有效的方式，对于前端而言其重要性不言而喻。

浏览器在进行网络请求前，会在浏览器缓存中查询是否有要请求的资源。如果请求资源在浏览器缓存中已经存在，则会返回该资源并直接结束请求，而不会再去请求服务器。这样做的好处有：

- 减少冗余的数据传输；
- 减轻服务器负担，提升性能；
- 获取资源的耗时减少，页面加载速度得到提升。

📖 小知识：浏览器缓存简单来说就是在浏览器端即本地保存请求资源的副本，在下次请求时不经过服务器而直接返回资源的技术。

下面将从以下 4 个方面来介绍浏览器缓存。

- 强缓存；
- 协商缓存；
- 缓存位置；
- 缓存策略。

9.1.1　强缓存

浏览器缓存分为强缓存和协商缓存两种方式：强缓存不需要发送网络请求，强制使用本地缓存；协商缓存需要发送网络请求，根据服务器响应来决定是否使用本地缓存。

浏览器访问网站时首先会检查强缓存，如果缓存资源未过期则直接使用本地缓存。

那么如何判断缓存资源是否过期呢？答案是根据服务端响应请求时设置的如下两个响应头：

- Expires：过期时间；
- Cache-Control：相比于请求时间的有效期。

其中，Expires 属于 HTTP 1.0 的请求头，而 Cache-Control 是 HTTP 1.1 中新增的。

> 📖 小知识：HTTP 1.0 和 HTTP 1.1 是超文本传输协议的不同版本。相比 HTTP 1.0，HTTP 1.1 改进了诸多功能，包括本章讨论的缓存处理，同时 HTTP 1.1 也是当前使用最为广泛的超文本传输协议。

1．Expires响应头

Expires 的作用是告知浏览器缓存资源在过期时间之前都有效，可以直接使用，无须发送网络请求。Expires 响应头示例如下：

```
Expires: Tue, 28 Jan 2020 12:59:00 GMT
```

上述 Expires 响应头表示缓存资源在 GMT 2020 年 1 月 28 日 12 时 59 分过期，过期后需重新发送网络请求。

> 📖 小知识：GMT（Greenwich Mean Time），即格林威治标准时间，因为北京处于东八区，所以北京时间=GMT 时间+8 小时。上述 GMT 转换成北京时间是 2020 年 1 月 28 日 20 时 59 分。

如果 Expires 设置为无效时间，如 0，则代表该缓存资源已经过期即不使用缓存。但是设置 Expires 过期时间还有一个问题，即当服务器时间和浏览器时间不一致时，那么字段中的过期时间可能不准确。因此，HTTP 1.1 中引入了 Cache-Control 以替代 Expires。

2．Cache-Control响应头

Cache-Control 并没有使用具体的时间，而是使用相对于请求的有效时间，指令为 max-age，时间单位为 s。Cache-Control 响应头示例如下：

```
Cache-Control: max-age=3600
```

上述 Cache-Control 响应头表示缓存资源在第一次请求后的 3600s 内可以直接使用，超过该时间后则过期。

当然，Cache-Control 响应头除了 max-age 外，还有其他指令。

- private：表明响应只能被单个用户缓存，不能作为共享缓存（即代理服务器不能缓存响应）。私有缓存可以缓存响应内容，如对应用户的本地浏览器；
- public：表明响应可以被任何对象（包括发送请求的客户端、代理服务器等）缓存，即使是通常不可缓存的内容；
- no-cache：在发布缓存副本之前，强制要求缓存把请求提交给原始服务器进行验证（协商缓存验证）；
- no-store：缓存不应存储有关客户端请求或服务器响应的任何内容，即不使用任何缓存。

如果 Cache-Control 响应头设置了 max-age 指令，那么 Expires 响应头会被忽略，此时浏览器首先检查强缓存策略，如果资源过期，则进入下一步——协商缓存。

9.1.2　协商缓存

协商缓存的主要流程如下：

（1）浏览器在请求头中设置相应的字段。

（2）服务器根据请求头判断是否使用缓存，并返回判断结果。

（3）浏览器根据服务器响应结果决定是否使用缓存。

协商缓存的常用请求头如下：

- Last-Modified：资源最后修改时间；
- ETag：资源唯一标识。

1．Last-Modified请求头

Last-Modified 即服务器上资源最后修改的时间。Last-Modified 的主要流程如下：

（1）浏览器首次发送网络请求时，服务器会在响应头中添加 Last-Modified 字段。

（2）浏览器接收此字段后，在后续请求时会在请求头中添加 If-Modified-Since 字段，此字段的值就是 Last-Modified 的值，即资源做出最后修改的时间。

（3）当服务器接收到请求头中的 If-Modified-Since 字段后，会和服务器中资源的最后修改时间进行比较：如果请求头中的字段值早于服务器中资源的最后修改时间，表示缓存

资源需要更新，即返回服务器中的资源；否则返回状态码 304，通知浏览器直接使用缓存资源。

🔔**提示**：HTTP 返回状态码的完整介绍，可以参考第 3 章。

2．ETag请求头

ETag 是服务器给文件生成的唯一标识，通常使用内容的散列、最后修改时间戳的 Hash 值或简单地使用版本号。只要文件发生修改，ETag 的值就会相应地改变。ETag 协议头示例如下：

```
ETag: "33a64df551425fcc55e4d42a148795d9f25f89d4"
```

ETag 的主要流程如下：

（1）与 Last-Modified 类似，浏览器首次发送网络请求时，服务器会通过响应头通知浏览器 ETag 的值。

（2）浏览器接收此字段后，在后续请求时会在请求头中添加 If-None-Match 字段，此字段的值就是 ETag 的值，即服务器资源的唯一标识。

（3）当服务器接收到请求头中的 If-None-Match 字段后，会和服务器中资源的 ETag 值进行比较。如果值相同则返回状态码 304，否则返回新的资源。

Last-Modified 和 ETag 在精度和性能方面的差异如下：

- 精度方面，ETag 比 Last-Modified 高。Last-Modified 只能精确到秒级的内容修改，1s 内的修改只有 ETag 才能识别。文件有时会定时重新生成相同的内容，Last-Modified 不能很好地辨别。
- 性能方面，Last-Modified 比 ETag 好。每次生成 ETag 时都需要进行服务器读写操作，而 Last-Modified 只需要进行读取操作。

当 Last-Modified 和 ETag 同时存在时，浏览器优先考虑 ETag。

9.1.3　缓存位置

上面讨论的是浏览器缓存资源是否过期，那么浏览器在哪里缓存资源呢？浏览器资源缓存的位置主要有以下 4 种：

- Service Worker Cache；
- Memory Cache；
- Disk Cache；
- Push Cache。

上述 4 种缓存位置自上而下优先级由高到低。

1. Service Worker Cache

Service Worker 是独立于当前页面的一段运行在浏览器后台的线程，它有可编程的网络代理、消息推送和离线缓存等功能，其中离线缓存就是这里所说的 Service Worker Cache。同时，Service Worker 也是 PWA 可以实现的重要基础。

小知识：PWA 是 Progressive Web App 的简写，意为渐进式增强 Web 应用，是 Google 在 2016 年提出的概念，并在 2017 年落地实施的 Web 技术，目的是在网页应用中实现和原生应用相近的用户体验的渐进式网页应用。

2. Memory Cache和Disk Cache

Memory Cache 和 Disk Cache 两个缓存位置在网页中十分常见，大部分的缓存都是基于二者的。效果如图 9.1 所示。

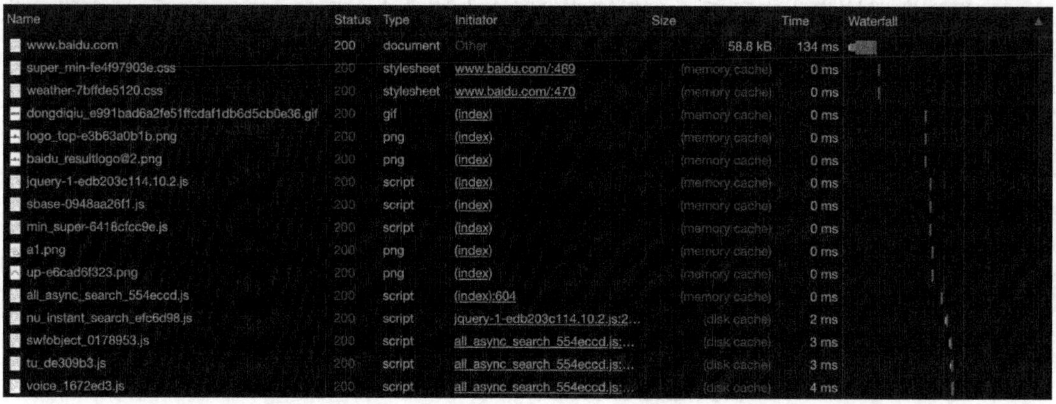

Name	Status	Type	Initiator	Size	Time	Waterfall
www.baidu.com	200	document	Other	58.8 kB	134 ms	
super_min-fe4f97903e.css	200	stylesheet	www.baidu.com/:469	(memory cache)	0 ms	
weather-7bffde5120.css	200	stylesheet	www.baidu.com/:470	(memory cache)	0 ms	
dongdiqiu_e991bad6a2fe51ffcdaf1db6d5cb0e36.gif	200	gif	(index)	(memory cache)	0 ms	
logo_top-e3b63a0b1b.png	200	png	(index)	(memory cache)	0 ms	
baidu_resultlogo@2.png	200	png	(index)	(memory cache)	0 ms	
jquery-1-edb203c114.10.2.js	200	script	(index)	(memory cache)	0 ms	
sbase-0948aa26f1.js	200	script	(index)	(memory cache)	0 ms	
min_super-6418cfcc9e.js	200	script	(index)	(memory cache)	0 ms	
a1.png	200	png	(index)	(memory cache)	0 ms	
up-e6cad6f323.png	200	png	(index)	(memory cache)	0 ms	
all_async_search_554eccd.js	200	script	(index):604	(memory cache)	0 ms	
nu_instant_search_efc6d98.js	200	script	jquery-1-edb203c114.10.2.js:2...	(disk cache)	2 ms	
swfobject_0178953.js	200	script	all_async_search_554eccd.js:...	(disk cache)	3 ms	
tu_de309b3.js	200	script	all_async_search_554eccd.js:...	(disk cache)	3 ms	
voice_1672ed3.js	200	script	all_async_search_554eccd.js:...	(disk cache)	4 ms	

图 9.1　Memory Cache 和 Disk Cache 的缓存位置

Memory Cache 为存储在内存中的缓存，Disk Cache 为存储在硬盘中的缓存。Memory Cache 存储的主要内容包含当前页面中已经获取的资源，如已经下载的样式、脚本和图片等。Disk Cache 的存储范围就很广，几乎任何资源都可以存储到硬盘中。

那么二者有什么区别呢？

- 资源的读取速度：内存的读取速度比硬盘快，可以通过图 9.1 得到验证。通过内存读取的时间都为 0ms，而硬盘相对较慢。
- 存储的容量大小：硬盘的容量大于内存。
- 存储时间：硬盘的存储时间大于内存。因此关闭 Tab 页面后，内存中的缓存资源就会被浏览器释放。

知道了二者的区别，那么浏览器又是如何决定资源该存储在哪里的呢？

- 浏览器会优先存储至内存，比较大的文件直接存储至硬盘；

- 当系统内存使用率过高时，文件同样会存储至硬盘。

3．Push Cache

Push Cache 为推送缓存，是 HTTP 2 中的内容。它只在会话（Session）中存在，一旦会话结束就被释放。

因为 Push Cache 使用较少，这里不作过多介绍。

9.1.4　缓存策略

理解了浏览器的缓存原理之后，在实际应用中该如何使用缓存呢？

1．不变化或不常变化的资源

对于不变化或不常变化的资源，可以设置一个较长的过期时间，如 1 年后过期：

```
Cache-Control: max-age=31536000
```

但是，设置过期时间过长也会出现问题。例如，在过期时间内修改了该文件，浏览器查看本地强缓存时，发现缓存资源并没有过期，从而导致使用的还是旧文件，而修改的新文件无法生效。

解决上述问题的常见方式是，每次打包资源时针对资源的内容计算出一个 Hash 值，然后将 Hash 值作为版本标识添加到文件名中，这样每次代码发生变化时相应的 Hash 值和文件名都会发生变化。

🔍提示：Webpack 提供了上述解决方案，详情可以参考第 4 章。

2．经常发生变化的资源

对于经常发生变化的资源，强制要求缓存把请求提交给原始服务器进行验证，即每次请求都通过协商缓存验证。

首先设置缓存 Cache-Control 如下：

```
Cache-Control: no-cache
```

接着再利用 ETag 或 Last-Modified 来验证缓存资源是否过期。

此时虽然不能节省请求数量，但是能显著减少响应数据的大小。

9.1.5　缓存示例

介绍完缓存之后，本节基于 Nginx 工具来验证缓存的配置和效果。

🔍提示：关于 Nginx 的详细介绍，可以参考第 4 章。

（1）新建项目文件 index.html 和 index.js。其中，index.html 文件的代码如下：

```
01  <!DOCTYPE html>
02  <html lang='en'>
03
04  <head>
05      <meta charset='UTF-8'>
06      <title></title>
07      <script src="//assets.cache.test/index.js"></script>
08  </head>
09
10  <body>
11      <h1>Welcome to nginx!</h1>
12  </body>
13
14  </html>
```

index.js 文件的代码如下：

```
01  console.log('print from index.js');
```

（2）新增 Nginx 配置文件 cache.conf，代码如下：

```
01  server {
02      listen 80;
03      server_name cache.test;
04
05      location / {
06          root /path/to/cache;
07          try_files /index.html $uri;
08      }
09  }
10
11  server {
12      listen 80;
13      server_name assets.cache.test;
14
15      location ~* \.js$ {
16          root /path/to/cache;
17          add_header Cache-Control "max-age=30";
18      }
19  }
```

（3）测试 Nginx 配置文件并重新加载配置，具体命令如下：

```
nginx -t
nginx -s reload
```

（4）修改本地的/etc/hosts 文件以解析上述域名，具体如下：

```
127.0.0.1 cache.test
127.0.0.1 assets.cache.test
```

（5）访问域名 http://cache.test/，效果如图 9.2 所示。

图 9.2　首次访问

由于是第一次访问，所以无法使用缓存，请求返回 200。

（6）刷新页面 http://cache.test/，效果如图 9.3 所示。

图 9.3　缓存未过期时访问

由于缓存未过期，所以使用本地的 Memory Cache，实际上未发送请求。

（7）等待 30s，即缓存过期后（Nginx 配置 max-age=30），刷新页面 http://cache.test/，效果如图 9.4 所示。

图 9.4　缓存过期后访问

由于缓存已过期，所以会使用协商缓存，请求返回 304，表示资源未改动。

（8）修改 index.js 文件的代码如下：

```
01  console.log('modify index.js');
```

等待 30s，即缓存过期后，刷新页面 http://cache.test/，效果如图 9.5 所示。

由于资源内容或最后修改时间更新，都会导致资源 ETag 更新，所以请求返回 200，表示返回最新资源。

图 9.5 资源 ETag 更新后访问

提示：想要查看 ETag 的值，可以查看请求的详细信息，效果如图 9.6 所示。

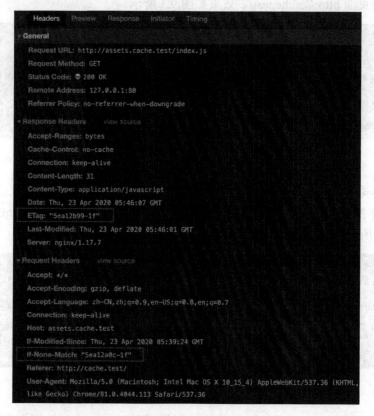

图 9.6 包含 ETag 值的详细请求信息

综上所述，完整的缓存策略和配置如下：

（1）开启 ETag：Nginx 默认开启。

（2）设定 Cache-Control：针对不同的文件设置不同的过期时间。

（3）使用资源 Hash。

9.2　压　　缩

压缩可以使得静态资源体积减小，下载时间变短，页面响应更快。下面分别从前端（UglifyJS）和服务端（gzip）介绍如何通过压缩进行项目优化。

9.2.1　UglifyJS 工具集

UglifyJS（http://lisperator.net/uglifyjs/）是一个包含 JavaScript 解析器（Parser）、最小化器、压缩器（Compressor）和美化器（Beautifier）的工具集。

下面基于 UglifyJS 的最新版本 UglifyJS 3 进行介绍。

1．基本使用

本地安装 UglifyJS，安装命令如下：

```
npm install uglify-js
```

全局安装 UglifyJS，安装命令如下：

```
npm install -g uglify-js
```

安装成功后，使用 UglifyJS 前需要注意以下几个问题：
- UglifyJS 3 有更简化的 API 和 CLI，但与 UglifyJS 2 不向后兼容；
- UglifyJS 仅支持 ECMAScript 2009（简称 ES 5）；
- 压缩 ECMAScript 2015（简称 ES 6）或更高版本的 JavaScript 文件时，需要使用 Babel 等进行转换，或者安装 uglify-es（https://github.com/mishoo/UglifyJS2/tree/harmony）。

基于 CLI 模式的 UglifyJS 命令格式如下：

```
uglifyjs [input files] [options]
```

其中，[input files]为需要压缩的文件名；[options]为压缩的选项参数。

> 小知识：CLI（Command Line Interface）即命令行界面，与之对应的是 GUI（Graphical User Interface），即图形用户界面。

下面以新建 JavaScript 文件 copy.js 作为示例，演示 UglifyJS 的使用。

```
01  var fs = require('fs');
02
03  function main(argv) {
04      fs.createReadStream(argv[0]).pipe(fs.createWriteStream(argv[1]));
05  }
06
07  var args = process.argv.slice(2);
08  if (!!args && args.length === 2) {
```

```
09      main(args);
10  } else {
11      console.log('args is invalid!');
12  }
```

（1）直接使用 uglifyjs 命令来压缩上述文件，具体如下：

```
uglifyjs copy.js
```

此时在终端输出压缩结果：去除空格且代码合并至一行，但函数和变量名不变。

```
var fs=require("fs");function main(argv){fs.createReadStream(argv[0]).
pipe(fs.createWriteStream(argv[1]))}var args=process.argv.slice(2);if
(!!args&&args.length===2){main(args)}else{console.log("args is invalid!")}
```

（2）使用--output（-o）指定输出文件，具体命令如下：

```
uglifyjs copy.js -o min.js
cat min.js
```

此时，压缩结果输出至 min.js 文件，结果和第一步相同。

```
var fs=require("fs");function main(argv){fs.createReadStream(argv[0]).
pipe(fs.createWriteStream(argv[1]))}var args=process.argv.slice(2);if
(!!args&&args.length===2){main(args)}else{console.log("args is invalid!")}
```

（3）使用--compress（-c）进行进一步的代码压缩，具体命令如下：

```
uglifyjs copy.js -c -o min.js
cat min.js
```

此时，if 语句也被压缩简化了，压缩结果如下：

```
var fs=require("fs");function main(argv){fs.createReadStream(argv[0]).
pipe(fs.createWriteStream(argv[1]))}var args=process.argv.slice(2);args&&2
===args.length?main(args):console.log("args is invalid!");
```

（4）使用--mangle(-m)进行混淆和压缩，具体命令如下：

```
uglifyjs copy.js -m -c -o min.js
cat min.js
```

此时，变量名和函数参数等都被最简字母代替了，达到了混淆和压缩的效果，具体如下：

```
var fs=require("fs");function main(a){fs.createReadStream(a[0]).pipe(fs.
createWriteStream(a[1]))}var args=process.argv.slice(2);args&&2===args.
length?main(args):console.log("args is invalid!");
```

（5）验证多个输入文件时的压缩能力，具体命令如下：

```
cp copy.js copy2.js
uglifyjs copy.js copy2.js -m -c -o min.js
cat min.js
```

此时，多个输入文件按照顺序合并到了同一行中，最终效果如下，具体命令如下：

```
var fs=require("fs");function main(e){fs.createReadStream(e[0]).pipe(fs.
createWriteStream(e[1]))}(args=process.argv.slice(2))&&2===args.length?
main(args):console.log("args is invalid!");var args;fs=require("fs");
function main(e){fs.createReadStream(e[0]).pipe(fs.createWriteStream
(e[1]))}(args=process.argv.slice(2))&&2===args.length?main(args):console.
log("args is invalid!");
```

2．项目集成

在前端项目中，一般会使用打包工具来完成项目的打包工作，所以需要结合 UglifyJS 和打包工具来完成项目 JavaScript 文件的打包和压缩。这里介绍基于 Webpack 打包工具的 UglifyJS 的使用。

🔔**注意**：使用 UglifyJS 的要求是 Node 版本为 v6.9.0 或以上，Webpack 版本为 v4.0.0 或以上。

（1）使用 NPM 安装 Webpack 的 UglifyJS 插件，具体命令如下：

```
npm install --save-dev uglifyjs-webpack-plugin
```

（2）添加 UglifyJS 插件到 Webpack 的配置文件 webpack.config.js 中，具体代码如下：

```
01  const UglifyJsPlugin = require('uglifyjs-webpack-plugin');
02
03  module.exports = {
04      optimization: {
05          minimizer: [new UglifyJsPlugin()],
06      },
07  };
```

与使用 CLI 模式的 UglifyJS 命令类似，插件同样有很多参数配置，在此不再一一介绍，读者可以自行参考官方文档 https://webpack.js.org/plugins/uglifyjs-webpack-plugin/。

9.2.2　gzip 压缩

gzip 是 GNUZip 的缩写，最早用于 UNIX 系统的文件压缩，是数据压缩的一种形式。

📖**小知识**：GNU（http://www.gnu.org/）是 GNU's Not UNIX 的缩写。简单来说，GNU 是一个自由软件操作系统。自由软件意味着使用者有运行、复制、发布、研究、修改和改进该软件的自由，自由软件是权利问题，不是价格问题。

gzip 与 Web 应用程序和网站有关，HTTP 包含对发送的数据进行 gzip 压缩的功能，但这需要 Web 服务器和客户端即浏览器同时支持 gzip。目前，主流的浏览器如 Chrome、Edge 和 Firefox 都支持 gzip，常用的 Web 服务器如 Nginx、Apache、IIS 同样也支持 gzip。

使用 gzip 可以改善 Web 应用程序和网站的性能，因为客户端访问网站时会下载经过 gzip 压缩的体积更小的文件，从而有效降低带宽成本，特别对于那些流量较大的网站来说很有帮助。

当然 gzip 也会增加成本，因为服务端压缩文件、浏览器解压缩文件都需要时间和处理能力，但是这些代价远远少于下载更小文件所节省的时间。

gzip 可以压缩所有文件，某些文件可以比其他文件更有效地压缩，因此压缩比例会有不同，进而节省的带宽也有所不同，例如 HTML 之类的文件可以实现最佳效果，而图片资源可能不会被 gzip 压缩太多。

gzip 在 HTTP 应用中通常是完全透明的，即开发者"毫不知情"，服务端和浏览器会为开发者做出相应的处理。对于 Web 服务器来说，只需打开 gzip 配置即可。具体处理流程如下：

（1）当浏览器发送请求时，会在 Request Headers 中添加 Accept-Encoding: gzip 属性。表明浏览器支持 gzip。

（2）服务端接收到请求后，判断浏览器是否支持 gzip，如果支持且服务端开启了 gzip，则向浏览器发送压缩过的内容，响应头添加 Content-Encoding: gzip 属性，否则发送未压缩的内容。

（3）浏览器接收到服务端响应，如果数据被压缩则进行解压。

这里以 9.1 节的示例为例，首先确认 Nginx 文件 nginx.conf 配置启用 gzip，具体配置如下：

```
zip on;
gzip_types application/javascript;
```

接着测试 Nginx 配置文件并重新加载配置，具体命令如下：

```
nginx -t
nginx -s reload
```

此时访问域名 http://cache.test/，可以看到使用 gzip 压缩的请求效果，如图 9.7 所示。

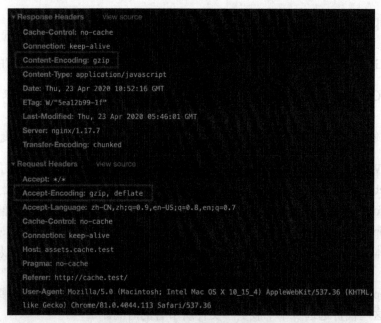

图 9.7　启用 gzip 的请求详细信息

除了上述基本配置，关于 **gzip** 的相关参数还有如下配置：

```
# 开启和关闭 gzip 模式
gzip on | off;

# gzip 压缩起点，文件大于 1KB 时才进行压缩
gzip_min_length 1k;

# gzip 压缩级别，1～9，数字越大压缩越好，相应时间也越长
gzip_comp_level 1;

# 设置用于处理请求压缩的缓冲区数量和大小
gzip_buffers 4 16k;

# gzip 压缩的文件类型
gzip_types application/javascript application/json text/plain text/css …

# 设置 gzip 压缩针对的 HTTP 版本
gzip_http_version 1.1;
```

9.3 懒 加 载

懒加载也叫作延迟加载，就是当真正用到它的时候才进行加载，这样可以避免一些无谓的资源开销。通过延迟加载资源，大大提升首次加载的性能。

9.3.1 组件懒加载

想要实现组件的懒加载，可以通过如下两种方法：

（1）动态导入（Dynamic Imports）：import('./OtherComponent'.js').then()。

（2）react-loadable（https://github.com/jamiebuilds/react-loadable）：实现组件动态加载的第三方库。

```
01  import Loadable from 'react-loadable';
02  import Loading from './my-loading-component';
03
04  const LoadableComponent = Loadable({
05      loader: () => import('./my-component'),
06      loading: Loading,
07  });
08
09  export default class App extends React.Component {
10      render() {
11          return <LoadableComponent />;
12      }
13  }
```

随着 React 16.6 版本（https://github.com/facebook/react/blob/master/CHANGELOG.md）

中引入了 React.lazy 和 React.Suspense，开发者可以更方便地异步引用 React 组件。

其中，React.lazy 用法如下：

```
const OtherComponent = React.lazy(() => import('./OtherComponent'));
```

上述代码会在组件首次渲染时，自动导入包含 OtherComponent 组件的包。

但是，当 React 要渲染 OtherComponent 组件时，组件还没有下载好，应该如何处理呢？此时，可以使用 React 提供的 Suspense 组件，其在等待 OtherComponent 组件代码下载时，渲染 fallback 属性中的 React 元素；当代码全部下载完毕后，才会渲染 OtherComponent 组件。完整的示例代码如下：

```
01  import { Suspense } from 'react';
02
03  const OtherComponent = React.lazy(() => import('./OtherComponent'));
04
05  function MyComponent() {
06      return (
07          <div>
08              <Suspense fallback={<div>Loading...</div>}>
09                  <OtherComponent />
10              </Suspense>
11          </div>
12      )
13  }
```

此外，还可以将 Suspense 组件置于懒加载组件之上的任何位置，甚至可以用一个 Suspense 组件包含多个懒加载组件。完整的示例代码如下：

```
01  import { Suspense } from 'react';
02
03  const OtherComponent = React.lazy(() => import('./OtherComponent'));
04  const AnotherComponent = React.lazy(() => import('./AnotherComponent'));
05
06  function MyComponent() {
07      return (
08          <div>
09              <Suspense fallback={<div>Loading...</div>}>
10                  <section>
11                      <OtherComponent />
12                      <AnotherComponent />
13                  </section>
14              </Suspense>
15          </div>
16      )
17  }
```

9.3.2　路由懒加载

与组件懒加载类似，基于 React.lazy 和 React.Suspense 也可以很简单地实现路由懒加载。完整的示例代码如下：

```
01  import React, { Suspense, lazy } from 'react';
02  import { BrowserRouter as Router, Route, Switch } from 'react-router-
    dom';
03
04  const Home = lazy(() => import('./routes/Home'));
05  const About = lazy(() => import('./routes/About'));
06
07  const App = () => (
08      <Router>
09          <Suspense fallback={<div>Loading...</div>}>
10              <Switch>
11                  <Route exact path="/" component={Home} />
12                  <Route path="/about" component={About} />
13              </Switch>
14          </Suspense>
15      </Router>
16  );
```

9.4　按需引入

为了进一步优化项目体积，还需要按需引入，即只引入真正需要并使用的代码或模块。做到按需引入，可以使项目体积和性能得到立竿见影的优化效果。

9.4.1　Tree Shaking——垃圾代码净化

Tree Shaking 是打包工具 Webpack 的一个术语，用于清除 JavaScript 上下文中的未引用代码（Dead Code）。它依赖于 ECMAScript 2015（简称 ES 6）模块系统中的静态结构特性，如 import 和 export。

（1）使用 create-react-app 工具创建项目，用于演示 Tree Shaking 的使用和效果，命令如下：

```
create-react-app required-import
cd required-import
```

（2）安装基于 Source Maps 进行打包分析的工具 source-map-explorer（https://create-react-app.dev/docs/analyzing-the-bundle-size/），具体命令如下：

```
npm install --save-dev source-map-explorer
```

（3）在 package.json 文件中添加打包分析的 NPM 脚本，具体如下：

```
{
    // 省略了未修改的代码

    "scripts": {
        "analyze": "source-map-explorer 'build/static/js/*.js'",
        "start": "react-scripts start",
        "build": "react-scripts build",
```

```
        "test": "react-scripts test",
        "eject": "react-scripts eject"
    },

    // 省略了未修改的代码
}
```

（4）打包项目并对打包结果进行分析，具体命令如下：

```
npm run build
npm run analyze
```

此时，打包后的项目约为 129.18KB（随着版本不同包大小也会变化）。

（5）引入常用的工具库 Lodash（https://lodash.com/），具体命令如下：

```
npm install --save lodash
```

（6）修改./src/App.js 文件引入 Lodash，代码如下：

```
import React from 'react';
import logo from './logo.svg';
import _ from 'lodash';
import './App.css';
```

// 省略了未修改的代码

（7）打包项目并对打包结果进行分析，具体命令如下：

```
npm run build
npm run analyze
```

此时，打包后的项目约为 200.6KB（随着版本不同包大小也会变化）。

这里虽然引入了 Lodash 工具库但并没有使用，但是仍然将 Lodash 打包至了项目。因此，可以通过 Webpack 的 Tree Shaking 方法清除上述未引用的代码（Dead Code）。

（8）将 create-react-app 工具创建的项目配置全部暴露出来，具体命令如下：

```
npm run eject
```

（9）修改 Webpack 的配置文件./config/webpack.config.js，具体代码如下：

// 省略了未修改的代码

```
{
    test: /\.(js|mjs)$/,
    exclude: /@babel(?:\/|\\{1,2})runtime/,
    loader: require.resolve('babel-loader'),
    sideEffects: false,
}
```

// 省略了未修改的代码

其中，sideEffects: false 声明该包模块是否包含 sideEffects（副作用），从而自动修剪掉不必要的引入。

（10）打包项目并对打包结果进行分析，具体命令如下：

```
npm run build
```

```
npm run analyze
```

打包后的项目约为 129.18KB，此时和引入 Lodash 前的包大小相同。

9.4.2　部分引入

Tree Shaking 可以优化未使用的引入，但是如果 9.4.1 节的示例中使用了 Lodash，情况会变得糟糕。

（1）修改./src/App.js 代码，使其使用 Lodash 工具库，具体如下：

```
01  import React from 'react';
02  import logo from './logo.svg';
03  import _ from 'lodash';
04  import './App.css';
05
06  function App() {
07      const index = _.indexOf(['hello', 'world'], 'world');
08      console.log('index = ', index);
09
10      return (
11          <div className="App">
12              <header className="App-header">
13                  <img src={logo} className="App-logo" alt="logo" />
14                  <p>
15                      Edit <code>src/App.js</code> and save to reload.
16                  </p>
17                  <p>
18                      Index = {index}
19                  </p>
20                  // 省略了未修改的代码
21              </header>
22          </div>
23      );
24  }
25
26  export default App;
```

（2）打包项目并对打包结果进行分析，具体命令如下：

```
npm run build
npm run analyze
```

此时，打包后的项目体积约为 200.7KB，打包项目中包含了完整的 Lodash 工具库。

（3）项目代码中只使用了 Lodash 的小部分功能，因此这种引用和打包效果并不理想。可以针对使用的小部分功能进行部分引入，修改./src/App.js 文件，具体代码如下：

```
01  import React from 'react';
02  import logo from './logo.svg';
03  import indexOf from 'lodash/indexOf';
04  import './App.css';
05
06  function App() {
```

```
07        const index = indexOf(['hello', 'world'], 'world');
08        console.log('index = ', index);
09
10        // 省略了未修改的代码
11    }
12
13 export default App;
```

（4）打包项目并对打包结果进行分析，具体命令如下：

```
npm run build
npm run analyze
```

打包后的项目体积约为 131.6KB，说明打包项目中只包含部分 Lodash 工具库。

9.5 负 载 均 衡

随着网站用户的增长，网站需要进一步扩展服务性能，通常有以下两种方法。

- 垂直扩展（Scale Up）：提升单机处理能力，例如，增加 CPU 核数、扩充内存、使用 SSD 替代机械硬盘、升级更好的网卡等。
- 水平扩展（Scale Out）：增加服务器数量，将多台机器组成一个集群对外提供服务。

由于垂直扩展的上限有限（核数、内存等不可能无限扩展下去），因此网站通常采用水平扩展多台机器组成集群的方法对外提供服务。

因为网站对外提供的访问入口都是同一个，应如何将请求分发到集群中不同的机器上呢？这就是负载均衡（Load Balance）的作用。所谓负载均衡，是高可用网络基础架构的关键组件，用于将工作负载分布到多个服务器上来提高程序性能和可靠性。

9.5.1 负载均衡分类

在介绍负载均衡分类之前，首先需要理解计算机网络中一个基本的概念：OSI 七层模型。

OSI（Open System Interconnection，开放式系统互联）是国际标准化组织（International Organization for Standardization，ISO）制定的一个用于计算机或通信系统间互联的标准体系，一般称为 OSI 参考模型或七层模型。OSI 七层模型如图 9.8 所示。

根据上述对负载均衡的介绍可以知道，负载均衡是要在网络传输中进行操作的，而网络是离不开 OSI 七层模型的，因此可以根据负载均衡在 OSI 七层模型不同层次的实现来给负载均衡分类。

最常用的负载均衡主要是四层负载均衡和七层负载均衡，分别对应传输层负载均衡和应用层负载均衡。

- 四层负载均衡：基于 IP 和端口的负载均衡。

- 七层负载均衡：基于 URL 等应用层信息的负载均衡。

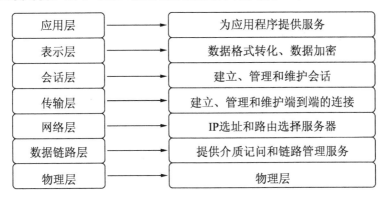

图 9.8　OSI 七层模型及各层的作用

9.5.2　负载均衡工具

下面介绍目前使用最广泛的 3 种负载均衡工具。

1. Nginx工具

Nginx 可以用于七层负载均衡和四层负载均衡，其典型架构如图 9.9 所示。

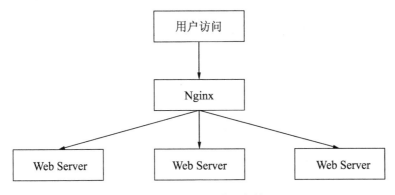

图 9.9　Nginx 的典型架构

📖提示：关于 Nginx 的更多介绍，可以参考第 4 章。

2. LVS工具

LVS（http://www.linuxvirtualserver.org/）主要用于四层负载均衡。
通过 LVS（Linux Virtual Server，Linux 虚拟服务器）提供的负载均衡技术和 Linux 操

作系统可以实现一个高性能、高可用的服务器集群，并且具有良好的可靠性、可扩展性和可操作性。

LVS 的典型架构如图 9.10 所示。

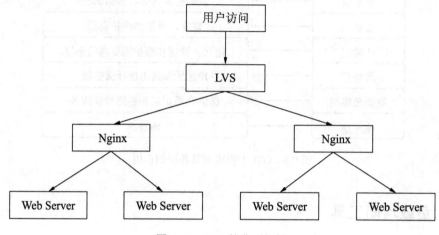

图 9.10 LVS 的典型架构

3. HAProxy工具

HAProxy（http://www.haproxy.org/）与 Nginx 一样，可以用于七层负载均衡和四层负载均衡。

HAProxy 是一个使用 C 语言编写的自由及开放源代码软件，其提供高可用性、负载均衡及基于 TCP 和 HTTP 的应用程序代理。

9.5.3 负载均衡实现

负载均衡服务器基于某种策略将请求转发到不同的服务器上，是通过负载均衡算法实现的。负载均衡算法主要分为静态和动态两类。

- 静态负载均衡算法：以固定的概率分配任务，不考虑服务器的状态信息，如轮询算法、加权轮转算法等；
- 动态负载均衡算法：以服务器的实时负载状态信息来决定任务的分配，如最少连接数、加权最小连接数和动态性能分配算法等。

下面介绍常用的负载均衡算法原理。

- 轮询算法：将用户的请求轮流分配给服务器，就像是逐个数数，轮流分配，比较简单。该算法具有绝对均衡的优点，但也因此无法保证任务分配的合理性，无法根据服务器状态来分配任务。
- 最少连接数算法：最小连接数就是将任务分配给此时具有最小连接数的节点。一个节点收到一个任务后连接数就会加 1，当节点发生故障时就将节点权值设为 0，代表不再给此节点分配任务。最小连接数算法适用于各个节点处理性能相似的场景，因为当节点服务器性能差距较大时，连接数不能准确代表处理能力。

- 动态性能分配算法：收集节点服务器的各项性能状态，动态调整流量分配。

9.6　CDN 简介

CDN（Content Delivery Network），即内容分发网络。在正式介绍 CDN 之前，我们先从一个日常行为——网购谈起。现在的物流速度很快，很多电商都承诺次日即可到达。

那么，这么快的物流速度是如何实现的呢？电商公司一般会在全国各地建立仓库并预先存储货物，用户下单购买后由距离用户最近的仓库发货，所以速度很快。

在浏览网页时与上述过程十分相似。当访问网页时，会请求很多网络资源，如图片、音乐、视频和网页源文件等，处理方法与电商公司类似，即把商品提前存储在各地仓库中来减少运输距离，提升物流速度，网站也可以将资源预先分发到全国各地的加速节点上。

因此，内容分发网络可以解决因分布、带宽、服务器性能带来的访问延时问题，适用于站点加速、点播、直播等场景，使用户就近获取资源，提升网站的加载速度，带来良好的用户体验。

9.6.1　工作过程

在没使用 CDN 之前，传统的网站请求过程如下：

（1）用户在浏览器中输入网址，即网站域名。

（2）浏览器向本地 DNS 服务器请求该域名的解析。

（3）浏览器得到解析结果，即网站域名对应的 IP 地址。

（4）浏览器与服务器建立 TCP 连接。

（5）浏览器发送 HTTP 请求。

（6）浏览器接收服务器返回的内容。

（7）浏览器与服务器断开 TCP 连接。

小知识：DNS（Domain Name System，域名系统）的作用是将域名和 IP 地址相互映射，使用户可以更方便地访问互联网。

在使用了 CDN 之后，网站请求过程会相应改变：

（1）域名会先经过本地 DNS 系统解析，如果没有相应域名的缓存，则本地 DNS 系统会将域名的解析转交给 CNAME 指向的 CDN 专用的 DNS 服务器。

（2）DNS 服务器将 CDN 的全局负载均衡设备的 IP 地址返回给浏览器。

（3）浏览器向全局负载均衡设备发起请求。

（4）全局负载均衡设备根据用户 IP 地址及用户请求的 URL，选择一台用户所在区域的区域负载均衡设备，并将请求转发到设备上。

（5）基于一些条件的综合分析后，区域负载均衡设备会选择出一个最优的缓存服务器节点，并将此缓存服务器的 IP 地址返回给全局负载均衡设备。

（6）全局负载均衡设备把缓存服务器的 IP 地址返回给浏览器。

（7）浏览器向缓存服务器发送请求，缓存服务器响应请求并返回资源。如果这台缓存服务器并没有用户需要的资源，它会向上一级缓存服务器请求内容，直到网站的源服务器并将资源拉取到本地。

CDN 全局负载均衡设备和区域负载均衡设备根据用户的 IP 地址，将域名解析成相应节点中缓存服务器的 IP 地址，实现用户的就近访问，从而提高服务器的响应速度，即提高网站的响应速度。区域负载均衡设备会根据以下条件进行综合分析：

- 根据用户 IP 地址，判断哪一个边缘节点距离用户最近；
- 根据用户请求的 URL，判断哪一个边缘节点上有用户所需的资源；
- 查询各个边缘节点的负载情况，判断哪一个边缘节点可以提供服务。

9.6.2　系统组成

综合前面的介绍，CDN 主要由中心节点和边缘节点两部分构成。

- 中心节点：包括 CDN 网管中心和全局负载均衡 DNS 重定向解析系统，负责整个 CDN 网络的分发和管理。
- 边缘节点：主要指分发节点，由负载均衡设备和高速缓存服务器两部分组成。负载均衡设备负责每个节点中各个高速缓存服务器的负载均衡，保证节点的工作效率；高速缓存服务器负责存储网站的大量资源。通过全局负载均衡设备的控制，用户的请求被指向离其最近的节点，节点中的缓存服务器响应请求。因为其距离用户较近，所以响应时间很快。

理解了 CDN 的工作过程和主要组成之后，并不意味着需要自己动手搭建。对于静态资源引用来说，可以使用免费的 CDN 加速服务，如 BootCDN（https://www.bootcdn.cn/）、Staticfile CDN（http://www.staticfile.org/）和 CDNJS（https://cdnjs.com/）。

对于普通的网站开发来说，可以按需选择稳定、可靠、适合自己的 CDN 服务，如阿里云 CDN（https://www.aliyun.com/product/cdn）、网宿科技（https://www.wangsu.com/）、腾讯云 CDN（https://cloud.tencent.com/product/cdn）和 DNSPod（https://www.dnspod.cn/）。

9.7　小　　结

本章主要介绍了项目优化的常见方法，具体包括以下内容：

- 涉及前端和服务端的浏览器缓存和压缩；
- 主要涉及前端的懒加载和按需引入等技术；
- 主要涉及服务端的负载均衡和 CDN 技术。

当然，项目优化的方式远远不止这些，而且项目优化也是一个复杂、系统的工程，因此需要在日常开发中不断积累，从而选择适合自己的优化方法，正所谓"实践出真知"。

第 10 章 服务端渲染

前面介绍的 React 项目都属于客户端渲染（Client Side Rendering, CSR），即服务端返回初始 HTML 内容，然后再由 JavaScript 异步加载数据，最终完成页面的渲染。这种开发和渲染模式，便是现在流行的 SPA（Single Page Application，单页面应用）。

本章将介绍 React 项目的另一种渲染方法——服务端渲染（Server Side Rendering, SSR），即服务端返回完整的 HTML 页面和数据，省去了浏览器进行大量的异步数据加载和渲染。

本章的主要内容包括：
- 客户端渲染和服务端渲染的介绍和对比；
- 服务端渲染的实现及 React SSR 框架 Next.js；
- SEO（Search Engine Optimization）搜索引擎优化。

10.1 服务端渲染简介

React 项目的渲染通常分为客户端渲染和服务端渲染，那么两者的具体概念是什么？如何区分一个页面是客户端渲染还是服务端渲染？服务端渲染相比客户端渲染的优缺点又是什么？

对于上述问题，将在下面的章节一一揭晓。

10.1.1 客户端渲染示例

在解释客户端渲染的概念之前，先来看一个客户端渲染的例子。

（1）使用 create-react-app 工具创建项目，命令如下：

```
create-react-app hello-csr
cd hello-scr
```

（2）使用如下 npm scripts 运行项目：

```
npm start
```

此时，服务启动后会在浏览器中自动打开 http://localhost:3000，效果如图 10.1 所示。

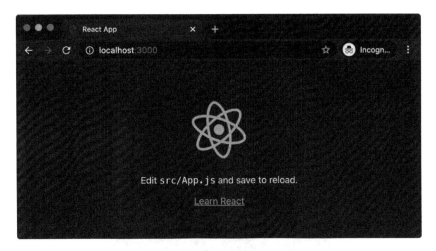

图 10.1　客户端渲染效果

（3）右击浏览器空白处，在弹出的快捷菜单中选择"检查"命令，在打开的浏览器开发者工具中查看源代码，效果如图 10.2 所示。

图 10.2　客户端渲染源代码

此时，HTML 的 body 只有 noscript 标签和 id 为 root 的 div 标签，并没有页面展示的内容。那么页面内容是如何渲染出来的呢？

　　在回答上述问题之前，先打开浏览器地址栏中的 Site setting（网站设置），如图 10.3 所示。

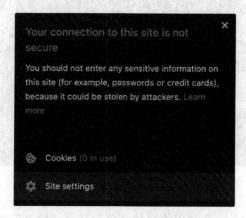

图 10.3　浏览器的网站设置选项

　　然后找到 Permissions（权限）下的 JavaScript 选项，将其设置为 Block（禁止），如图 10.4 所示。

图 10.4　权限设置禁止 JavaScript

　　此时，返回到项目页面中刷新浏览器，会出现如图 10.5 所示的提示。

图 10.5　禁止 JavaScript 后的 noscript 提示

显然，页面只有一个 id 为 root 的 div 标签，却显示了许多内容，这是因为引入 JavaScript 文件的作用：通过项目中 script 标签中引入的 JavaScript 文件，异步渲染出页面的内容。

（4）打开浏览器开发者工具，在 Elements 面板中可以看到项目的完整内容，如图 10.6 所示。

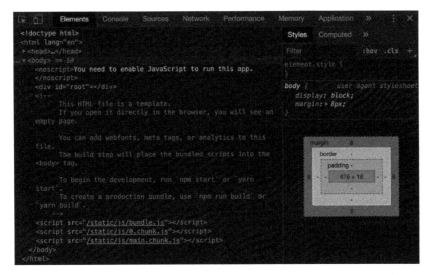

图 10.6　项目的完整内容

综上所述，客户端渲染的主要流程是：

（1）浏览器向服务器发送请求，服务器返回 HTML 文档。

（2）浏览器下载 JavaScript 文件。

（3）浏览器执行 JavaScript 文件动态生成页面，并通过 JavaScript 进行页面交互与状态管理。

10.1.2　服务端渲染示例

在解释服务端渲染的概念之前，先来看一个服务端渲染的例子。

（1）使用 express-generator 命令创建项目，具体如下：

```
express -e hello-ssr
cd hello-ssr
```

📋 小知识：参数-e 表示使用 EJS 模板，其中 E 可以代表"可嵌入（Embedded）"，也可以代表"高效（Effective）""优雅（Elegant）""简单（Easy）"。总之，EJS 是一套简单的模板语言，可以帮助开发者利用普通的 JavaScript 代码生成 HTML 页面。更多介绍可以参考 https://ejs.bootcss.com/。

（2）安装项目依赖库，命令如下：

```
npm install
```

（3）使用如下 npm scripts 运行项目：

```
npm run start
```

此时，服务启动后会在浏览器中打开 http://localhost:3000，效果如图 10.7 所示。

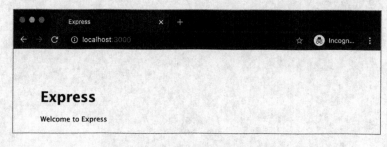

图 10.7　服务端渲染效果

（4）路由处理和页面渲染的逻辑在./routes/index.js 文件中，代码如下：

```
01  var express = require('express');
02  var router = express.Router();
03
04  /* GET home page. */
05  router.get('/', function(req, res, next) {
06      res.render('index', { title: 'Express' });
07  });
08
09  module.exports = router;
```

（5）模板文件在./views/index.ejs 文件中，代码如下：

```
01  <!DOCTYPE html>
02  <html>
03      <head>
04          <title><%= title %></title>
05          <link rel='stylesheet' href='/stylesheets/style.css'/>
06      </head>
07      <body>
08          <h1><%= title %></h1>
09          <p>Welcome to <%= title %></p>
10      </body>
11  </html>
```

综上所述，服务端渲染是指浏览器向服务器发送请求，服务器返回处理好的 HTML 完整文档，浏览器不再需要通过 JavaScript 进行异步渲染。

10.1.3　客户端渲染和服务端渲染的优缺点

前面学习了客户端渲染和服务端渲染的概念和原理后，那么两者各有什么优缺点？实际项目中该如何选择呢？

其实，早期的 Web 项目大多都是基于服务端渲染。基于服务端的渲染有如下优点：

- 服务端直接返回渲染好的 HTML 文档，可以让页面首屏较快地展现给用户。
- 便于搜索引擎抓取和分析页面的内容，非常有利于 SEO。

📖 **小知识**：SEO（Search Engine Optimization，搜索引擎优化）是一种根据搜索引擎的规则来调整网站，以提高网站在搜索引擎中的排名的方式。更多内容请查看 10.4 节。

但是服务端渲染也有如下缺点：

- 每次页面加载都需要向服务器请求完整的页面和资源，会增加服务端压力；
- 同时进行多个页面间的跳转对用户体验并不友好。

基于客户端渲染实现的 SPA 正好可以解决上述问题。

- 首次进入或者刷新的时候才会请求服务器，只需加载一次 JavaScript 等资源，页面的路由维护在客户端，页面间的跳转就是切换相关的组件，因此切换速度更快。由于数据渲染都在客户端完成，服务器只需要提供返回数据的接口，这样大大减轻了服务器的压力。
- 页面之间的跳转不会刷新整个页面，而是局部刷新，因此用户体验更加接近原生应用（Native App）。
- 客户端渲染的开发模式和速度相比传统的服务端渲染更加高效，这也是客户端渲染的 SPA 如此流行的一个重要原因。

当然，客户端渲染也不是完美无缺，其具有以下缺点：

- 首屏渲染慢：即初始化页面会出现白屏，因为浏览器会下载 HTML 文档，然后下载 JavaScript 文件，接着执行 JavaScript 文件渲染页面。根据网速快慢和项目大小，等待时间不同。
- SEO 能力差：因为初始页面的 HTML 文档没有内容，而是 JavaScript 动态生成的内容，部分搜索引擎对其识别能力还比较弱。

充分了解了两者的优缺点后，那么这两种渲染方式分别适合什么项目呢？

对于需要考虑 SEO 优化的项目，例如公司和产品网站、信息和新闻类网站，优先考虑服务端渲染（SSR）。除此之外，基本都可以采用客户端渲染，虽然客户端渲染有首屏渲染速度较慢的问题，但是可以通过多种方式进行优化，具体方法可以参考第 9 章。

10.2　React 服务端渲染

既然传统的服务端渲染和客户端渲染各有优势，那么有没有一种方式能够结合两者的优点呢？带着这个问题我们来了解 React 服务端渲染。

10.2.1　组件

1. 项目初始化

（1）新建文件夹 react-ssr，然后初始化 NPM 项目生成 package.json，命令如下：

```
mkdir react-ssr
cd react-ssr
npm init -y
```

（2）这里基于 Express 框架实现服务端渲染，命令如下：

```
npm install --save express
```

（3）新建 ./src/index.js 文件，并添加代码如下：

```
01  const express = require('express');
02  const app = express();
03
04  app.get('/', (req, res) => {
05      res.send('Hello SSR!');
06  });
07
08  app.listen(3000, () => {
09      console.log('Server is running on port: 3000');
10  });
```

（4）在 package.json 文件中添加 npm scripts，代码如下：

```
01  {
02      "scripts": {
03          "start": "node ./src/index.js"
04      }
05  }
```

（5）使用如下 npm scripts 运行项目：

```
npm run start
```

（6）使用 cURL 命令行工具发送请求地址，获得结果如下：

```
curl localhost:3000
Hello SSR!
```

（7）服务创建成功后，在 src 文件夹下新建 components 子文件夹，用于存放 React 组件，命令如下：

```
mkdir ./src/components
```

（8）安装 React 依赖，命令如下：

```
npm install --save react
```

（9）新建 ./src/components/HelloSSR.js 文件，并添加代码如下：

```
01  import React from 'react';
02
```

```
03  const HelloSSR = () => {
04      return (
05          <div>Hello SSR in React!</div>
06      )
07  }
08
09  export default HelloSSR;
```

至此，项目初始化完成。

2. Webpack配置

（1）在./src/index.js 中引入 HelloSSR.js 文件，实现代码如下：

```
01  const HelloSSR = require('./components/HelloSSR');
```

（2）使用如下 npm scripts 运行项目：

```
npm run start
```

此时服务启动失败，提示错误如下：

```
import React from 'react';
^^^^^^
SyntaxError: Cannot use import statement outside a module
```

因为 Node 基于 CommonJS 的模块化规范，通过 require()方法来同步加载所要依赖的其他模块，而上述引入方法是 ES 6 模块化规范。同时，React 的 JSX 语法也需要进行转换。

🔔提示：关于 JavaScript 模块化规范和 Babel 的详细介绍，可以参考第 3 章的内容。

因此，需要安装所依赖的 Babel 和 Webpack，命令如下：

```
npm install --save-dev babel-loader @babel/core @babel/preset-env
@babel/preset-react
npm install --save-dev webpack webpack-cli webpack-node-externals
```

（3）在项目根目录下新建 Babel 配置文件.babelrc，并添加代码如下：

```
01  {
02      "presets": [
03          "@babel/preset-env",
04          "@babel/preset-react"
05      ]
06  }
```

（4）在项目根目录下新建 Webpack 配置文件 webpack.server.js，并添加代码如下：

```
01  const path = require('path');
02  const nodeExternals = require('webpack-node-externals');
03
04  module.exports = {
05      target: 'node',
06      entry: './src/index.js',
07      output: {
08          path: path.join(__dirname, 'dist'),
```

```
09          filename: 'bundle.js',
10          libraryTarget: 'umd'
11      },
12      externals: [nodeExternals()],
13      mode: 'development',
14      module: {
15          rules: [
16              {
17                  test: /.js$/,
18                  use: 'babel-loader',
19                  exclude: /node_modules/
20              }
21          ]
22      }
23  };
```

上述 Webpack 的配置为：

- 文件./src/index.js 作为入口文件；
- 编译输出至 dist 目录下的 bundle.js 文件，libraryTarget 的值为 umd，表示编译后的文件可以同时在浏览器和 Node 环境下运行；
- 项目中除了 node_modules 目录下的 JavaScript 文件以外，都使用 babel-loader 进行处理；
- webpack-node-externals 依赖库用于打包服务端项目时，忽略 node_modules 文件夹下的所有模块。

📖 小知识：Babel 是编译工具，可以把 JavaScript 的高版本语法编译成低版本语法。Webpack 通过 babel-loader 使用 Babel 编译 JavaScript 文件。

💡提示：如果读者对 Webpack 的概念和相关配置有些遗忘，可以查看第 4 章的内容。

（5）在 package.json 中添加如下 npm scripts：

```
01  {
02      "scripts": {
03          "start": "node ./src/index.js",
04          "build": "webpack --config webpack.server.js"
05      }
06  }
```

（6）使用如下 npm scripts 打包项目：

```
npm run build
```

（7）启动 Node 服务，命令如下：

```
node ./dist/bundle.js
```

（8）使用 cURL 命令行工具请求地址，获得结果如下：

```
curl localhost:3000
Hello SSR in React!
```

3. 服务端渲染React组件

React 一般是通过 ReactDom.render 方法将组件渲染到页面上的，但是服务端没有 DOM，那么如何将组件渲染到页面上呢？使用 ReactDOMServer 的 renderToString 方法可以实现这一功能，它可以将组件渲染为静态标记，返回一个 HTML 字符串。

（1）安装 react-dom 依赖，命令如下：

```
npm install --save react-dom
```

（2）修改./src/index.js 代码如下：

```
01  const express = require('express');
02  const React = require('react');
03  const { renderToString } = require('react-dom/server');
04  const HelloSSR = require('./components/HelloSSR').default;
05
06  const app = express();
07  app.get('/', (req, res) => {
08      const str = renderToString(<HelloSSR />);
09      res.send(`
10          <!DOCTYPE html>
11          <html lang="en">
13          <head>
14              <meta charset="UTF-8">
15              <title>SSR</title>
16          </head>
17          <body>
18              <div id="root">${str}</div>
19          </body>
20          </html>
21      `);
22  });
23
24  app.listen(3000, () => {
25      console.log('Server is running on port: 3000');
26  });
```

（3）重新打包项目并启动 Node 服务，命令如下：

```
npm run build
node ./dist/bundle.js
```

（4）使用 cURL 命令行工具请求地址，获得结果如下：

```
<!DOCTYPE html>
<html lang="en">
<head>
   <meta charset="UTF-8">
   <title>SSR</title>
</head>
<body>
   <div id="root"><div data-reactroot="">Hello SSR in React!</div></div>
</body>
</html>
```

4．开发环境优化

现在，每次修改文件都要重新打包和启动服务，这种开发方式效率很低。因此需要引入项目修改后自动重启服务的优化。

（1）安装 nodemon（https://nodemon.io/）依赖，nodemon 可以监控 Node 项目修改，并自动重启 Node 服务。安装命令如下：

```
npm install --save-dev nodemon
```

（2）修改 package.json 中的 npm scripts 如下：

```
01  {
02      "scripts": {
03          "build": "webpack --config webpack.server.js --watch",
04          "start": "nodemon --watch dist --exec node ./dist/bundle.js"
05      }
06  }
```

上述配置中：

- webpack 用于添加--watch 参数；
- Node 服务的自动重启基于 nodemon，nodemon 用于监测 dist 下的文件，若发生修改则立刻执行 "node ./dist/bundle.js"。

此时，项目修改后每次都需要打开两个终端窗口，一个终端用于执行 Webpack 的 npm scripts；另一个终端用于执行 start 的 npm scripts。

针对这个问题，可以使用 npm-run-all 插件，它是一个 CLI 工具，可以并行或顺序运行多个 npm scripts。首先安装 npm-run-all 插件，命令如下：

```
npm install --save-dev npm-run-all
```

（3）修改 package.json 中的 npm scripts 如下：

```
01  {
02      "scripts": {
03          "dev": "npm-run-all --parallel ssr:**",
04          "ssr:build": "webpack --config webpack.server.js --watch",
05          "ssr:start": "nodemon --watch dist --exec node ./dist/bundle.js"
06      }
07  }
```

（4）使用如下 npm scripts 启动项目：

```
npm run dev
```

此时，每次修改代码后重新刷新页面修改即可生效。

最后需要注意的是，项目有可能因为依赖库的版本不同而运行失败，所以读者在自行验证时，需要留意插件和依赖库的版本。本项目 package.json 的完整代码如下：

```
01  {
02      "name": "react-ssr",
03      "version": "1.0.0",
04      "description": "",
```

```
05        "main": "index.js",
06        "scripts": {
07            "dev": "npm-run-all --parallel ssr:**",
08            "ssr:build": "webpack --config webpack.server.js --watch",
09            "ssr:start": "nodemon --watch dist --exec node ./dist/bundle.js"
10        },
11        "keywords": [],
12        "author": "",
13        "license": "ISC",
14        "dependencies": {
15            "express": "^4.17.1",
16            "npm-run-all": "^4.1.5",
17            "react": "^16.13.1",
18            "react-dom": "^16.13.1"
19        },
20        "devDependencies": {
21            "@babel/core": "^7.9.6",
22            "@babel/preset-env": "^7.9.6",
23            "@babel/preset-react": "^7.9.4",
24            "babel-loader": "^8.1.0",
25            "nodemon": "^2.0.4",
26            "webpack": "^4.43.0",
27            "webpack-cli": "^3.3.11",
28            "webpack-node-externals": "^1.7.2"
29        }
30  }
```

10.2.2　同构

1. 引入同构

10.2.1 节使用服务端渲染实现了一个 React 组件的页面展示，接下来尝试给 React 组件添加单击按钮和事件响应。修改 ./src/components/HelloSSR.js 文件，代码如下：

```
01  import React from 'react';
02
03  const HelloSSR = () => {
04      return (
05          <div>
06              <div>Hello SSR in React!</div>
07              <button onClick={() => { alert('点击') }}>点我</button>
08          </div>
09      )
10  }
11
12  export default HelloSSR;
```

重新刷新页面，单击按钮发现没有任何响应！打开浏览器开发者工具，查看源代码，发现其中并没有事件绑定。

那么该如何解决这个问题呢？答案是同构。简单来说，同构就是同样的 React 代码在服务端运行一次，再在客户端运行一次，组件在浏览器端挂载完后 React 会自动完成事件绑定。

但是浏览器也执行一次代码，组件不会重复渲染吗？其实不会，浏览器接管页面后，react-dom 在渲染组件前会先和页面中的节点做对比，只有对比失败的时候才会采用客户端的内容进行渲染，并且 React 会尽量复用已有的节点。

2. 客户端运行React代码

先举个例子：尝试让浏览器执行一段简单的 JavaScript 代码。在项目根目录下新建 public 文件夹，命令如下：

```
mkdir public
```

新建./public/index.js 文件，代码如下：

```
01  console.log('Hello SSR!');
```

修改./src/index.js 文件添加 script 标签，引入./public/index.js 文件，同时将 public 设为静态文件目录。具体代码如下：

```
01  // 省略了未修改的代码
02
03  const app = express();
04  app.use(express.static('public'));
05  app.get('/', (req, res) => {
06      const str = renderToString(<HelloSSR />);
07      res.send(`
08          <!DOCTYPE html>
09          <html lang="en">
10          <head>
11              <meta charset="UTF-8">
12              <title>SSR</title>
13          </head>
14          <body>
15              <div id="root">${str}</div>
16              <script src='./index.js'></script>
17          </body>
18          </html>
19      `);
20  });
21
22  // 省略了未修改的代码
```

重新刷新页面，然后打开浏览器开发者工具，查看控制台，可以看到成功输出了"Hello SSR!"。

由此可见，想要客户端执行 React 代码，只需将客户端运行的 React 代码打包成 public 下引用的 JavaScript 文件即可。

下面新建./src/client 文件夹，用来存放客户端运行的 React 代码。

（1）新建./src/client/index.js 文件，代码如下：

```
01  import React from 'react';
02  import ReactDOM from 'react-dom';
```

```
03
04  const HelloSSR = () => {
05      return (
06          <div>
07              <div>Hello SSR in React!</div>
08              <button onClick={() => { alert('点击') }}>点我</button>
09          </div>
10      );
11  };
12
13  ReactDOM.hydrate(<HelloSSR />, document.getElementById('root'));
```

上述代码中，使用 hydrate()代替 render()来渲染组件。hydrate()的作用是当 ReactDOM 复用 ReactDOMServer 服务端渲染的内容时尽可能保留其结构，并补充事件绑定等客户端特有内容。

（2）配置 Webpack，新建 webpack.client.js 文件，代码如下：

```
01  const path = require('path');
02
03  module.exports = {
04      entry: './src/client/index.js',
05      output: {
06          path: path.join(__dirname, 'public'),
07          filename: 'index.js'
08      },
09      mode: 'development',
10      module: {
11          rules: [
12              {
13                  test: /.js$/,
14                  use: 'babel-loader',
15                  exclude: /node_modules/
16              }
17          ]
18      }
19  }
```

其中，webpack.client.js 与 webpack.server.js 类似，只是删除了服务端相关配置，并修改了入口文件和打包输出目录。

（3）修改 package.json 中的 npm scripts 如下：

```
01  {
02      "scripts": {
03          "dev": "npm-run-all --parallel ssr:**",
04          "ssr:build:server": "webpack --config webpack.server.js --watch",
05          "ssr:build:client": "webpack --config webpack.client.js --watch",
06          "ssr:start": "nodemon --watch dist --exec node ./dist/bundle.js"
07      }
08  }
```

（4）使用如下 npm scripts 启动项目：

```
npm run dev
```

此时，在浏览器中访问 http://localhost:3000，单击按钮即可正确响应。

综上所述，可以总结同构的完整流程如下：

（1）服务器运行 React 代码渲染出 HTML。

（2）服务器将 HTML 返回给浏览器。

（3）浏览器接收到内容展示。

（4）浏览器加载 JavaScript 文件。

（5）JavaScript 文件中的 React 代码在客户端重新执行。

（6）JavaScript 文件中的 React 代码接管页面相关操作。

3．项目持续优化

如果 webpack.client.js 和 webpack.server.js 有相同的地方，可以使用 webpack-merge 插件将公共部分提取出来。

（1）安装 webpack-merge 插件，命令如下：

```
npm install --save-dev webpack-merge
```

（2）新建 webpack.base.js 文件，内容为两个配置文件的相同部分，具体内容 如下：

```
01  module.exports = {
02      module: {
03          rules: [
04              {
05                  test: /.js$/,
06                  use: 'babel-loader',
07                  exclude: /node_modules/
08              }
09          ]
10      }
11  };
```

（3）修改 webpack.server.js 文件，代码如下：

```
01  const path = require('path');
02  const nodeExternals = require('webpack-node-externals');
03  const merge = require('webpack-merge');
04  const baseConfig = require('./webpack.base.js');
05
06  const serverConfig = {
07      target: 'node',
08      entry: './src/server/index.js',
09      output: {
10          path: path.join(__dirname, 'dist'),
11          filename: 'bundle.js',
12          libraryTarget: 'umd'
13      },
14      externals: [nodeExternals()],
15      mode: 'development'
16  };
17
18  module.exports = merge(baseConfig, serverConfig);
```

（4）新建./src/server 文件夹，将./src/index.js 文件移动至./src/server 文件夹下，并且修改./src/server/index.js 文件中引用 React 组件的路径，具体如下：

```
01  const express = require('express');
02  const React = require('react');
03  const { renderToString } = require('react-dom/server');
04  const HelloSSR = require('../components/HelloSSR').default;
05
06  // 省略了未修改的代码
```

（5）webpack.client.js 文件的处理与 webpack.server.js 文件类似，修改代码如下：

```
01  const path = require('path');
02  const merge = require('webpack-merge');
03  const baseConfig = require('./webpack.base.js');
04
05  const clientConfig = {
06      entry: './src/client/index.js',
07      output: {
08          path: path.join(__dirname, 'public'),
09          filename: 'index.js'
10      },
11      mode: 'development'
12  }
13
14  module.exports = merge(baseConfig, clientConfig);
```

10.2.3　路由

React 项目通常不止一个页面，因此在 React 同构项目中，想要实现多页面及页面间的跳转，还需要使用路由。

1. 单页面使用路由

（1）安装 react-router-dom 插件，命令如下：

```
npm install --save react-router-dom
```

（2）新建./src/routes.js 文件，代码如下：

```
01  import React from 'react';
02  import { Route } from 'react-router-dom';
03  import HelloSSR from './components/HelloSSR';
04
05  export default (
06      <div>
07          <Route path='/' exact component={HelloSSR}></Route>
08      </div>
09  )
```

（3）在客户端中引入路由，修改./src/client/index.js 文件，代码如下：

```
01  import React from 'react';
02  import ReactDOM from 'react-dom';
```

```
03   import { BrowserRouter } from 'react-router-dom';
04   import routes from '../routes';
05
06   const App = () => {
07       return (
08           <BrowserRouter>
09               {routes}
10           </BrowserRouter>
11       )
12   };
13
14   ReactDOM.hydrate(<App />, document.getElementById('root'));
```

（4）使用如下 npm scripts 启动项目：

```
npm run dev
```

重新刷新页面，打开浏览器开发者工具，查看控制台，会发现如图 10.8 所示的错误。

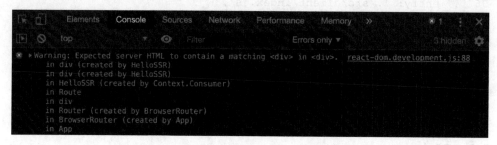

图 10.8 同构代码不一致错误

原因是修改了客户端代码而没有修改服务端代码，从而导致代码不统一。对于同构项目来说，两端返回代码不一致就会出现上述错误。在服务端同样引入路由即可解决这个问题。在服务端引入路由不使用 BrowserRouter 而是使用 StaticRouter。

（5）修改./src/server/index.js 文件，代码如下：

```
01   const express = require('express');
02   const React = require('react');
03   const { renderToString } = require('react-dom/server');
04   import { StaticRouter } from 'react-router-dom';
05   import routes from '../routes';
06
07   const app = express();
08   app.use(express.static('public'));
09   app.get('/', (req, res) => {
10       const str = renderToString(
11           <StaticRouter location={req.path} context={{}}>
12               {routes}
13           </StaticRouter>
14       );
15       // 省略了未修改的代码
16   });
17
18   app.listen(3000, () => {
```

```
19      console.log('Server is running on port: 3000');
20  });
```

上述代码中，StaticRouter 相比 BrowserRouter 多出了两个参数：location 和 context。

（6）使用如下 npm scripts 启动项目：

```
npm run dev
```

此时，在浏览器中访问 http://localhost:3000，单击按钮并能够正确响应。

2．多页面使用路由

前面实现了单页面路由的效果，下面添加一个新页面来验证多页面路由的效果。

（1）新建./src/components/List.js 文件，代码如下：

```
01  import React from 'react';
02
03  const List = () => {
04      return (
05          <div>
06              List Page
07          </div>
08      );
09  };
10
11  export default List;
```

（2）修改./src/routes.js 文件，添加 List 路由，代码如下：

```
01  import React from 'react';
02  import { Route } from 'react-router-dom';
03  import HelloSSR from './components/HelloSSR';
04  import List from './components/List';
05
06  export default (
07      <div>
08          <Route path='/' exact component={HelloSSR}></Route>
09          <Route path='/list' exact component={List}></Route>
10      </div>
11  )
```

（3）使用如下 npm scripts 启动项目：

```
npm run dev
```

此时，在浏览器中访问 http://localhost:3000，单击按钮并能够正确响应。但是当浏览器访问 http://localhost:3000/list 时出现错误提示 Cannot GET /list。

原因是./src/server/index.js 中只能识别根路径/，因此需要修改路由匹配，具体代码如下：

```
01  app.get('*', (req, res) => {
02      // 省略了未修改的代码
03  });
```

（4）使用如下 npm scripts 启动项目：

```
npm run dev
```

此时，在浏览器中访问 http://localhost:3000/list，返回正确的结果 List Page。

3. 项目持续优化

为了方便开发调试，下面添加一个页面间跳转的组件。

（1）新建 ./src/components/Header.js 文件，代码如下：

```
01  import React from 'react';
02  import { Link } from 'react-router-dom';
03
04  const Header = () => {
05      return (
06          <div>
07              <Link to="/">Home</Link>
08              <Link to="/list">List</Link>
09          </div>
10      );
11  };
12
13  export default Header;
```

<Link> 会以适当的 href 属性去渲染一个可访问的标签，属性 to 是要跳转链接的路径。

（2）分别在 HelloSSR 和 List 组件中引入 Header 组件。其中，修改 ./src/components/HelloSSR.js 文件的代码如下：

```
01  import React from 'react';
02  import Header from './Header';
03
04  const HelloSSR = () => {
05      return (
06          <div>
07              <Header />
08              <div>Hello SSR in React!</div>
09              <button onClick={() => { alert('点击') }}>点我</button>
10          </div>
11      )
12  }
13
14  export default HelloSSR;
```

同时，修改 ./src/components/List.js 文件的代码如下：

```
01  import React from 'react';
02  import Header from './Header';
03
04  const List = () => {
05      return (
06          <div>
07              <Header />
08              <div>List Page</div>
09          </div>
10      );
11  };
```

```
12
13  export default List;
```

（3）使用如下 npm scripts 启动项目：

```
npm run dev
```

此时，在浏览器中访问 http://localhost:3000，添加了页面跳转组件后的效果如图 10.9
所示。

图 10.9　页面跳转组件效果

10.2.4　状态

第 2 章介绍过 React 数据流和状态管理，因此考虑先在客户端中引入状态管理。

（1）安装相关依赖包，命令如下：

```
npm install --save redux react-redux
```

（2）新建./src/store.js 文件，代码如下：

```
01  import { createStore } from 'redux';
02
03  const reducer = (state = { list: ['item1', 'item2'] }, action) => {
04      return state;
05  }
06
07  const getStore = () => {
08      return createStore(reducer);
09  };
10
11  export default getStore;
```

（3）使用 react-redux 提供的 Provider 组件将 store 传递给 App 组件，修改./src/client/
index.js 文件的代码如下：

```
01  import React from 'react';
02  import ReactDOM from 'react-dom';
03  import { BrowserRouter } from 'react-router-dom';
04  import { Provider } from 'react-redux';
05  import routes from '../routes';
06  import getStore from '../store';
07
08  const App = () => {
09      return (
10          <Provider store={getStore()}>
```

```
11              <BrowserRouter>
12                  {routes}
13              </BrowserRouter>
14          </Provider>
15      )
16  };
17
18  ReactDOM.hydrate(<App />, document.getElementById('root'));
```

（4）修改./src/components/List.js 组件的代码如下：

```
01  import React from 'react';
02  import { connect } from 'react-redux';
03  import Header from './Header';
04
05  const List = (props) => {
06      return (
07          <div>
08              <Header />
09              <div>List Page</div>
10              <ul>
11                  {
12                      props.list.map((item) => {
13                          return (
14                              <li key={item}>
15                                  {item}
16                              </li>
17                          );
18                      })
19                  }
20              </ul>
21          </div>
22      );
23  };
24
25  const mapStateToProps = (state) => ({
26      list: state.list
27  });
28  export default connect(mapStateToProps, null)(List);
```

此时，由于服务端代码并未修改，启动该项目重新刷新页面时仍然会出错。

（5）继续完善服务端代码，修改./src/server/index.js 文件的代码如下：

```
01  const express = require('express');
02  const React = require('react');
03  const { renderToString } = require('react-dom/server');
04  import { StaticRouter } from 'react-router-dom';
05  import { Provider } from 'react-redux';
06  import routes from '../routes';
07  import getStore from '../store';
08
09  const app = express();
10  app.use(express.static('public'));
11  app.get('*', (req, res) => {
12      const str = renderToString(
13          <Provider store={getStore()}>
```

```
14              <StaticRouter location={req.path} context={{}}>
15                  {routes}
16              </StaticRouter>
17          </Provider>
18      );
19      // 省略了未修改的代码
20  });
21
22  // 省略了未修改的代码
```

（6）使用如下 npm scripts 启动项目：

```
npm run dev
```

此时，在浏览器中访问 http://localhost:3000/list，页面效果如图 10.10 所示。

图 10.10　Redux 状态管理

10.3　Next.js 服务端渲染

10.2 节由浅入深地完成了 React 服务端渲染的开发，想必读者已经感觉到：自己动手实现 React 服务端渲染还是比较麻烦的。

那么有没有框架可以简化 React 服务端渲染，使开发者可以摆脱烦琐的服务端渲染的技术细节，专注于项目和业务实现呢？答案就是本节要介绍的 Next.js（https://nextjs.org/）。

10.3.1　Next.js 简介

Next.js 是一个轻量级的 React 服务端渲染应用框架，它在保证用户体验的同时，大大提升了开发体验。Next.js 具有以下优点：

- 开箱即用的服务端渲染，包含自动打包编译、热加载；
- 基于文件系统的路由（File-System Routing），提供了良好的代码分层结构；
- 自动代码分片（Automatic Code Splitting），不会加载不需要的代码；
- SEO 友好，HTML 直接输出，对搜索引擎的抓取和理解更有利。

Next.js 在生产环境中得到了充分验证，Next.js 公司官网（https://nextjs.org/）就是基于其开发实现的。不仅如此，Next.js 还提供交互式课程（https://nextjs.org/learn/basics/createnextjs-app），便于开发者快速上手。

10.3.2　Next.js 开发

1．项目初始化

具体操作步骤如下：

（1）新建 hello-nextjs 文件夹并初始化项目，具体命令如下：

```
mkdir hello-nextjs
cd hello-nextjs
npm init -y
```

（2）安装相关依赖包，命令如下：

```
npm install --save next react react-dom
```

（3）在 package.json 文件中添加以下 npm scripts：

```
01  {
02      "scripts": {
03          "dev": "next",
04          "build": "next build",
05          "start": "next start"
06      }
07  }
```

📖 **小知识**：除了上述方法可以初始化 Next.js 项目外，还可以使用 create-next-app 工具快速创建（https://www.npmjs.com/package/create-next-app）。

（4）新建首页文件./pages/index.js 和列表文件./pages/list.js。

其中，./pages/index.js 文件代码如下：

```
01  const Index = () => (
02      <div>
03          <p>这是首页</p>
04      </div>
05  )
06
07  export default Index;
```

./pages/list.js 文件代码如下：

```
01  const List = () => (
02      <div>
03          <p>列表页面</p>
04      </div>
05  )
06
07  export default List;
```

Next.js 框架会根据 pages 文件夹下的.js 文件生成相应路由，自动处理和渲染，其中

/pages/index.js 对应路由/；/pages/list.js 对应路由/list。

（5）使用如下 npm scripts 启动项目：

```
npm run dev
```

此时，在浏览器中访问 http://localhost:3000，成功返回结果"这是首页"；访问 http://localhost:3000/list，成功返回结果"列表页面"。

💡提示：读者可以通过查看源代码和禁止 JavaScript 来验证是否是服务端渲染。

2．添加页面链接

Next.js 提供了 Link 组件来实现路由，进行页面间的跳转。

（1）在项目根目录下新建 components 文件夹，用来存放 Header 组件。

```
01  import Link from 'next/link';
02
03  const Header = () => (
04      <div>
05          <Link href='/'><a>首页</a></Link>
06          <Link href='/list'><a>列表</a></Link>
07      </div>
08  )
09
10  export default Header;
```

其中，在 Link 组件内书写 a 标签，href 属性是目的页面的网络地址。

（2）修改./pages/index.js 文件的代码如下：

```
01  import Header from '../components/Header';
02
03  const Index = () => (
04      <div>
05          <Header />
06          <p>这是首页</p>
07      </div>
08  )
09
10  export default Index;
```

（3）修改./pages/list.js 文件的代码如下：

```
01  import Header from '../components/Header';
02
03  const List = () => (
04      <div>
05          <Header />
06          <p>列表页面</p>
07      </div>
08  )
09
10  export default List;
```

（4）使用如下 npm scripts 启动项目：

```
npm run dev
```

此时，在浏览器中访问 http://localhost:3000，页面效果如图 10.11 所示。

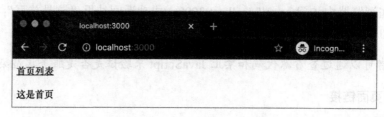

图 10.11　Next.js 中的 Link 组件

3. 异步请求数据

除了上述页面展示和跳转的功能之外，Next.js 还为 React 组件提供了一个新的特性 getInitialProps，用于异步获取数据，并绑定在组件属性中。

这里使用 Axios（https://github.com/axios/axios）工具来异步请求数据。首先安装 Axios 依赖包，命令如下：

```
npm install --save axios
```

然后修改./pages/list.js 文件的代码如下：

```
01  import axios from "axios";
02  import Header from "../components/Header";
03
04  const List = (props) => (
05      <div>
06          <Header />
07          <p>列表页面</p>
08          <ul>
09              {
10                  props.list.map((item) => {
11                      return (
12                          <li key={item}>
13                              {item}
14                          </li>
15                      );
16                  })
17              }
18          </ul>
19      </div>
20  );
21
22  List.getInitialProps = async () => {
23      const res = await axios.get("http://api/items");
24      return { list: res.data };
25  };
```

```
26
27  export default List;
```

上述代码中，getInitialProps 方法请求接口获取数据，数据绑定到组件属性的 list 中。需要注意的是，getInitialProps 方法中必须返回对象，而且只能在 pages 页面中使用。

至此，基于 Next.js 完成了一个简单的服务端渲染应用。相比 10.2 节的开发方法，Next.js 使用起来更简单，功能更强大，大大提高了开发效率。

10.4　SEO——搜索引擎优化

SEO 是通过利用搜索引擎的规则，来提高网站在搜索引擎中的排名的方法。

由于 SEO 不是本书重点，因此这里不再介绍传统的 SEO 技巧，而是重点介绍针对 React 的两种 SEO 技巧，即 React Helmet 和预渲染（Prerendering）。

10.4.1　React Helmet 组件

React Helmet（https://github.com/nfl/react-helmet）是可重用的 React 组件，用来管理页面的 head 标签。

下面基于 10.2 节的例子来介绍 React Helmet 的使用和效果。

（1）复制 react-ssr 项目，命令如下：

```
cp -R react-ssr react-helmet
cd react-helmet
```

（2）安装 react-helmet 依赖包，命令如下：

```
npm install --save react-helmet
```

（3）修改 ./src/components/List.js 文件的代码如下：

```
01  import React from 'react';
02  import { connect } from 'react-redux';
03  import { Helmet } from "react-helmet";
04  import Header from './Header';
05
06  const List = (props) => {
07      return (
08          <div>
09              <Helmet>
10                  <title>List Page</title>
11                  <meta charset="utf-8" />
12                  <meta name="description" content="List Page Description" />
13              </Helmet>
14              <Header />
15              // 省略了未修改的代码
16          </div>
17      );
```

```
18    };
19
20    // 省略了未修改的代码
```

上述代码中，引入了 react-helmet 包中的 Helmet 组件，然后在 Helmet 组件中编写普通的 HTML 页面中的 head 部分内容，如 title、link 和 meta 等。

（4）使用如下 npm scripts 启动项目：

```
npm run dev
```

此时，在浏览器中访问 http://localhost:3000/list，页面效果如图 10.12 所示。

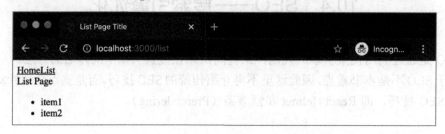

图 10.12　React Helmet 组件的效果

可以发现，页面标题已经变为在 Helmet 组件中设置的 List Page Title。但是打开浏览器开发者工具，查看源代码，会发现页面内容没有这些标签。

（5）修改服务端渲染的逻辑实现。要在服务器上使用 React Helmet，需要在 ReactDOM-Server.renderToString 之后调用 Helmet.renderStatic() 方法，用来获取 head 头数据。

此时，修改 ./src/server/index.js 文件的代码如下：

```
01    // 省略了未修改的代码
02
03    import { Helmet } from 'react-helmet';
04
05    // 省略了未修改的代码
06
07    app.get('*', (req, res) => {
08        const str = renderToString(
09            // 省略了未修改的代码
10        );
11        const helmet = Helmet.renderStatic();
12        res.send(`
13            <!DOCTYPE html>
14            <html lang="en">
15            <head>
16                <meta charset="UTF-8">
17                <title>SSR</title>
18                ${helmet.title.toString()}
19                ${helmet.meta.toString()}
20            </head>
21            <body>
22                <div id="root">${str}</div>
23                <script src='./index.js'></script>
```

```
24          </body>
25          </html>
26      `);
27  });
28
29  // 省略了未修改的代码
```

（6）使用如下 npm scripts 启动项目：

```
npm run dev
```

刷新浏览器，打开浏览器开发者工具，查看源代码时可以发现，使用 Helmet 组件可以对每个页面设置单独的 head 内容，这样更加有利于项目的搜索引擎优化。

10.4.2　预渲染

除了使用服务端渲染方法进行搜索引擎优化之外，还可以使用预渲染技术。

想要理解预渲染，就要从搜索引擎优化的原理说起。抓取网页的"蜘蛛"对网页中使用 JavaScript 生成的内容解析较差，这也是客户端渲染的 SEO 不好的原因。

📖 小知识："蜘蛛"又叫网络爬虫、网络机器人等，是一种按照一定规则，自动抓取互联网中网页的程序或脚本。因为这种方式像蜘蛛在网上爬来爬去捕食，所以将网络爬虫称为"蜘蛛"。

对于客户端渲染，用户查看的页面是 JavaScript 动态渲染后生成的完整内容。如果"蜘蛛"爬取时可以返回完整的内容，那么就可以达到 SEO 的效果。这种提前将完整内容渲染给"蜘蛛"爬取的技术，就称为预渲染。

预渲染技术有很多，这里使用 Prerender（https://prerender.io/）实现。Prerender 是一个 Node 服务器，它使用 Headless Chrome 从任意网页中渲染出 HTML。Prerender 服务器监听 HTTP 请求，获取 URL 并将其加载到 Headless Chrome 中，待网络空闲时完成页面加载，然后返回完整的内容。

📖 小知识：Headless Chrome 是 Chrome 浏览器的无界面形态，可以在不打开浏览器的前提下使用 Chrome 支持的特性运行程序。

（1）初始化 Prerender 项目，命令如下：

```
mkdir prerender
cd prerender
npm init -y
```

（2）安装 Prerender 依赖包，命令如下：

```
npm install --save prerender
```

（3）新建 server.js 文件，代码如下：

```
01  const prerender = require('prerender');
02
03  const server = prerender();
04  server.start();
```

（4）启动 Prerender 服务，命令如下：

```
PORT=8000 node server.js
```

至此，Prerender 服务创建完成。

下面使用 create-react-app 工具创建一个客户端渲染项目，命令如下：

```
create-react-app prerender-frontend
cd prerender-frontend
```

然后使用如下 npm scripts 启动项目：

```
npm run start
```

此时，在浏览器中访问 http://localhost:8000/render?url=http://localhost:3000/，页面显示内容和前端项目一致。

打开浏览器开发者工具，查看源代码时可以发现，源代码与 JavaScript 运行后的完整内容一致，说明页面是服务端渲染。

基于预渲染，可以很轻松地让客户端渲染项目实现服务端渲染的效果，达到搜索引擎优化的目标。

10.5　小　结

本章结合前面学习的前后端开发知识，介绍了 Web 开发中服务端渲染的相关技术，具体如下：

- 客户端渲染和服务端渲染的概念、原理和优缺点；
- 基于 React 实现服务端渲染的原理和过程；
- React 服务端渲染框架 Next.js 的使用；
- 基于 React 的搜索引擎优化技巧，包括 React Helmet 组件和预渲染技术。

至此，本书所有章节已经介绍完毕，相信通过本书的学习，读者对 React 和 Node 开发有了更深的认识，并能在实际工作中学以致用。